高等学校"十三五"规划教材

分析化学实验

第三版

刘建宇　王敏　许琳　宋慧宇　主编

化学工业出版社

·北京·

《分析化学实验》(第三版)在介绍分析化学实验基础知识和定量分析仪器及基本操作的基础上，分别编写了化学分析实验28个，仪器分析实验20个，综合性实验9个及若干个设计性实验，涵盖化学分析和仪器分析的英文实验8个，一本书可以解决本科生阶段所有的分析化学实验需求。本书在实验项目选取上既注重基本操作训练，又注意与生产生活实际相结合，有利于提高学生的积极性。为了读者用书方便，书后附有分析测试常用的有关数据表格及参考资料。

《分析化学实验》(第三版)可作为高等理工院校化学类、化工类、材料类、食品、环境、轻工等专业本科生的教材，也可供从事分析测试工作的技术人员和管理人员参考。

图书在版编目（CIP）数据

分析化学实验/刘建宇等主编. —3版. —北京：化学工业出版社，2017.12（2025.7重印）
高等学校"十三五"规划教材
ISBN 978-7-122-30741-5

Ⅰ.①分… Ⅱ.①刘… Ⅲ.①分析化学-化学实验-高等学校-教材 Ⅳ.①O652.1

中国版本图书馆CIP数据核字（2017）第247097号

责任编辑：宋林青　　　　　　　　　　装帧设计：关　飞
责任校对：王　静

出版发行：化学工业出版社（北京市东城区青年湖南街13号　邮政编码100011）
印　　装：北京科印技术咨询服务有限公司数码印刷分部
787mm×1092mm　1/16　印张12¾　字数320千字　2025年7月北京第3版第6次印刷

购书咨询：010-64518888　　　　　　　　售后服务：010-64518899
网　　址：http://www.cip.com.cn
凡购买本书，如有缺损质量问题，本社销售中心负责调换。

定　价：28.00元　　　　　　　　　　　　　　　　　版权所有　违者必究

前　言

《分析化学实验》第一版于 2004 年出版，第二版于 2010 年出版，为配合学科发展和适应形势变化，我们结合近几年我校分析化学实验教学的实际情况，对第二版进行修订，编写了第三版。

修订时主要侧重以下几方面的工作：(1) 定量分析仪器及基础操作部分，对称量方法、滴定管及滴定量具校正等内容进行修订；(2) 化学分析法实验部分，剔除和更换部分实验；(3) 仪器分析法实验部分，把目前以讲义形式开设的多个实验加入，剔除部分实验；(4) 综合及设计实验部分，增加了后续课程《综合分析化学实验》中相关实验，剔除部分实验及学习参考；(5) 对保留部分进行了校对。

经以上调整，本书的目标与特点更加清晰：(1) 依据化学分析实验、仪器分析实验和综合分析化学实验的教学大纲，精心设置了实验内容，在保证知识完整性的前提下，删除简单、重复、危险性实验，增加了具有趣味性和复杂性的实际样品的测定实验，注重训练学生的分析化学实验技能，提高学生的学习积极性；(2) 教材内容衔接理论教学内容，与课堂教学密切配合，加强了对理论知识的理解；(3) 规范了实验报告格式，加强实验数据处理及结果表达的训练，使学生牢固建立"量"的概念；(4) 增加了 8 个英文实验，实验内容为经典的化学分析和仪器分析实验，以供本科生提高专业英语水平和留学生使用。

参加本次再版修订的教师有刘建宇（实验 3-2、3-5、3-7、3-8、3-11、3-12、3-18、3-19、3-22、3-25、3-28、4-9、4-15～4-19、5-1、5-6、5-7、5-9、5-10）；王敏（第 1 章、第 2 章、实验 5-8）；许琳（实验 3-9、3-10、3-13、3-14、3-23、3-24、4-1、4-4～4-8、4-10、5-4、附录）；宋慧宇（实验 3-1、3-3、3-16、3-20、3-21、3-26、3-27、5-2）；吕玄文（实验 3-4、3-6、3-15、3-17、4-2、5-5）；陶佳（实验 4-11～4-14、5-3）；李硕凡（实验 4-3）；毛秋平（实验 4-20）；曾强（Chapter 6）。全书由刘建宇、王敏、许琳、宋慧宇统稿并任主编。

本书得到了华南理工大学教务处教材建设项目的立项支持，化学工业出版社的编辑也为本书的出版付出了辛勤的劳动，在此表示诚挚的感谢。

尽管本书已经是第三版，但鉴于编者水平有限，加之编写时间仓促，书中难免有不妥和疏漏之处，恳请各位读者批评指正。

编者
2017 年 7 月

第一版前言

分析化学是研究物质的组成、含量和结构有关信息以及相关理论的科学。

分析化学是理工科院校开设的一门基础课，通过本课程的学习，使学生了解分析化学学科的基本理论、掌握对物质基本信息（组分、含量及结构等）进行研究的方法和技术。

分析化学实验则是分析化学课程的重要组成部分，不管其是否独立设课，课程的目的和任务都为：在分析化学基础理论的指导下，综合运用相关学科的知识，掌握分析化学各种方法的原理、测试方法、所采用仪器的工作原理和操作等。由于分析化学实验课程本身的特有性质，在培养学生严格、认真和实事求是的科学态度；提高学生观察、分析和判断问题的能力；掌握分析测试的基本技能和具有努力、刻苦地进行科学研究的素质等方面具有特殊的作用。

全书共四章。第一、二章为分析化学实验的基础，要求学生一定要了解和掌握。第三、四章为分析化学实验具体的项目和内容，其中有参考国家、各部和行业的标准，而更多的是经过长期的教学实践，确认在严格的基础训练和完成本课程培养目标方面有较好效果的实验内容。

本书由蔡明招主编，参加本书编写的人员和编写的内容如下：蔡明招（第一章、实验一、四、五、十七、四十四以及附录等），王立世（实验三十五～三十七），刘静（实验二、十三、十五、十八），郭璇华（实验三十八、三十九、四十一～四十三），林罗发（实验九、十一、十二、二十一、二十七），张永清（第二章），刘建宇（实验八、九、十六、二十五、三十），吕玄文（实验七、十四、十六），王文锦（实验三、六、十、十五、二十一、二十九），冯福胜、林亦辉（实验二十四、三十九、四十）。全书由蔡明招、刘建宇统稿。

本书的出版得到华南理工大学教务处和应用化学系领导的关心和大力支持。分析化学教研组的教师，除了因科研工作任务太重无法承担本书的编写及实验外，都加入了本书的编写等工作。

同时，感谢广东省环保检测中心站鲁言波工程师为本书编写了实验三十、三十一、三十二和"学习与参考"的内容。

诚挚欢迎采用本书的各院校同行和读者，就书中的不足之处提出批评和建议，本书编写组的全体成员表示最衷心感谢！

编者

2004年3月

第二版前言

本教材第一版于 2004 年出版，期间获得第八届中国石油和化学工业优秀教材二等奖。自 2004 年 9 月开始使用以来，边实践边改革，在已有的内容基础上，增加了几个教学效果好和代表学科发展新技术的实验。同时，设计了多个可以让学生自选的设计性实验项目，并经过五届学生的教学实践，受到学生的欢迎，效果良好。鉴于本教材使用 5 年来学科发展以及人才综合素质培养的需要，对本教材进行再版。

再版《分析化学实验》共分 4 篇：第 1 篇为分析化学实验基础知识；第 2 篇为化学分析法实验；第 3 篇为仪器分析法实验；第 4 篇为综合与设计性实验。为了读者用书的方便，还编入了分析测试常用的有关参数、用表和参考资料。

第 1 篇 分析化学实验基础知识，其第 1 章分析化学实验室安全与规则，主要阐明分析化学实验教学的目的、任务与要求；第 2 章分析化学实验基础知识，一是强调了化学实验室安全的重要性和安全知识；二是介绍了分析测试工作的基础知识、常用仪器及其规范的操作方法等。

第 2 篇 化学分析法实验，编入了包括重量分析法和四大滴定分析法（即酸碱滴定法、沉淀滴定法、配位滴定法和氧化还原滴定法）等共 28 个实验。

第 3 篇 仪器分析法实验，选编了国家有关部门的标准、生产部门的实用分析方法和一些科研实践的成果实验，以加深学生的感性认识和扩大知识面。编入了光学分析法实验（10个）、电化学分析法实验（4个）和色谱分析法实验（5个）等共 19 个实验。

第 4 篇 综合和设计性实验。在本书第一版使用过程中，结合理工科院校人才培养的特点和需求，增加了几个基础实验，同时，将分析方法的科研成果和多年的实验课教研、教改实践转化为用于教学的综合分析实验；并专为训练学生面对某一样品，从了解掌握物质性质、查阅有关对分析对象的分析测试方法、直至自己拟出对给出样品的完整分析测试程序和操作步骤、结果报告等的设计性实验，经过五届学生的实践，证明效果凸显，编入本书。

另外，通过五届学生对本教材第一版的教学实践，并根据各高校设置本课程所分配学时的实际情况，经充分讨论，决定将第一版中的第二章标准溶液的配制及标定内容，分别安排在各篇的实验内容中；其相关理论见 2009 年 9 月化学工业出版社出版的《分析化学》（蔡明招主编，杭义萍、余倩副主编）第 4 章 4.3 标准溶液与基准物。

本次再版《分析化学实验》教材，突出遵循认知规律、培养学生良好综合素质的理念，改革创新了第一版教材体系，并在原来内容的基础上，增加了特色的综合与设计性实验，将使本教材有更广泛的适用空间。

由于工作变动等原因，原参编本教材第一版的林罗发等老师不再参加本教材编写，在此，对他们在分析化学实验教材建设方面所作出的努力表示诚挚的谢意！

参加本教材编写的人员和编写内容如下：蔡明招（前言、内容提要、说明、分析化学实验导言、第1篇、实验2-1、实验2-4、实验2-5、实验2-21、实验2-22、实验4-4、附录）；刘建宇（实验2-10、实验2-11、实验2-14、实验2-19、实验2-20、实验2-28、实验3-5、实验3-6、实验3-7、实验3-17、实验4-1、实验4-2、实验4-5、实验4-6）；吕玄文（实验2-6、实验2-7、实验2-8、实验2-9、实验2-17、实验2-23、实验3-1、实验3-4、实验3-11）；许琳（实验2-12、实验2-13、实验2-15、实验2-16、实验2-24、实验2-25、实验2-26、实验2-27、实验3-2、实验3-3、实验3-8、实验3-12、实验3-15、实验3-16、实验4-3）；王文锦（实验2-2、实验2-3、实验2-18）；王立世（实验3-13、实验3-14）；郭璇华（实验3-18、实验3-19）；鲁言波（实验3-9、实验3-10、学习与参考资料）。全书由蔡明招、刘建宇统稿，蔡明招、刘建宇主编，吕玄文、许琳副主编。

本书的出版得到了华南理工大学教务处领导、化学与化工学院领导的关心和指导。

诚挚欢迎采用本书的各院校同行、学生和读者，就书中的不足之处提出批评和建议。并期盼在教材使用、教学安排、教学方法与模式、实验教学过程中学生良好综合素质的培养等方面进行无障碍的交流，本书编写组的全体成员表示最衷心感谢，并将在实践中不断完善和提高！

编者
2009年12月

目 录

说明 ··· 1

第1章 分析化学实验基础知识 ··· 2
1.1 分析化学实验课程的目的、要求与成绩评定 ·· 2
1.2 实验数据的记录、处理和实验报告 ·· 3
1.3 分析化学实验室安全知识 ·· 4
1.4 分析化学实验室用水 ·· 6
1.5 常用化学试剂 ·· 8
1.6 常见玻璃器皿的洗涤与干燥 ··· 9

第2章 定量分析仪器及基本操作 ·· 11
2.1 分析天平及称量操作 ·· 11
2.2 重量分析仪器及基本操作 ·· 15
2.3 滴定分析仪器及基本操作 ·· 19
2.4 其它量器 ··· 27

第3章 化学分析法实验 ·· 30
实验 3-1 电子分析天平的操作与称量练习 ·· 30
实验 3-2 滴定分析操作练习 ··· 31
实验 3-3 滴定分析量器的校正 ·· 33
实验 3-4 NaOH 标准溶液的配制与标定 ··· 35
实验 3-5 HCl 标准溶液的配制与标定 ··· 37
实验 3-6 食醋总酸度的测定 ··· 39
实验 3-7 工业碳酸钠总碱量的测定 ··· 41
实验 3-8 氟硅酸钾法测定水泥熟料中 SiO_2 的含量 ································· 42
实验 3-9 EDTA 标准溶液的配制与标定 ··· 45
实验 3-10 自来水总硬度的测定 ·· 48
实验 3-11 铋铅混合溶液中铋、铅含量的连续测定 ·································· 50
实验 3-12 食品级 $MnSO_4$ 中 Mn 含量的测定 ·· 51
实验 3-13 $KMnO_4$ 标准溶液的配制与标定 ·· 53
实验 3-14 市售双氧水中 H_2O_2 含量的测定 ··· 55
实验 3-15 水中化学需氧量（COD）的测定 ··· 56
实验 3-16 石灰石中钙含量的测定 ··· 59
实验 3-17 $K_2Cr_2O_7$ 法测定铁矿石中铁的含量（无汞法） ······················· 61
实验 3-18 $Na_2S_2O_3$ 标准溶液的配制与标定 ·· 63
实验 3-19 间接碘量法测定胆矾（$CuSO_4 \cdot 5H_2O$）中的铜含量 ·············· 66
实验 3-20 碘标准溶液的配制与标定 ·· 67
实验 3-21 葡萄糖注射液中葡萄糖含量的测定 ··· 69

实验 3-22　工业苯酚纯度的测定 …… 70
   实验 3-23　$AgNO_3$ 标准溶液的配制与标定 …… 73
   实验 3-24　NH_4SCN 标准溶液的配制与标定 …… 75
   实验 3-25　佛尔哈德法测定酱油中 NaCl 含量 …… 76
   实验 3-26　可溶性硫酸盐中 SO_4^{2-} 含量的测定 …… 78
   实验 3-27　丁二酮肟重量法测定 316 不锈钢中镍的含量 …… 80
   实验 3-28　离子交换法分离钴、锌及其含量的测定 …… 82

第 4 章　仪器分析法实验 …… 85
   实验 4-1　电感耦合等离子体原子发射光谱法（ICP-AES）测定工业废水中铬、铜、锌、铅、镍 …… 85
   实验 4-2　火焰原子吸收光谱法（FAAS）测定自来水中微量镁 …… 87
   实验 4-3　石墨炉原子吸收光谱法（GAAS）测定土壤中痕量镉 …… 89
   实验 4-4　邻菲啰啉分光光度法测定微量铁 …… 92
   实验 4-5　考马斯亮蓝染色法测定蛋白质含量 …… 95
   实验 4-6　取代基及溶剂性质对有机化合物紫外吸收光谱的影响 …… 97
   实验 4-7　分子荧光法测定维生素 B_2 的含量 …… 98
   实验 4-8　有机化合物红外光谱的测定及结构解析 …… 100
   实验 4-9　直接电位法测定含氟牙膏中游离氟的含量 …… 102
   实验 4-10　电位滴定法连续测定氯、碘离子 …… 105
   实验 4-11　库仑滴定法测定维生素 C 药片中抗坏血酸的含量 …… 107
   实验 4-12　碳纳米管修饰玻碳电极的循环伏安分析 …… 109
   实验 4-13　单扫描示波极谱法连续测定铅和镉 …… 111
   实验 4-14　同位镀汞膜示差脉冲溶出伏安法同时测定饮用水中的铜、铅、镉 …… 113
   实验 4-15　气相色谱柱温变化对峰分离的影响 …… 115
   实验 4-16　气相色谱定量分析方法——归一化法 …… 118
   实验 4-17　气相色谱-质谱法对酯类混合试样的定性分析 …… 120
   实验 4-18　高效液相色谱柱性能参数的测定 …… 122
   实验 4-19　固相萃取-HPLC 内标法测定水样中的多环芳烃 …… 124
   实验 4-20　核磁共振氢谱和碳谱的测定 …… 126

第 5 章　综合及设计性实验 …… 131
   实验 5-1　水泥熟料中 SiO_2、Fe_2O_3、Al_2O_3、CaO、MgO 含量测定 …… 131
   实验 5-2　凯氏定氮法测定蛋白粉中蛋白质含量 …… 135
   实验 5-3　全自动快速溶剂萃取技术用于提取芝麻中的植物油 …… 137
   实验 5-4　ICP-AES 法测定皮革中 5 种重金属元素含量 …… 139
   实验 5-5　果蔬中维生素 C 含量的测定 …… 141
   实验 5-6　肉制品中亚硝酸盐含量的测定 …… 143
   实验 5-7　薰衣草挥发油化学成分的 GC-MS 分析 …… 146
   实验 5-8　纺织品中禁用偶氮染料的检测 …… 147
   实验 5-9　奶粉中三聚氰胺含量的测定 …… 151
   实验 5-10　设计性实验 …… 153

Chapter 6　Experiments of Chemical and Instrumental Analysis ········· 156
　Experiment 6-1　Analytical Balances and Weighing ············· 156
　Experiment 6-2　Preparation and Standardization of a Standard Solution ············· 157
　Experiment 6-3　The Determination of Table Vinegar Total Acidity ············· 165
　Experiment 6-4　The Determination of Tap Water Hardness ············· 166
　Experiment 6-5　Purity Determination of Commercial H_2O_2 ············· 167
　Experiment 6-6　Trace Determination of Fe^{2+} in Water by Phenanthroline Using Spectrophotometry ············· 169
　Experiment 6-7　The Determination of Fluoride in Toothpaste by Direct Potentiometry ··· 172
　Experiment 6-8　The Effect of Column Temperature on Separation for Gas-Chromatography ············· 175

附录 ·· 178
　附录1　常用滴定分析仪器 ·· 178
　附录2　市售酸碱试剂的浓度和相对密度 ·· 178
　附录3　常用基准物质的干燥条件和应用 ·· 179
　附录4　常用指示剂 ·· 179
　附录5　常用酸碱缓冲溶液 ·· 181
　附录6　弱酸及其共轭碱在水中的离解常数（25℃，$I=0$） ··················· 182
　附录7　金属离子与氨羧配合剂类配合物的稳定常数 ····································· 184
　附录8　难溶化合物的溶度积常数（18℃） ·· 184
　附录9　元素周期表 ·· 186
　附录10　常见化合物的摩尔质量 ·· 187
　附录11　分析化学实验报告模板 ·· 189

主要参考文献 ··· 191

说　明

1. 试剂

① 本书所用试剂，除特别说明外，均为分析纯（AR）。基准试剂在使用前均已按附录 3 中的条件进行干燥处理。

② 盐酸、硫酸、硝酸、磷酸、氢氟酸、高氯酸、氨水、三乙醇胺等液态试剂（包括有机溶剂），若未标明具体浓度，即为市售浓度（附录 2）。

③ 未作说明时，乙醇指 95％的分析纯乙醇。

④ 本书中所有实验用水均为符合实验要求的纯水，**均简称水**。化学分析实验用水达到三级水的要求，由"艾科浦"反渗透去离子纯水机以自来水为水源制备；普通仪器分析实验用水达到二级水的要求，为购置的纯净水；对于高效液相色谱法、电感耦合等离子体原子发射光谱法等要求严格的实验，用水达到一级水的要求，由 Milliporn 超纯水系统以购置的纯净水为水源制得。

2. 溶液及浓度

① 没有特别说明时，溶液均指水溶液；简单的溶液配制不提供具体步骤。

② 按体积比配制的溶液

HNO_3 溶液（1+2）是指 1 体积市售浓硝酸（原瓶试剂）与 2 体积水均匀混合后的溶液；甲苯的环己烷溶液（1+250）是指 1 体积甲苯与 250 体积环己烷均匀混合的溶液，以此类推。"+"也可用"："代替，如苯-乙酸乙酯-乙酸（12:7:3）是指 12 体积的苯、7 体积的乙酸乙酯和 3 体积的乙酸均匀混合的溶液。

③ 本书中所用浓度单位会根据使用方便性选择摩尔浓度、质量浓度、体积比等方式。

3. 计算公式中符号和单位说明

本教材采用国际单位制及测试工作中习惯的计量单位。

例：实验 3-4 中 NaOH 标准溶液浓度的计算公式

$$c_{NaOH} = \frac{1000 m_{KHC_8H_4O_4}}{M_{KHC_8H_4O_4} V_{NaOH}}$$

式中，c_{NaOH} 为 NaOH 溶液的浓度，$mol \cdot L^{-1}$；$m_{KHC_8H_4O_4}$ 为邻苯二甲酸氢钾的质量，g；$M_{KHC_8H_4O_4}$ 为邻苯二甲酸氢钾的分子量，$g \cdot mol^{-1}$，V_{NaOH} 为 NaOH 溶液的体积，mL。其它实验计算公式中各项符号的含义和单位均相似，不再详述。

第1章 分析化学实验基础知识

1.1 分析化学实验课程的目的、要求与成绩评定

分析化学是一门实践性很强的学科,实验教学是分析化学教学的重要环节,因此需要单独开设实验课程。分析化学实验课程和理论课程紧密结合,都是高等院校化学类专业和涉及化学学科专业本科生的重要基础课程之一。分析化学主要分为定性分析和定量分析两部分,本教材主要介绍定量分析的内容。

1.1.1 课程的目的与要求

通过本课程的学习,学生应达到下述目的:

① 灵活运用分析化学理论知识指导实验,学习并掌握典型的分析方法;熟练掌握分析化学实验的基本操作技能。

② 树立"量"的概念,学会正确合理地选择实验方法、实验条件和实验仪器,能够正确地测定、记录、处理和概括实验数据,能够对实验数据进行正确地分析评价并报告实验结果。

③ 能够应用所学知识,就实际情况独立设计合理的实验方案,提高观察、分析和解决实际问题的能力。

④ 培养实事求是的科学态度、一丝不苟的工作作风、认真细致的工作习惯等科学工作者应具备的基本素质。

为达到以上教学目的,在课程学习中,对学生提出如下要求。

(1) 实验前必须认真预习,做好实验计划

① 明确实验目的和要求,认真阅读实验教材,并复习相关理论知识,理解实验原理,了解所用分析仪器的设计原理和基本结构。

② 了解实验的内容、步骤、操作方法和实验过程中的注意事项。

③ 写好预习报告,简明扼要地列出实验原理和步骤,画好数据记录表格,列出所需的仪器和试剂(标明规格),并计算好试剂、基准物、试样等的所需量。

(2) 实验中注意事项

① 学生首次进入分析化学实验室时,需先接受实验室安全教育。化学分析实验开始前,按附录1清点实验仪器。所有实验课程结束后,按清单整理归还。

② 遵守实验室安全与规则,保持室内整洁安静、实验台面清洁有序,树立良好的公共道德,注意节约,爱护公共设施,公用试剂和仪器用完后及时放回原处,废液按规定回收处理或排放。

③ 严格按照操作规范进行实验,仔细观察,及时记录。不了解的仪器或试剂,使用前应查阅资料并请教指导教师,以免损坏仪器或发生意外。

④ 实验中遇到困难或故障时,不要慌乱,应设法弄清原因并及时排除。如实验失败,要弄清原因,经指导教师同意后,重做实验。

⑤ 实验中的重要操作、现象和实验数据等必须如实准确地记录在实验记录本上，不得篡改实验数据。

（3）实验后注意事项

实验完成后，仔细复核实验数据，及时洗涤、清理仪器，整理好台面，经允许后方可离开实验室。及时整理、分析实验数据，重视总结实验中的经验教训，认真书写实验报告并按时交给指导教师批阅。

1.1.2 成绩评定

实验成绩的评定包括：①预习报告（占10%）；②原始数据记录（占10%）；③实验操作技术（占30%）；④纪律与卫生（占10%）；⑤结果报告（占40%）。指导教师根据以上5点打分，综合后为此单个实验的成绩。期末总评成绩为每次实验成绩按照课时进行加权平均。

1.2 实验数据的记录、处理和实验报告

1.2.1 实验数据的记录

应秉承实事求是的科学态度，及时、准确、客观地记录各项数据和现象，切忌夹杂主观因素。即使实验数据不理想，也绝不能虚造或拼凑数据，而是要认真地分析原因，总结经验教训。记录数据应注意以下几点：

① 实验数据应记录在专用的实验记录本上；

② 不得使用铅笔记录数据，字迹要清楚，记下的数据需改动时，应将错误数据用横线划去，在旁边重新写上正确数字，不要在原数据上涂改；

③ 可采用表格记录测量数据，记录数据的有效数字应与所用仪器的最小读数相适应，如用分析天平称量时，应记录至0.0001g。

1.2.2 实验数据的处理

根据测量数据之间的关系，列出计算公式，计算分析结果。在定量分析实验中，一般平行测定3~5次，通常为3次。常用有限次测量结果的算术平均值来对总体平均值（真值）进行估计，并以相对平均偏差衡量分析结果的精密度。

仪器分析中常用图解法来表述实验结果，包括：

① 用变量间的定量关系图来求未知物的含量，如外标法的标准曲线法；

② 曲线外推法，如利用标准加入法的工作曲线外推求待测物质的含量；

③ 求函数的极值或转折点，如利用紫外-可见吸收曲线确定最大吸收波长；

④ 图解微分或积分法，如计算色谱峰的峰面积。

1.2.3 实验报告

实验报告应先注明实验编号、实验名称和实验日期，然后按照以下内容书写：

① 实验目的：简要说明；

② 实验原理：用文字和化学反应式扼要叙述；如使用特殊仪器装置，应画出实验装置示意图；

③ 仪器与试剂：仪器型号、试剂规格等；

④ 实验步骤：简明扼要写出步骤流程；

⑤ 数据记录及处理：用文字、表格、图形等表述实验数据；列出数据处理的主要过程和计算公式，按照要求计算分析结果并进行结果的精密度分析；

⑥ 思考与讨论：独立完成实验思考题，对实验中的现象、分析结果和误差进行分析讨论，总结经验教训。

分析化学实验报告模板见附录 11。

1.3　分析化学实验室安全知识

为保障实验工作人员的人身安全和实验室安全，保证实验室承担的教学和科研工作的顺利进行，所有的实验室都有相关的规章制度，要求进入实验室的人员遵守。学生第一次进入分析化学实验室时，应该首先接受安全教育，掌握最基本的实验室安全知识，了解安全注意事项。

1.3.1　分析化学实验室一般安全守则

① 严格遵守实验室各项规章制度。

② 实验室内禁止喧哗，不得吸烟、饮食。一切化学品严禁入口，实验完毕后必须洗净双手。

③ 了解并严格遵守相关化学试剂的使用规定，如：严禁任意混合各种化学试剂；小心使用强酸、强碱等强腐蚀性试剂，一旦溅在身上，应首先用大量清水冲洗，再视情况处理；使用剧毒试剂时，要实行登记制度，使用时切勿洒落在台面和地面上等。

④ 使用各种仪器设备时，应严格遵守安全使用规则和操作规范，认真填写使用登记。

⑤ 能产生刺激性或有毒气体的实验应在通风橱中进行；分类妥善处理实验中产生的废物和废液。

⑥ 了解实验室水、电、气的布局及灭火器的放置地点，安全使用水、电、气、火，离开实验室前，检查水、电、气、门、窗是否关好。

1.3.2　实验室消防安全

分析化学实验室常需使用加热装置、易燃易爆化学品以及高压气瓶等，如果操作处理不当或者没有遵守安全防护要求，就有可能造成火灾爆炸事故。

(1) 预防加热起火

① 使用燃气热源装置，应经常对管道或气罐进行检漏，以免发生泄漏引起火警。

② 热源装置使用完毕后，应立即关闭；热源装置附近严禁放置易燃物。

③ 加热易燃试剂时，绝对不可使用明火，应根据所需达到的温度，使用水浴、砂浴、油浴或电热套等。

④ 加热时，为防暴沸伤人，可加入沸石（或碎瓷片）；加热过程中，实验人员不得离开实验现场。

⑤ 实验室不应存放过多易燃品；如使用时不慎将易燃品倾倒在地面或实验台上，应及时妥善处理。

(2) 预防化学反应造成的起火和起爆

分析人员必须了解所进行实验的化学反应和所用化学试剂的特性；如果未能充分了解实验反应，试料用量要从最小量开始。对有危险的实验，要做好应有的防护措施及发生事故的处理方法。实验后残存的易燃易爆物，应及时处理。

（3）灭火紧急措施

如果在实验过程中发生火灾，应尽快切断电源、关闭所有加热装置；尽快转移可燃物，关闭通风装置；根据不同的火灾原因，选择相应的灭火器材进行扑救。如果火势较大或有蔓延趋势，要立即报警。水虽是人所共知的常用灭火材料，但在化学实验室的灭火中要慎用。**能与水发生剧烈反应的物质、比水轻且不溶于水的易燃与可燃液体失火时，禁止用水扑救。**常用的灭火器材及其适用范围见表 1-1。灭火器材应固定放在明显的位置，要定期检查维护，按规定更换药液。使用后应彻底清洗，并更换损坏的零件。

表 1-1 常用的灭火器材及其适用范围

类型	特性	适用对象
消火栓	为保证管道内的水压，不得与生产用水共用同一管线。消火栓一般设在走廊和楼梯口	用于扑灭一般木材及各种纤维的火灾，以及可溶或半溶于水的可燃液体的火灾
砂土	隔绝空气而灭火，应保持干燥	用于不能用水灭火的着火物
石棉毯	隔绝空气而灭火	用于扑灭人身上的火
泡沫灭火器	在燃烧物表面形成泡沫覆盖层，隔绝空气而灭火	用于扑灭木材及各种纤维的火灾，以及石油制品、油脂等火灾；不能用于水溶性可燃液体的火灾
干粉灭火器	消除燃烧物产生的活性自由基，使燃烧的连锁反应中断；同时干粉遇高温分解吸收大量的热，并放出蒸气和 CO_2，达到冷却和稀释燃烧区氧的作用	用于扑灭可燃液体、气体、电气火灾以及不宜用水扑救的火灾。ABC 干粉灭火器可以扑灭带电物质火灾
CO_2 灭火器	燃烧区 CO_2 含量达到 30%~50% 时，能使燃烧熄灭，主要起窒息作用，同时 CO_2 吸收一定的热能，有一定的冷却作用	用于扑灭电气设备、精密仪器、图书、档案的火灾，以及范围不大的油类、气体和一些不能用水扑救的物质的火灾
1211 灭火器	1211 为 2-氟-1-氯-1-溴甲烷，是一种阻燃剂，能抑制燃烧的连锁反应，中止燃烧。同时兼有一定的冷却和窒息作用	用于扑灭可燃液体、气体以及带电设备的火灾，也能对固体物质表面火灾进行扑救（如竹、纸、织物等），尤其适用于扑救精密仪表、计算机、珍贵文物以及贵重物资仓库的火灾

1.3.3 实验室用电安全

分析化学实验离不开电器设备，不仅常使用 220V 的标准电压，而且还要用到几千至上万伏的高电压，分析人员有必要掌握一定的安全用电知识。

所有电器必须由专业人员安装，不得私自拆动或改装。在使用电器前，先详细阅读有关说明书及操作注意事项，并严格遵守。电器使用完毕后应及时关闭电源；临时停电时，要切断一切电器设备的电源开关，待恢复供电后再重新启动。

不要用湿手接触电源，以免发生危险；如遇触电事故，应立即拉下电闸断电，或用绝缘物将电源线拔掉。**千万不可徒手去拉触电者！**脱离电源后，检查伤员呼吸和心跳情况，并进行急救。

1.3.4 实验室废液的安全处理

化学实验后的废液中，常含有很多有毒有害甚至是致癌物质，不加处理直接排入下水道，会污染周围环境，损害人体健康，而且废液中的有用或贵重成分未能回收，在经济上也有损失。因此，化学实验室废液的安全处理非常重要。

（1）建立废液分罐处理程序

化学实验中产生的废液量不大,但种类繁多且组成变化不定。应根据实验室的情况,分别设立酸、碱、有机物和特殊有毒物的废液罐,分类收集到一定量后,再针对其性质进行无害化处理和回收。实验室常见废液的处理方法如下。

① 含汞废液 将废液调至pH8～10,加入过量的硫化钠,使其转化为硫化汞沉淀,再加入硫酸亚铁,生成硫化铁吸附溶液中悬浮的硫化汞微粒而生成共沉淀。分离后的清液可直接排放,残渣用焙烧法回收汞或再制成汞盐。

② 含砷废液 加入氧化钙,调节pH为8,生成砷酸钙和亚砷酸钙沉淀。或调节pH为10以上,加入硫化钠,生成难溶低毒的硫化物沉淀。

③ 含铬废液的处理 可用铁屑还原$Cr(Ⅵ)$,再用石灰或氢氧化钠转化成低毒的氢氧化铬从水中沉淀下来,再另作处理。还可采用电解法、离子交换法等。

④ 含重金属废液 可采用氢氧化物共沉淀法、硫化物共沉淀法、碳酸盐法、离子交换树脂法及吸附法等进行处理。

⑤ 含氰废液 用氢氧化钠调节pH值为10以上,加入过量的高锰酸钾(3%)溶液,使CN^-氧化分解。如CN^-含量较高,可加入过量的次氯酸钠,使氰酸盐氧化成CO_2和N_2后直接排放。

⑥ 无机酸(碱)类 用废碱(酸)中和后,用大量水稀释后排放。

⑦ 有机溶剂 有回收价值的溶剂应蒸馏回收再使用。无回收价值的,废液量少可用水稀释后排放;量大可采用焚烧法处理。

(2) 尽量减少污染物的产生

在不影响基本操作训练和实验效果的前提下,应尽量选用污染小的试剂,并尽量减小试剂的用量。

1.4 分析化学实验室用水

1.4.1 实验用水规格和技术指标

分析化学实验中,洗涤仪器、配制溶液都需要大量用水。根据具体分析任务和要求的不同,对水纯度的要求也不同。自来水中杂质较多,不能满足一般分析化学实验的要求,只能用于初步洗涤仪器等对水质要求不高的环节。一般分析工作使用蒸馏水或去离子水。有的实验要求使用二次蒸馏水或更高规格的纯水(如:电分析化学、液相色谱等实验)。我国已颁布了《分析实验室用水规格和试验方法》(GB/T6682—2008)的国家标准,对分析实验室用水的级别作了严格规定(表1-2)。

表1-2 分析化学实验室用水的级别及主要技术指标(引自GB/T 6682—2008)

指标名称	一级	二级	三级
pH值范围(25℃)	—	—	5.0～7.5
电导率(25℃)/mS·m^{-1}	≤0.01	≤0.10	≤0.50
可氧化物质(以O计)/mg·L^{-1}	—	≤0.08	≤0.4
吸光度(254nm,1cm光程)	≤0.001	≤0.01	—
蒸发残渣(105±2℃)/mg·L^{-1}	—	≤1.0	≤2.0
可溶性硅(以SiO_2计)/mg·L^{-1}	≤0.01	≤0.02	—

注:1. 由于在一级、二级纯度的水下,难于测定其真实的pH值,因此对pH值的范围不作规定;
2. 由于在一级水的纯度下,难于测定其可氧化物质和蒸发残渣,对其限量不作规定。

1.4.2 实验室用水的制备方法

分析化学实验室用水的原水应为饮用水（如自来水）或适当纯度的水。三级水用于一般化学分析实验，可用蒸馏或离子交换等方法制备；二级水用于无机痕量分析等实验，可用多次蒸馏、反渗透、电渗析或离子交换等方法制备；一级水用于有严格要求的分析实验（如高效液相分析用水，对水中颗粒物有严格要求），可用二级水经过石英设备蒸馏或离子交换混合床处理后，再经 $0.2\mu m$ 微孔滤膜过滤来制备。

（1）蒸馏法

自来水在蒸馏器中蒸发、冷凝得到的较纯的水，称为蒸馏水。蒸馏法仅能除去水中非挥发性杂质。同是蒸馏所得纯水，蒸馏器材料不同，水中含有的杂质种类和含量也不同。将蒸馏水再次蒸馏，称为二次蒸馏水，一般可达到实验室一级用水标准。二次蒸馏使用石英蒸馏器最佳。

（2）离子交换法

利用离子交换树脂去除水中的杂质离子所得的纯水，称为离子交换水或"去离子水"。目前多采用阴、阳离子交换树脂混合床来制备。离子交换得到的纯水可达到二级或一级标准。该方法不能去除非电解质杂质，因此去离子水中可能含有微生物和有机物杂质，使用时应注意。

（3）膜处理技术

① 电渗析法　电渗析法是在外加电场的作用下，利用阴、阳离子交换膜对水中离子的选择性透过而使杂质离子分离去除的方法。该方法制备的纯水水质可达三级标准，但不能去除非离子型杂质，且去离子效率不如离子交换法，因此通常作为离子交换水的前处理。

② 电除盐技术（EDI）　EDI 是将电渗析和离子交换相结合而形成的新型膜分离技术。在外加电场作用下，通过阳、阴离子膜对阳、阴离子的选择透过作用以及离子交换树脂对水中离子的交换作用，实现水中离子的定向迁移，从而达到水的深度净化除盐，得到高质量的纯水；同时通过水电解产生的氢离子和氢氧根离子对装填树脂进行连续再生，从而使制水过程能够长期连续进行。

③ 反渗透法（RO）　反渗透是一种以高于渗透压的压力作为推动力，利用膜的选择透过性（只能透过水而不能透过溶质），从水体中将水分子与溶质相分离的过程。利用反渗透的分离特性，可以去除水中的溶解盐、胶体、有机物和细菌等杂质。在纯水制备中，广泛采用反渗透作为预脱盐工序，减轻离子交换树脂的负荷。采用二级反渗透，可达到三级用水标准。再经过离子交换柱循环过滤，可达到一级用水标准。

（4）超滤

采用微孔滤膜截留水中的颗粒。孔径 $3\sim 20\mu m$ 的滤膜用于制水的前处理，$0.2\mu m$ 和 $0.45\mu m$ 的滤膜用于高纯水制备的最后一级处理。

（5）活性炭吸附

活性炭是水纯化中广泛使用的吸附剂，能吸附相当多的无机物和有机物。在纯水制备中，活性炭柱可放在离子交换柱前使用，保护离子交换床。为防止活性炭粉末污染纯水系统，在后面要加装微孔过滤器。

（6）紫外线杀菌

微生物能污染纯水系统，使用紫外线照射能抑制细菌繁殖并杀死细菌。紫外线杀菌装置采用低压汞灯，石英套管。杀菌器后安装孔径$\leqslant 0.45\mu m$ 的微孔过滤器，滤除细菌尸体。

1.4.3 纯水质量的检验

纯水质量的检验方法有物理方法和化学方法两类。物理检验是选用合适的电导仪（最小量程不低于 $0.02\cdot S\cdot cm^{-1}$，并具有温度补偿功能）测定纯水的电导率，它是最简便实用的方法。测定一、二级水时，电导仪应配备电极常数为 $0.01\sim 0.1 cm^{-1}$ 的"在线"电导池，进行在线测量；测定三级水时，电导仪应配备电极常数为 $0.1\sim 1 cm^{-1}$ 的电导池，通常用锥形瓶取 400mL 水样，立即进行测定。

此外，有些分析化学实验的用水，还需对纯水的酸碱度，水中金属离子、氯离子以及可溶性硅的含量等进行检测。

本书中的各个实验，除有特别说明，所用纯水均为去离子水，采用聚乙烯容器存放。

1.5 常用化学试剂

1.5.1 化学试剂的级别与用途

化学试剂种类繁多，按其中所含杂质的多少来划分，可分为通用的一、二、三、四级试剂和生化试剂。我国化学试剂的分级、标志、标签颜色和主要用途列于表1-3。

表1-3 常用化学试剂的规格

等级	Ⅰ	Ⅱ	Ⅲ	Ⅳ	Ⅴ
级别	1	2	3	4	
中文标识	优级纯	分析纯	化学纯	化学用	生化试剂
	保证试剂	分析试剂	化学纯	实验试剂	
英文符号	G.R.	A.R.	C.P.	L.R.	B.R.
标签颜色	绿色	红色	蓝色	棕色等	咖啡色等
适用范围	精密分析实验	一般分析实验	一般化学实验	一般化学实验辅助试剂	生物化学及医用化学实验

此外，还有一些专门用途的"高纯试剂"，如标准试剂、色谱纯试剂、光谱纯试剂等。标准试剂又称基准试剂，指用于衡量其它待测物质化学量的标准物质，如滴定分析用的基准试剂、pH基准试剂等，试剂的纯度相当于或高于优级纯试剂。色谱纯、光谱纯等专用试剂，除了其纯度应达到或高于优级纯外，更重要的是在其特定用途中，杂质成分应不产生明显干扰。专用试剂的品种繁多，可根据实际工作要求选用。

1.5.2 化学试剂的使用

分析工作者应根据所做实验的具体需要，例如分析方法及其灵敏度与选择性、分析对象的含量及对分析结果准确度的要求等，合理选择相应级别的试剂，既不超级别使用造成浪费，又不随意降低级别而影响实验结果的准确度。在某些要求较高的分析实验中，不仅要考虑试剂的级别，还应注意生产厂家、产品批号等，如有必要应做专项检验或对照实验。

取用化学试剂时，还应注意：

① 盛装试剂的瓶上，应贴有标明试剂名称、规格及出厂日期的标签，标签要完整、清晰。不在容器内装入与标签不符的物质。无标签或难以辨识标签的试剂，必须取样鉴定后才

能使用。

② 取用试剂时，不能使用同一工具连续取用几种试剂，这样不仅会污染试剂，而且有可能会造成意外事故。

③ 应使用合适的工具取用试剂，不能用手直接拿取。取样工具应洁净干燥，固体试剂应用药匙取用，液体试剂一般可直接从试剂瓶倒取（或酌情使用滴管）。

④ 应酌量从原试剂瓶取用试剂，试剂一经取出不得倒回。

⑤ 打开瓶盖（塞）后，应立即取样，取样后立即将瓶盖（塞）盖好，以免试剂吸潮、玷污和变质。瓶盖（塞）不许随意放置，以免被其它物质玷污。

⑥ 按要求取用特殊试剂，如易燃、易挥发试剂，应远离火源并在通风橱中进行。

1.5.3 化学试剂的保存

化学试剂存放不当可能会变质失效，这不仅是一种浪费，还可能导致分析实验失败，甚至引发实验事故。一般化学试剂应保存在通风良好、干燥洁净的室内。同时根据试剂的不同特点，以不同方法妥善保存，如：

① 固体试剂通常保存在广口瓶中，液体试剂则保存在细口瓶中。

② 容易腐蚀玻璃的试剂，应保存在塑料瓶中。如氢氟酸、氟化物（氟化钠、氟化钾、氟化铵）、苛性碱（氢氧化钾、氢氧化钠）等。

③ 见光易分解的试剂如硝酸银、高锰酸钾、草酸、铋酸钠等，与空气接触易被氧化的试剂如氯化亚锡、硫酸亚铁铵、亚硫酸钠等，以及易挥发的试剂如溴、氨水及大多数有机溶剂，应保存在棕色瓶里，放置在冷暗处。过氧化氢（双氧水）见光易分解，但不能保存在棕色玻璃瓶中，因为玻璃中的微量金属会催化过氧化氢分解，因此过氧化氢应保存在不透明的塑料瓶中，必要时用黑色纸包裹避光。

④ 吸水性强的试剂应严格密封保存。如无水碳酸钠、氢氧化钠、过氧化氢等。

⑤ 易相互作用的试剂，应分开贮存。如挥发性酸与氨水、氧化剂与还原剂等。

⑥ 易燃试剂如有机溶剂等，易爆试剂如高氯酸、过氧化氢、硝基化合物等，应分开存放在阴凉通风、不受阳光直射的地方。

⑦ 剧毒试剂应由专人妥善保管，经严格手续领用，以免发生事故。如氰化物（氰化钾、氰化钠）、氢氟酸、二氯化汞、三氧化二砷（砒霜）等。

1.6 常见玻璃器皿的洗涤与干燥

1.6.1 玻璃器皿的洗涤

分析化学实验中使用的玻璃器皿必须洗涤干净才可使用。洗净的玻璃器皿应洁净透明，内外壁无肉眼可见的污物，且不挂水珠。

实验中常用的烧杯、锥形瓶、量筒、试剂瓶等一般玻璃仪器，可用毛刷蘸取合成洗涤剂，仔细刷洗内外壁（特别是内壁），再用自来水反复冲洗干净，最后用纯水润洗3次。

较精密的量器，如吸量管、移液管、容量瓶等，不宜用刷子摩擦其内壁。如无明显油污，可直接用自来水冲洗；若有油污，可用铬酸洗液洗涤或浸泡内壁，再用自来水冲洗干净，第一次冲洗的废水应倒入废液桶，最后用纯水润洗3次。量器的外壁可用合成洗涤剂刷洗，再用水洗净。

光度法使用的比色皿，可用自来水反复冲洗干净。若有脏污，视其脏污程度，选用硝酸、盐酸-乙醇或合成洗涤剂等浸泡后，用自来水冲洗干净。严禁使用毛刷刷洗，亦应避免用较强的碱液或强氧化剂清洗。

仪器分析，尤其是微量、痕量分析中使用的器皿，可用盐酸或硝酸溶液浸泡，必要时还需加热，以去除微量杂质。

带有微孔玻璃砂滤板的过滤器，使用前要经过酸洗（浸泡）、抽滤、水洗、抽滤、晾干或烘干。使用后的滤器应及时清洗，选用既能溶解或分解残留物又不会腐蚀滤板的洗涤剂，进行浸泡、抽滤、水洗、再抽滤，即可。

洗涤过程中，纯水应在最后使用，即仅用它洗去残留的自来水。纯水的使用应秉承少量多次的原则，每次洗涤加水量为总容量的 5%～20%。

1.6.2 常用洗涤剂

（1）合成洗涤剂

这类洗涤剂主要包括洗衣粉、洗洁精、去污粉等，可洗去油脂和某些有机物。洗涤时，在器皿内加少量洗涤剂和水，用毛刷反复刷洗，再用自来水冲洗干净。

（2）铬酸洗液

铬酸洗液是含有重铬酸钾的浓硫酸溶液，常用来洗涤不宜用毛刷刷洗的器皿，可洗去油脂和还原性污垢。其配制方法如下：称取 10g 工业级重铬酸钾固体于烧杯中，加 20mL 水溶解。在搅拌下缓缓注入 200mL 浓 H_2SO_4，待冷却后，转移到磨口具塞细颈玻璃瓶中贮存。

铬酸洗液有很强的氧化性和腐蚀性，使用时要注意安全，切不可溅到皮肤和衣服上。使用洗液前，应先倾尽仪器内的水，以免稀释洗液，降低洗涤效果。洗液可循环使用，用过的洗液应倒回原瓶。当洗液变为绿色时，表示洗液失效。失效的洗液不能直接排入下水道，须另行安全处理。

（3）还原性洗涤液

用于洗涤氧化性物质，如二氧化锰可用草酸的酸性溶液（10g 草酸溶于 100mL 20% 的盐酸溶液中）洗涤。

（4）其它

其它洗涤剂还有：盐酸-乙醇（1∶2，V/V）适于洗涤沾染有色有机物质的比色皿；浓盐酸用于洗去水垢或某些无机盐沉淀；浓硝酸用于洗涤除去金属离子；等等。使用时可根据实际情况进行选择。

1.6.3 玻璃器皿的干燥

用于不同实验的器皿对干燥有不同的要求，一般定量分析用的烧杯、锥形瓶、容量瓶等洗净即可使用。当需要进行干燥时，应根据具体情况，采用下列方法。

（1）晾干

不急用，要求一般干燥的器皿，可在洗净后，置于实验柜或器皿架上晾干。

（2）烘干

将洗净的器皿置于 105～110℃ 的烘箱中烘干。容量瓶、量筒、移液管、滴定管等量器不可采用烘干的方法。称量用的称量瓶等烘干后，要放在干燥器中冷却和保存。

（3）吹干

急用或不适于烘干的器皿可用吹干的方法，用少量乙醇、丙酮润洗器皿内壁，然后用电吹风吹干。

第 2 章　定量分析仪器及基本操作

2.1　分析天平及称量操作

分析天平是定量分析中最基本、最常用的分析仪器之一。分析天平的种类很多，如全（半）机械加码电光天平、电子天平等，其中应用现代电子控制技术进行称量的电子天平，已逐步取代机械加码电光天平，广泛用于实验室的日常分析工作。电子天平具有称量准确度高、灵敏度高、性能稳定、操作方便、使用寿命长等优点。此外，它还可通过按键操作实行自动调零、自动校准、扣除皮重、数字显示、输出打印等功能。下面仅介绍电子分析天平。

2.1.1　电子分析天平的称量原理

电子分析天平按照计量精度可分为超微量、微量、半微量、常量以及精密电子天平等，可根据分析测试的实际准确度要求进行选择。其中常量电子天平，又称万分之一天平，最大称重量一般在 100g 到 200g 之间，实际分度值为 0.1mg，是日常分析中最常使用的天平。

各种电子天平的称量原理大同小异，都是利用电子装置完成电磁力补偿的调节，或通过电磁力矩的调节，使物体在重力场中实现力矩的平衡。常见电子天平的称量原理如图 2-1 所示。

秤盘及被称物体的重力通过支架连杆作用于线圈上，方向向下。线圈内有电流通过，并置于磁场中，产生一个与秤盘重力方向相反、大小相等的电磁力。此时，位移传感器（接收二极管、发光二极管、光闸）处于预定位置。当秤盘上载荷质量发生变化时，位移传感器发生位移，并将此位移信号转化成电信号。电信号经电流调节器和放大器后，以电流形式反馈到线圈中，使电磁力与重力再次平衡，位移传感器回到原来的平衡位置。同时，变化结果通过运算器和微处理器处理后，显示出载荷的质量值。

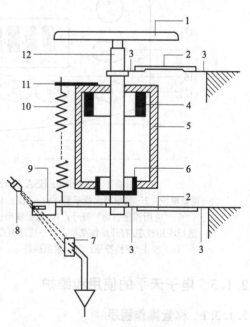

图 2-1　常见电子天平的称量原理
1—秤盘；2—平行导杆；3—挠性支撑簧片；
4—线性绕组；5—永久磁铁；6—载流线圈；
7—接收二极管；8—发光二极管；9—光闸；
10—预载弹簧；11—双金属片；12—盘支撑

2.1.2　电子分析天平的构造

电子天平可分为顶部承载式（吊挂单盘）和底部承载式（上皿式）两种，目前广泛使用的是上皿式。图 2-2 所示的 Sartorius BSA 124S 电子天平（德国赛多利斯公司）即为上皿式，称量精度 0.1mg，最大称量（包括皮重）120g，图 2-3 为其显示区域及操作键示意图。

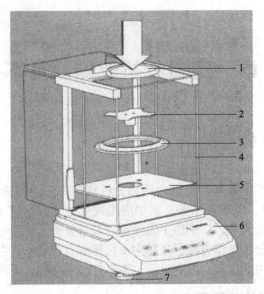

图 2-2 Sartorius BSA 124S 电子天平的结构图
1—秤盘；2—秤盘支架；3—屏蔽环；4—防风罩；5—屏蔽盘；6—显示区域及操作键；7—地脚螺旋

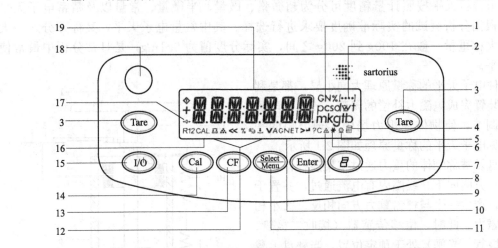

图 2-3 Sartorius BSA 124S 电子天平显示区域及操作键示意图
1—重量单位；2—菜单层次指示器；3—去皮；4—"GLP 打印模式启动"符号；5—"打印模式启动"符号；
6—"应用程序启动"符号；7—数据输出；8—计算值指示器；9—启动应用程序；10—符号；
11—选择应用程序/打开操作菜单；12—应用程序符号；13—删除；14—启动校正/调整程序；15—开关键；
16—校正/调整符号；17—零范围符号；18—水平仪；19—显示屏上所选重量单位的重量值

2.1.3 电子天平的使用和维护

2.1.3.1 称量操作程序

① 调节水平　调整地脚螺旋的高度，使水平仪内空气泡位于圆环中央。天平一旦被挪动，需重新调节水平，确保天平保持在水平状态。

② 开机操作　接通电源，预热 30min，按开关键（ON/OFF 键），直至全屏自检，待显示器稳定显示 0.0000g 后，完成开机操作。

③ 校准　首次使用天平前必须对天平进行校准：按校正键（CAL 键），天平将显示所需校正砝码的质量（以下以 Sartorius BSA 124S 电子天平为例进行说明，此处显示需要的校

正砝码质量为100g）；放上所需的100g标准砝码，直至显示100.0000g；取下标准砝码，天平应显示0.0000g；若显示不为零，则需按除皮键（TARE）清零后，重复以上操作，直至放上砝码示数为100.0000g，取下砝码示数为0.0000g。在每次称量前不必都做校准，但天平使用一段时间后或被移动后需重新校准，以确保称量的准确性。

④ 称量 将称量物体放在秤盘上，关上防风门，待显示稳定后即可读取数值。使用除皮键（TARE），可消去不必记录的数字如承载容器的质量等。根据实验要求，选用一定的称量方法进行称量。

⑤ 关机 称量完毕，记下数据后将称量物取出，天平自动归零。按开关键（ON/OFF键），天平关机至待机状态。不使用时，天平亦应一直保持通电，使其处于待机状态。

⑥ 清洁 秤盘上如有粉尘，可用软毛刷轻轻扫除；如有斑痕脏污，可用含无水酒精的软布轻轻擦拭。

2.1.3.2 电子天平的使用注意事项

① 天平应放在稳定的工作台上，使用过程中不得随意挪动天平；
② 称量前检查天平是否水平，框罩内外是否清洁；
③ 天平的上门仅在检修时使用，不得随意打开；
④ 开关天平两边侧门时，动作要轻、缓（不发出碰击声响）；
⑤ 称量物的温度必须与天平温度相同，有腐蚀性或吸湿性物质必须放在密闭容器中称量；
⑥ 不得超载称量；
⑦ 读数时必须关好侧门；
⑧ 如发现天平工作不正常，及时报告教师或实验室工作人员，不要自行处理；
⑨ 称量完毕，天平复位后，应清洁框罩内外，盖上天平罩，并进行天平使用情况登记，长时间不使用时，应切断天平电源。

2.1.4 试样的称量

2.1.4.1 称量瓶和干燥器

在进行称量操作时，使用的器皿以及被称量的固体物质都会在表面吸附大量水分。吸附的水分含量会随大气温度而改变，从而对测量结果产生影响。因此，在称取器皿或固体物质的质量时，必须使它们处于完全干燥的状态。待称量的固体试剂或试样常盛装在称量瓶中，并放置在干燥器内保存。

称量瓶是具有磨口塞的玻璃小瓶 [图 2-4(a)]，使用前应洗净、烘干。干燥器是具有磨口盖子的密闭厚壁玻璃器皿，用于无机物和一些易吸湿物质的保干，分为普通（常压）干燥器和真空干燥器两种 [图 2-4(b)、(c)]。与普通干燥器相比，真空干燥器的盖子上有一玻璃活塞，可对干燥器进行抽真空操作；它借助负压和干燥剂的双重作用来干燥物质，干燥效率

(a) 称量瓶   (b) 普通干燥器   (c) 真空干燥器

图 2-4 称量瓶与干燥器

高于普通干燥器。

干燥器的底部装有变色硅胶或无水氯化钙等吸水物质作为干燥剂［图 2-5(a)］；其中部有一块多孔白瓷板作为隔板，用于放置称量瓶、烧杯、坩埚等器皿；盖子的磨口面涂有薄薄一层凡士林，当盖子盖上时，可以保持内外空气隔绝。打开或盖回盖子时，要使盖子向平面滑动而不是向上拔或向下压［见图 2-5(b)］。搬动干燥器时，双手大拇指压紧干燥器盖，其它手指托住干燥器磨口下沿［图 2-5(c)］。太热的物体不宜直接放入干燥器内，因为它会使干燥器内的空气膨胀、凡士林熔化，致使盖子滑下；同时，冷却后会造成干燥器内形成负压而难以打开。干燥器内放置的变色硅胶干燥时为蓝色，吸水后变为粉红色。当硅胶变粉后，应将其放在烘箱中 80～105℃烘至脱水变蓝后，方可重复使用。

(a) 装干燥剂的方法　　(b) 干燥器的开启方法　　(c) 干燥器的搬动方法

图 2-5　干燥器的使用方法

2.1.4.2 称量方法

（1）直接称量法

适用对象：用于称量洁净干燥的器皿、块状的金属和合金等。

称量方法：将称量物体直接放在天平秤盘上，按称量程序称取。注意：不能用手直接接触称量物。

（2）增量法（或指定质量称量法）

适用对象：用于不易吸湿、不与空气中各种组分发生作用、性质稳定的颗粒或粉末状试样，不适用于块状物质的称量。

称量方法：取一干燥、洁净的器皿，如小烧杯、表面皿等，放在秤盘正中，待数字稳定后按"TARE"键去皮，显示为零。用药匙取少量试样，将药匙柄端顶在掌心，用拇指和中指拿稳药匙后将其伸向器皿的中心部位上方约 1～2cm 处，微微倾斜药匙，并用食指轻弹药匙柄，使试样缓慢、均匀落下，重复操作，直至天平示数所需质量为止。如图 2-6 所示。

图 2-6　固定称量法（增量法）

（3）减量法

适用对象：适用于一般颗粒或粉末状试样，并适于连续称取几份在一定质量范围内的试样。

称量方法：用清洁的纸条套住装有试样的称量瓶，将其从干燥器中取出，放在秤盘中央，按"TARE"键去皮，显示为零。用同样的方法将称量瓶从秤盘上取下，在试样接收容器（如小烧杯、锥形瓶）上方，用纸片夹着瓶盖柄打开瓶盖，并将称量瓶慢慢向下倾斜，用瓶盖轻轻敲击瓶口上部，使试样慢慢落入接收容器内。当倾出的试样接近所需量时，一边继续轻轻敲击瓶口边缘，一边慢慢将瓶身竖直，使粘在瓶口的试样落回称量瓶内。盖好称量瓶瓶盖，放回秤盘中央，如果所示数值（不管"—"号）在称量范围之内，即可记录称量结果。若倾出的量与所需量相差较远，则重复上述操作直至达到称量范围。若倾出试样质量超出称量范围，决不可将试样倒回称量瓶，只能丢弃并重新称量。如果需连续称取下一份试样，再按下"TARE"键，显示归零后，同样操作向下一个容器中转移试样。如图 2-7 所示。

(a) 取称量瓶的方法

(b) 将试样从称量瓶转移入接收器的操作

图 2-7 减量法

(4) 液体试样的称量

① 一般较稳定、不易挥发的液体样品：选用干燥的胶帽滴瓶，用减量法称量，称量前先粗测一下每滴试样的大约质量。

② 易挥发的液体样品：选用带有毛细管的安瓿球。先称取空安瓿球的质量，把安瓿球微微加热，将毛细管插入试样，令其自然冷却，吸入试样后加热封口；再称取总质量，两次称量的质量相减，即为样品的质量。

2.2 重量分析仪器及基本操作

重量分析法是采用适当方法，将待测组分与试样中的其它组分分离，转化为一定的称量形式，然后称量，从而计算出待测组分含量的方法。按分离方法的不同，重量分析法可分为沉淀法、挥发法和萃取法等，本节主要介绍沉淀重量法。沉淀重量法的一般程序为：试样分解→生成沉淀→过滤洗涤→烘干或灼烧→称量和恒重。下文将介绍重量分析所用的滤器（滤纸）以及过滤、洗涤、烘干、灼烧、称量和恒重等基本操作。

2.2.1 滤纸和滤器

沉淀的过滤是沉淀与母液分离的过程，应根据沉淀的性质选择合适的滤器。对于需要灼烧的沉淀，应选用定量滤纸过滤；对于只要烘干即可称量的沉淀，可采用玻璃砂芯漏斗（坩埚）过滤。

2.2.1.1 滤纸

滤纸是最常用的过滤介质，分为定量滤纸和定性滤纸两大类。重量分析中必须使用定量滤纸，因为每张定量滤纸灼烧后，残留灰分小于 0.1mg，在重量分析中其质量可以忽略不计；而定性滤纸的残留灰分大于 0.1mg，会影响重量分析的结果。定量滤纸一般为圆形，有 7cm、9cm、11cm、12.5cm、15cm 等各种规格，可根据沉淀的多少和漏斗的大小来进行选择。按过滤速度（或分离性能）不同，定量滤纸又分为快速、中速和慢速三种。晶型沉淀应选用紧密的慢速定量滤纸；胶状沉淀则应选用疏松的快速定量滤纸。常用国产定量滤纸的型号和性质见表 2-1。

表 2-1 常用国产定量滤纸的型号和性质

项目	快速	中速	慢速
型号	201	202	203
盒外纸带标识	白色	蓝色	红色
灰分(mg/张)	≤0.1	≤0.1	≤0.1
过滤物晶形	胶体沉淀	粗晶形沉淀	细晶形沉淀
过滤物示例	$Fe(OH)_3$ $Al(OH)_3$ H_2SiO_3	SiO_2 $MgNH_4PO_4$ $ZnCO_3$	$BaSO_4$ CaC_2O_4 $PbSO_4$

2.2.1.2 滤器

滤纸常常需要配合使用适合的滤器。常用的滤器有普通玻璃漏斗、布氏漏斗。另外，还有玻璃砂芯漏斗（坩埚）（见图 2-8），适用于不需灼烧、或烘干后即可称量、或热稳定性差的沉淀。这种漏斗内置有用玻璃粉末烧结而成的滤片，无需使用滤纸。按滤片孔径的大小，玻璃砂芯漏斗（坩埚）分为多种级别，一般牌号数字越大，孔径越小，可根据沉淀或分离对象的实际粒径进行选择。由于滤片的耐碱性差，玻璃砂芯漏斗（坩埚）不能过滤碱性较强的溶液。在抽滤条件下，采用倾注法过滤，其过滤、洗涤操作与下面介绍的滤纸过滤法相同；最后在低温下烘干沉淀。

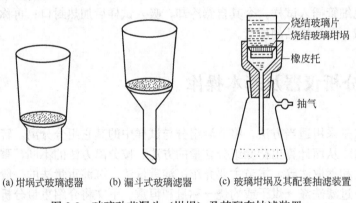

(a) 坩埚式玻璃滤器　　(b) 漏斗式玻璃滤器　　(c) 玻璃坩埚及其配套抽滤装置

图 2-8　玻璃砂芯漏斗（坩埚）及其配套抽滤装置

2.2.1.3 滤纸的折叠与安放

若使用布氏漏斗进行减压过滤，选择与漏斗直径相适合的滤纸，直接平铺在漏斗上，用少量水润湿使滤纸紧贴漏斗底部。若使用玻璃漏斗，则需要将滤纸按照一定的方式折叠后再安放，折叠安放的方式有以下两种。

① 先将滤纸对折，再虚对折，打开即成 60°的圆锥体（暂不要折固定），放入清洁、干燥的长颈漏斗 [图 2-9(a)] 中，如其上边缘与漏斗不十分密合，可稍稍改变折叠角度，直至与漏斗密合，再轻按使滤纸的折边折固定。将三层厚一边的外两层撕下一角，这样可使滤纸紧贴漏斗壁，而无气泡产生 [见图 2-9(b)]，撕下的纸角保留备用。注意漏斗的边缘要比滤纸上沿高出 0.5~1cm。将折好的滤纸放入漏斗中，三层部分放在漏斗出口短的一边。一手食指按紧滤纸三层的一边，一手用洗瓶吹入水流将滤纸湿润，轻压滤纸边缘赶走滤纸与漏斗间的气泡，使滤纸锥体上部与漏斗壁贴紧。加水至滤纸边缘，当漏斗中的水全部流尽后，漏斗颈内仍充满水形成水柱。

② 为加快过滤速度，也可采用下面的方法折叠滤纸和配套漏斗（图 2-10）。从（a）折

到（c），将已折成半圆形的滤纸分成八个等份，再如（d）到（e），将每份的中线处来回对折后打开。注意：折痕不要都集中在顶端的一个点上，以免将滤纸折破。

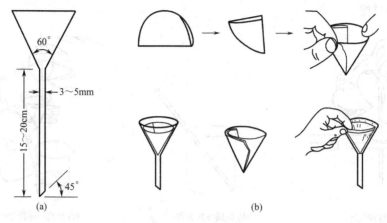

图 2-9　长颈漏斗（a）和滤纸的折叠（b）

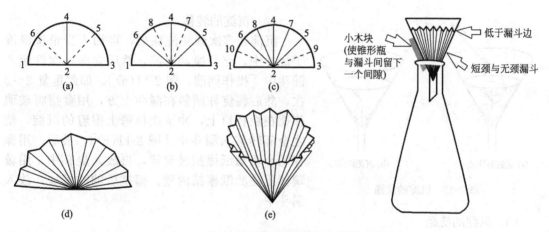

图 2-10　快速过滤滤纸折叠和配套漏斗示意图

2.2.2　沉淀的过滤

将准备好的漏斗安放在漏斗架上，下面用一个洁净的容器承接滤液。将漏斗出口较长一侧贴紧容器内壁。漏斗位置的高低，以过滤过程中漏斗颈的下端不接触滤液为度。

过滤一般分为三个步骤：①用倾注法把尽可能多的清液先过滤，并对烧杯中的沉淀做初步洗涤；②把沉淀转移到漏斗上；③洗涤烧杯中和漏斗上的沉淀。

(1) 倾注法过滤

静置烧杯，待沉淀下沉后，先将沉淀上层的清液（**注意不要搅动沉淀**）倾入漏斗，令沉淀尽量留在烧杯内，倾注法过滤操作如图 2-11(a) 所示。玻璃棒保持直立，下端尽量接近而不接触三层滤纸的一边，慢慢倾斜烧杯，使上层清液沿玻璃棒流入漏斗中，漏斗中的液面应距离滤纸上边缘 5mm 以上。暂停倾注时，应将烧杯沿玻璃棒慢慢上提，逐渐扶正烧杯，待玻璃棒上的溶液流完后，可将玻璃棒放回烧杯中。注意勿将清液搅浑，也不要靠在烧杯嘴处［图 2-11(b)］。重复操作，直至上层清液倾完为止。

根据沉淀的类型，选择合适的洗涤液。用洗瓶或滴管加洗涤液，从上到下旋转着冲洗烧杯壁。用玻璃棒充分搅拌后静置，待沉淀下沉后再进行倾注操作。反复洗涤、过滤数次，一般晶形沉淀洗涤 2~3 次，胶体沉淀洗涤 5~6 次。洗涤液应少量多次加入，每次应尽可能把烧杯内清液倒尽，再加下一份的洗涤液。随时检查滤液是否透明，若发现浑浊，必须将已过滤的部分重新过滤。

(a) 倾注法过滤　　(b) 玻璃棒的放置　　(c) 冲洗转移沉淀的方法

图 2-11　倾注法过滤的操作方法

(a) 螺旋形冲洗　　(b) 沉淀的集中

图 2-12　沉淀的洗涤

(2) 沉淀的转移

沉淀经多次倾注洗涤后，再加入少量洗涤液于烧杯中，充分搅动沉淀，然后立即一次性倾入漏斗中 [操作同前，图 2-11(a)]。如此重复 2~3 次，然后将烧杯倾斜在漏斗上方，用食指将玻璃棒架在烧杯口上，冲洗烧杯壁上附着的沉淀，使之全部转移入漏斗中 [图 2-11(c)]。最后，用保存的小块滤纸擦拭玻璃棒，再放入烧杯中，用玻璃棒压住滤纸擦拭内壁。擦拭后的滤纸块，放入漏斗中。

(3) 沉淀的洗涤

遵循"少量多次"的洗涤原则，每次用洗瓶或滴管加少量洗涤液在滤纸边缘稍下的地方，以螺旋形向下移动冲洗沉淀，使沉淀集中在滤纸圆锥体下部（如图 2-12 所示）。采用适当的检验方法检验沉淀是否洗涤干净（一般是检验多余沉淀剂是否完全除去）。

2.2.3　沉淀的烘干与灼烧

2.2.3.1　坩埚的准备

洗涤干净的沉淀需要放入坩埚中进行灼烧。选择合适的坩埚，洗净、晾干后，在灼烧沉淀的温度条件下灼烧至恒重（即反复灼烧后其重量变化在 0.2mg 以内）。准备好的坩埚应保存在干燥器内。干燥器的使用参见 2.1.4.1。

2.2.3.2　沉淀的包裹

对晶形沉淀，取出滤纸，展开成半圆形，按照图 2-13(a) 和 (b) 中的两种方法卷成小包（手指不要碰触沉淀）。用滤纸原来不接触沉淀的部分，轻轻擦拭漏斗内壁，然后把滤纸包的三层部分向上放入已恒重的坩埚中。对胶体沉淀，如图 2-13(c) 所示，用玻璃棒将滤纸的三层部分挑起，向中间折叠盖住沉淀。转动滤纸包，轻轻擦拭漏斗内壁，再转移到已恒重的坩埚中。

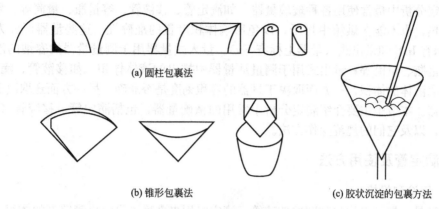

(a) 圆柱包裹法

(b) 锥形包裹法　　(c) 胶状沉淀的包裹方法

图 2-13　沉淀的包裹方法

2.2.3.3　烘干、灼烧及称重

（1）烘干

坩埚中沉淀的烘干、灼烧可在煤气灯（或酒精喷灯）上进行。烘干一般在 250℃ 以下进行。将放有沉淀包的坩埚斜置于泥三角上，盖上坩埚盖，将火焰放在坩埚盖的中心下方，如图 2-14(a) 所示，将滤纸烘干。

对玻璃砂芯漏斗（坩埚）过滤的沉淀，可采用烘干法处理。将漏斗连同沉淀放在表面皿上，放入烘箱中，在一定温度下烘至恒重即可称量。

（2）滤纸的炭化和灰化

滤纸包烘干后，滤纸层逐渐变黑炭化。此过程中必须防止滤纸着火，以防沉淀随火焰飞散而损失。当滤纸完全炭化后，将火焰移至坩埚底部，并逐渐加大火焰，将炭烧成 CO_2 除去，此过程称为灰化 [图 2-14(b)]。灰化完全时沉淀应不带黑色。沉淀的烘干、滤纸的炭化和灰化也可在电炉上进行，但温度不能太高。加热过程中，坩埚应保持直立，坩埚盖也不能盖严。其它操作和注意事项同前。

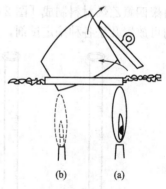

图 2-14　沉淀的烘干（a）与
滤纸的炭化和灰化（b）

（3）灼烧

待滤纸完全灰化后，将坩埚垂直放在泥三角上，盖上坩埚盖（留一小缝），加大火焰灼烧沉淀。灼烧时间取决于沉淀类型，如 $BaSO_4$ 沉淀灼烧约 15min，SiO_2 沉淀灼烧约 30min 等。灼烧后，待坩埚红热褪去，放入干燥器中，冷却至室温称重，再进行检查性灼烧，每次 15～20min，直至恒重。灼烧沉淀的过程也可在马弗炉中完成。先将滤纸完全炭化（加热至黑烟冒尽），再放入高温马弗炉中，盖子斜放在坩埚上，留出缝隙。第一次灼烧 40～50min，红热褪去后，在干燥器中冷却至室温后称重，然后进行检查性灼烧，每次 20min，直至恒重。

2.3　滴定分析仪器及基本操作

定量分析中常用的仪器按用途可分为容器类（如烧杯、试剂瓶等）、量器类（如滴定管、移液管、容量瓶等）和特殊用途类（如干燥器、漏斗等）。

在滴定分析中最常使用各种玻璃量器，如滴定管、移液管、容量瓶、量筒等。量器类不能用于加热，也不能在烘箱中烘干，以免影响体积度量的准确性。这些量器可分为量入式（量器上标有 In）和量出式（量器上标有 Ex）。量入式量器用于测量量器内容纳的液体的体积，如容量瓶、量筒等；量出式用于测量从量器中排出的液体体积，如移液管、滴定管等。要准确量取液体的体积，一方面取决于量器的容积刻度是否准确。另一方面还取决于能否正确使用量器。本节中主要介绍滴定分析中常用的精确量器，包括滴定管、移液管（吸量管）和容量瓶，以及它们的规范操作方法。

2.3.1 滴定管及使用方法

2.3.1.1 用途和规格

滴定管是一根具有均匀刻度的玻璃管，滴定时用来准确测量流出滴定剂的体积。常量分析最常用的滴定管为 50mL 规格，最小刻度值为 0.1mL，读数可估计到 0.01mL。分析实验中常用的滴定管有两种。①酸式滴定管：下部带有磨口玻璃活塞，只能用来盛装酸性、中性或氧化性溶液，不能盛装碱性溶液［图 2-15(a)］；②碱式滴定管：下端连接橡皮管，内放玻璃珠，管下端连着尖嘴玻璃管［图 2-15(b)］。碱式滴定管用来盛装碱性和无氧化性的溶液，不能盛装氧化性溶液。目前应用的还有一种新型滴定管，结构与酸式滴定管类似，但其活塞由聚四氟乙烯材料制成［图 2-15(c)和(d)］。因聚四氟乙烯活塞耐酸耐碱耐腐蚀，该滴定管内可放置几乎各种滴定试剂，是一种酸碱通用型滴定管。

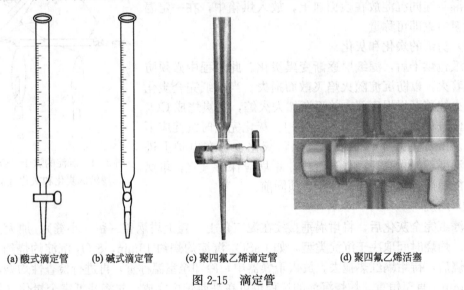

(a)酸式滴定管　　(b)碱式滴定管　　(c)聚四氟乙烯滴定管　　(d)聚四氟乙烯活塞

图 2-15　滴定管

2.3.1.2 使用方法

（1）用前检查

① 酸式滴定管　使用前，检查滴定管活塞是否匹配，若不配套，应更换滴定管；检查活塞转动是否灵活、装液后是否漏液，如不符合要求，需重新涂抹凡士林。将酸式滴定管平放在实验台上，取下活塞，用滤纸擦干，然后擦干活塞套。用手指蘸取少量（切勿过多）凡士林，在活塞粗端和活塞套细端内壁均匀涂上薄薄的一层凡士林。然后，把活塞插入活塞套，向同一方向转动活塞，直到凡士林层均匀透明为止，如图 2-16 所示。最后，在活塞末端套上胶圈，防止活塞脱落。

② 聚四氟乙烯滴定管　聚四氟乙烯活塞具有弹性，可通过调节活塞尾部的螺帽［图 2-15(d)］

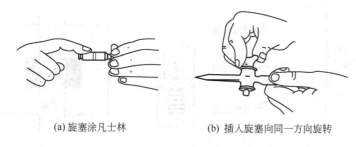

(a) 旋塞涂凡士林　　　　　　(b) 插入旋塞向同一方向旋转

图 2-16　酸式滴定管涂抹凡士林

来调节活塞与活塞套间的紧密度，因此，此类通用滴定管无需涂抹凡士林。

③ 碱式滴定管　使用前，检查橡皮管长度是否合适，是否老化变质，橡皮管内玻璃珠的大小是否过大（挤压放液时手指吃力）或过小（漏水或使用时上下滑动）。如发现不合要求，应更换玻璃珠和橡皮管。

(2) 洗涤

无油污的滴定管可直接用自来水冲洗，或用合成洗涤剂泡洗。若有不易洗涤的油污，可用铬酸洗液浸洗。向管内倒入 10mL 左右铬酸洗液（碱式滴定管用小胶头替代橡皮管），将滴定管逐渐向管口倾斜，并不断旋转，使洗液布满全管。若油污较重，可装满洗液浸泡 10 分钟至数小时。然后，将洗液倒回原瓶，用自来水冲洗干净，再用纯水润洗 3 次。洗净后的滴定管其内壁应完全被水均匀地润湿而且不挂水珠。

(3) 装液

洗净的滴定管在装液前，应先用待装溶液润洗 3 次。洗后溶液大部分从上口放出，下口也应放出少量溶液以洗涤尖嘴部分。将待装溶液摇匀，从上口直接倒入滴定管中，不能用其它容器（如烧杯、漏斗、滴管等）转移溶液。检查滴定管出口下端是否有气泡，如有应及时排除。排气泡的方法为：对酸式和聚四氟乙烯滴定管，可反复快速开闭活塞，使溶液冲出带走气泡；对碱式管，可将滴定管倾斜约 30°，再将橡皮管向上弯曲，挤压玻璃珠上方的橡皮管，使溶液从尖嘴喷出，一边捏橡皮管，一边将其放直，排尽气泡（图 2-17）。排除气泡后，补加待装溶液至零刻度以上，最后调节液面至零刻度。

图 2-17　碱式滴定管排气泡的方法

(4) 读数

读数前，滴定管应垂直静置 1~2 分钟。读数时，出口的尖嘴内应无气泡，尖嘴外应不挂液滴，管内壁应不挂液珠。

读数时，应取下滴定管，用大拇指和食指捏住滴定管上部无刻度处，使滴定管保持垂直，视线与所读的液面成水平 [图 2-18(a)]。对无色或浅色溶液，"蓝带"滴定管的读数以两弯月面相交点为准 [图 2-18(b)]；一般滴定管读取弯月面下缘的最低点。对深色溶液，按液面两侧最高点相切处读取。还可使用读数卡，使弯月面更为清晰，便于读数。读数卡用贴有黑纸或涂有黑色长方形的白纸板制成。读数时，卡片紧贴在滴定管后，将黑色部分放在弯月面下约 1mm 处，使弯月面的反射层全部成为黑色，读取黑色弯月面下缘的最低点 [图 2-18(c)]。对深色溶液，可使用白色卡为背景，读取两侧最高点。

(5) 滴定

① 酸式滴定管的操作　左手控制活塞，无名指和小指向手心弯曲，轻轻抵住出口管，

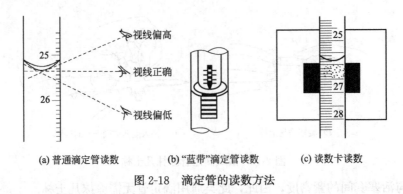

(a) 普通滴定管读数　　(b) "蓝带"滴定管读数　　(c) 读数卡读数

图 2-18　滴定管的读数方法

其余三指控制活塞转动，手心空握，如图 2-19(a) 所示。转动活塞时切勿向外用力，以防拉出活塞造成漏液；也不要用力向内压，以免造成活塞转动困难影响操作。聚四氟乙烯滴定管的操作同酸式滴定管。

② 碱式滴定管的操作　左手无名指和小指固定住橡皮管出口，拇指和食指挤压橡皮管内玻璃珠的上部外侧，使橡皮管与玻璃珠之间形成一条缝隙，溶液即可流出，如图 2-19(b) 所示。注意不要捏玻璃珠下方的橡皮管，以免形成气泡；也不要用力捏玻璃珠而使其上下移动。

③ 滴定操作　滴定最好在锥形瓶中进行。锥形瓶下衬白色瓷板，以便观察溶液的颜色变化。将滴定管垂直地夹在滴定管架上，提起锥形瓶，滴定管下端插入锥形瓶口内约 1cm 处，按上述滴定管的规范操作，进行滴定。左手操作滴定管控制流速；右手拿住锥形瓶的颈部，用腕力同方向摇动锥形瓶。注意两手配合得当，做到边滴定边摇动，使溶液随时混合均匀。若在烧杯中进行滴定，左手控制流速，右手持玻璃棒做圆周搅拌溶液，但不要接触烧杯壁和底部，如图 2-19(c) 所示。

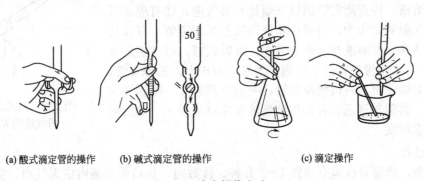

(a) 酸式滴定管的操作　　(b) 碱式滴定管的操作　　(c) 滴定操作

图 2-19　滴定操作方法

操作注意事项：
① 应掌握逐滴连续滴加、只加一滴和只加半滴的操作方法。
② 滴定过程中，左手不能离开活塞任滴定剂自流。
③ 合理控制滴定速度。开始时，滴定速度可以稍快，但应是成滴加入而不是流成"水线"，一般为每秒 3~4 滴。接近终点时，应一滴或半滴（使溶液悬而未落，让其沿器壁流入容器，再用少量纯水冲洗内壁）加入，滴一滴，摇一摇，仔细观察溶液的颜色变化，直至溶液的颜色刚从一种颜色突变为另一种颜色，并在 30s 内不变，即为滴定终点。
④ 平行滴定时，每次都应从 0.00mL 或接近 0.00mL 的同一刻度开始，以减小滴定管刻度不均匀带来的误差。读数必须估计到 0.01mL。

2.3.2 移液管、吸量管及使用方法

2.3.2.1 用途与规格

移液管是用于准确移取一定体积液体的玻璃量器，其全称为"单标线吸量管"。它是一根两端细长而中腰膨大的玻璃管，无刻度，仅在管径上部有环形标线，膨胀部位标有指定温度下的容积［图 2-20(a)］。在标明温度下，吸取液体，使液面的弯月面与标线相切，然后让液体自然放出，则流出液体的体积就等于管上标示的容积。移液管的常用规格有 100mL、50mL、25mL、20mL、10mL、5mL 等。吸量管是有分刻度的直形玻璃管，管的上端标有指定温度下的总容积［图 2-20(b)］。它可用于移取非固定量体积的液体，全称为"分度吸量管"。将液体吸入，读取与弯月面相切的刻度（一般为零刻度），然后将液体放出至指定刻度，两刻度之差即为放出的体积。常用的吸量管有 10mL、5mL、2mL、1mL 等规格。

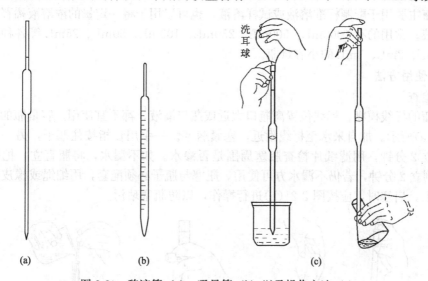

图 2-20 移液管（a）、吸量管（b）以及操作方法（c）

移液管标线部分管径较小，准确度较高；而吸量管刻度部分的管径较大，准确度稍差，因此当量取固定体积的液体时，常使用相应规格的移液管。吸量管在仪器分析中配制系列溶液时应用较多。

2.3.2.2 使用方法

（1）洗涤

洗涤前要检查移液管（吸量管）的上口和排液嘴，必须完整无损。一般先用自来水冲洗，如有油污可用铬酸洗液洗涤。吸入 1/3 容积的铬酸洗液，平放并转动移液管（吸量管），使洗液布满全管，洗毕将洗液放回原瓶，用自来水充分冲洗，再用纯水润洗 3 次备用。

（2）润洗

移取液体前，先用滤纸片将尖端内外的水拭去，然后吸取少量待取液体润洗 3 次，润洗与洗涤方法相同。注意勿使液体回流，用过的液体应从下口放出弃去。

（3）移液

如图 2-20(c) 所示，将移液管（吸量管）插入待移液体一半深度下，用洗耳球吸取液体至刻度以上。移去洗耳球，迅速用右手食指堵住管口，将管上提，离开液面。将容器倾斜 45°，使其内壁与移液管（吸量管）尖端紧贴，移液管（吸量管）垂直，稍稍松动食指并用拇指及中指轻轻捻转管身，使液面缓慢下降。同时平视刻度，观察液面，当溶液弯月面下缘

与刻度相切时，立即停止捻动并用食指按紧管口。取出移液管（吸量管），用滤纸片将沾在管壁下端的液体拭去（注意滤纸片不可贴在管嘴，以免吸去试液）后，将其垂直伸入接收容器中，仍使其尖端接触器壁，接收容器倾斜而移液管（吸量管）保持垂直，让管内液体自由地顺壁流下，当液体流尽后，再停靠15s取出。在整个排放和等待过程中，移液管（吸量管）尖端和容器内壁接触保持不动。注意，如非特别注明，管尖端残留的少量液体不能吹入接收容器内。移液管（吸量管）使用完毕后，用自来水和纯水洗净，放回移液管架上。

2.3.3 容量瓶及使用方法

2.3.3.1 用途与规格

容量瓶是细颈梨形的平底玻璃瓶，带有玻璃磨口塞或塑料塞。瓶颈上刻有环形标线，瓶身上标有指定温度下的容积。当液体充满到标线时，瓶内液体体积就等于瓶身上标示的容积。容量瓶主要用于配制标准溶液或试样溶液，也可以用于将一定量的浓溶液稀释成准确体积的稀溶液。常用的有1000mL、500mL、250mL、100mL、50mL、25mL等各种规格。此外还有5mL、2mL、1mL的小容量瓶。

2.3.3.2 使用方法

（1）检查

容量瓶的标线模糊、标线位置离瓶口太近或瓶口漏液，都不宜使用。容量瓶的检漏方法如图2-21(a)所示。加自来水至标线附近，塞紧瓶塞。一手用食指按住塞子，另一手托起瓶底将瓶倒立2分钟，用滤纸片检查瓶塞周围是否渗水。如不漏水，将瓶直立，把瓶塞转动180°，再倒立2分钟，若仍不漏水方可使用。瓶塞与瓶子必须配套，用细绳或橡皮筋等把它系在瓶颈上。启塞时，应按图2-21(b)进行操作，以防瓶塞玷污。

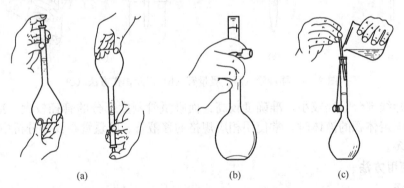

图2-21 容量瓶检漏（a）、启塞（b）和转移溶液的操作（c）

（2）洗涤

检验合格的容量瓶应洗涤干净。一般先用自来水冲洗，如内壁仍有油污，则应倒尽残水，加入适量的铬酸洗液（容量瓶容积的5%~10%），倾斜转动，使洗液充分润洗内壁，再倒回原瓶中，用自来水冲洗干净后，用纯水润洗3次备用。洗净的容量瓶内壁应均匀润湿，不挂水珠，否则必须重洗。

（3）配制溶液

① 溶液转移　由固体物质配制准确浓度的溶液时，先将准确称取的固体物质在小烧杯中溶解，再定量转移到容量瓶中。如图2-20(c)所示，将玻璃棒伸入容量瓶，使下端靠住颈内壁，上端不碰瓶口，烧杯嘴边缘紧贴玻璃棒，使溶液沿着玻璃棒和容量瓶内壁流入。待溶液全部转移后，将烧杯沿玻璃棒微微上提，同时使烧杯直立，避免烧杯嘴与玻璃棒之间的液

滴流到杯外,把玻璃棒放回烧杯。用洗瓶向烧杯内壁和玻璃棒吹洗纯水,吹洗下来的洗涤液按上法转移到容量瓶中。重复洗涤 3~4 次,收集每次的洗涤液至容量瓶中,确保所有溶质被完全转移至容量瓶中。转移液体样品,用移液管移取一定量体积的原液于容量瓶中即可。

② 定容 加入纯水至容量瓶总容积的 3/4 左右处,摇动容量瓶(不能倒置)使溶液初步混匀,继续加水至距离标线约 1cm 处,放置 2min,使附在瓶颈内壁的溶液流下,用洗瓶或滴管滴加纯水,同时眼睛平视标线,至弯月面下缘与标线相切为止,盖好瓶塞。用食指压住塞子,其余四指握住颈部,另一手五指指尖托住瓶底(对于容积小于 100mL 的容量瓶,只用单手操作即可)并反复倒置振摇,使溶液完全均匀。

由固体试剂配制准确浓度溶液的全操作过程见图 2-22。

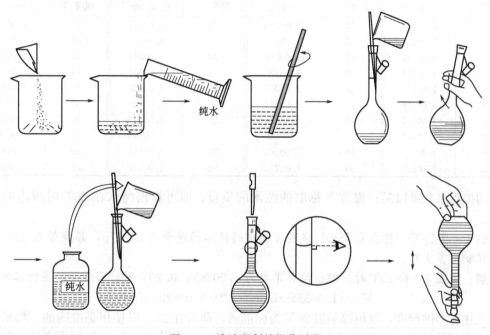

图 2-22 溶液配制的操作过程

操作注意事项:
① 定容操作中,不要用手掌握住瓶身,以免体温造成液体膨胀,影响定容的准确性。
② 热溶液应冷至室温后,再转移定容。
③ 如使用非水溶剂,则小烧杯及容量瓶都应事先用该溶剂润洗 3 次。
④ 容量瓶用完后应立即用水冲洗干净。若长期不用,要把磨口和瓶塞擦干,并用纸片隔开以免久置黏结。

2.3.4 滴定分析量器的校准

滴定分析的可靠性依赖于体积的准确量度,但所用量器的实际容积与标示的容积常常不完全相符。精密分析时必须对所用量器进行校准。根据具体情况可采用相对校准法和绝对校准法(称量校准法)。

2.3.4.1 相对校准

实际分析工作中,有些量器如移液管和容量瓶,一般都是相互配合使用的,因此不需要知道它们的准确容积,只需知道两种量器的容积比例关系即可,此时可采用相对校准法。例如校准 25mL 移液管和 250mL 容量瓶：用移液管准确移取 25mL 纯水，放入洁净、干燥的 250mL 容量瓶中。平行移取 10 次，观察水面的弯月面是否正好与标线相切，如不是，需另作标线。校准后的容量瓶和移液管，贴好标签，需配套使用。

2.3.4.2 绝对校准

绝对校准法通过称量量器所容纳或放出的纯水的质量，计算出量器的实际容积。根据质量换算成容积时要考虑三个因素：①水的体积随温度的变化；②温度对玻璃量器胀缩的影响；③在空气中称量，空气浮力对砝码和量器质量的影响。为方便计算，将三项因素综合起来，得到一个总换算系数，见表 2-2。

表 2-2　在不同温度下纯水体积和质量的综合换算系数（f）

温度/℃	f/ mL·g^{-1}	温度/℃	f/ mL·g^{-1}	温度/℃	f/ mL·g^{-1}	温度/℃	f/ mL·g^{-1}
1	1.00168	11	1.00168	21	1.00301	31	1.00535
2	1.00161	12	1.00177	22	1.00321	32	1.00569
3	1.00156	13	1.00186	23	1.00341	33	1.00599
4	1.00152	14	1.00196	24	1.00363	34	1.00629
5	1.00150	15	1.00207	25	1.00385	35	1.00660
6	1.00149	16	1.00221	26	1.00409	36	1.00693
7	1.00150	17	1.00234	27	1.00433	37	1.00725
8	1.00152	18	1.00249	28	1.00458	38	1.00760
9	1.00156	19	1.00265	29	1.00484	39	1.00794
10	1.00161	20	1.00283	30	1.00512	40	1.00830

用换算系数乘以某一温度下称取的纯水的质量，即可算出纯水在 20℃时所占的实际容积。

例 1　在 25℃，称得某 25mL 移液管放出的纯水的质量为 24.97g，移液管在 20℃时的实际容积为多少？

解：查表 2-2 得 25℃时，综合换算系数为 1.00385，在 20℃时，移液管的实际容积为

$$V_{20} = 1.00385 \text{mL} \cdot \text{g}^{-1} \times 24.97 \text{g} = 25.07 \text{mL}$$

上述量器的校准，容积都是以 20℃为标准的，即只在 20℃时使用是准确的。如果使用时的温度不是 20℃，还需对量取溶液的体积进行校正，将其换算为 20℃时应有的体积，校正值见表 2-3。

表 2-3　不同标准溶液的温度校正值（以 mL·L^{-1} 计）
（摘自国家标准《标准溶液及杂质溶液的配制》GB 601—2016）

温度/℃	水及 0.05mol·L^{-1} 以下的各种水溶液	0.1mol·L^{-1} 及 0.2mol·L^{-1} 各种水溶液	盐酸溶液 c(HCl)= 0.5mol·L^{-1}	盐酸溶液 c(HCl)= 1mol·L^{-1}	硫酸溶液 c(1/2H$_2$SO$_4$)= 0.5mol·L^{-1}；氢氧化钠溶液 c(NaOH)= 0.5mol·L^{-1}	硫酸溶液 c(1/2H$_2$SO$_4$)= 1mol·L^{-1}；氢氧化钠溶液 c(NaOH)= 1mol·L^{-1}
10	+1.23	+1.5	+1.6	+1.9	+2.0	+2.5
11	+1.17	+1.4	+1.5	+1.8	+1.8	+2.3
12	+1.10	+1.3	+1.4	+1.6	+1.7	+2.0
13	+0.99	+1.1	+1.2	+1.4	+1.5	+1.8
14	+0.88	+1.0	+1.1	+1.2	+1.3	+1.6
15	+0.77	+0.9	+0.9	+1.0	+1.1	+1.3
16	+0.64	+0.7	+0.8	+0.8	+0.9	+1.1

续表

温度/℃	水及 0.05mol·L⁻¹ 以下的各种水溶液	0.1mol·L⁻¹ 及 0.2mol·L⁻¹ 各种水溶液	盐酸溶液 $c(HCl)=$ 0.5mol·L⁻¹	盐酸溶液 $c(HCl)=$ 1mol·L⁻¹	硫酸溶液 $c(1/2H_2SO_4)=$ 0.5mol·L⁻¹; 氢氧化钠溶液 $c(NaOH)$ $=0.5mol·L⁻¹$	硫酸溶液 $c(1/2H_2SO_4)$ $=1mol·L⁻¹$; 氢氧化钠溶液 $c(NaOH)=$ 1mol·L⁻¹
17	+0.50	+0.6	+0.6	+0.6	+0.7	+0.8
18	+0.34	+0.4	+0.4	+0.4	+0.5	+0.6
19	+0.18	+0.2	+0.2	+0.2	+0.2	+0.3
20	0	0	0	0	0	0
21	−0.18	−0.2	−0.2	−0.2	−0.2	−0.3
22	−0.38	−0.4	−0.5	−0.5	−0.5	−0.6
23	−0.58	−0.6	−0.7	−0.7	−0.8	−0.9
24	−0.80	−0.9	−0.9	−1.0	−1.0	−1.2
25	−1.03	−1.1	−1.1	−1.2	−1.3	−1.5
26	−1.26	−1.4	−1.4	−1.4	−1.5	−1.8
27	−1.51	−1.7	−1.7	−1.7	−1.8	−2.1
28	−1.76	−2.0	−2.0	−2.0	−2.1	−2.4
29	−2.01	−2.3	−2.3	−2.3	−2.4	−2.8
30	−2.30	−2.5	−2.5	−2.6	−2.8	−3.2

例2 在10℃时，用0.1mol·L⁻¹的HCl标准溶液进行滴定，用去26.00mL，计算该溶液在20℃时的体积。

解： 查表知，10℃时0.1mol·L⁻¹的HCl标准溶液的校正值为+1.5mL·L⁻¹，则：

$$V_{20}=26.00+26.00\times\frac{1.5}{1000}=26.00+0.04=26.04\text{mL}$$

2.4 其它量器

2.4.1 量筒与量杯

量筒与量杯是最普通的玻璃量器（图2-23）。它们的容量精度小于移液管、滴定管和容量瓶，通常仅用于粗略地量取液体的体积。

2.4.2 移液器

2.4.2.1 移液器的原理

移液器主要用于仪器分析、化学分析以及生化分析中的准确取样和加液，有定量和可调两种类型。定量移液器的容量固定，而可调移液器的容量在其标示的容量范围内连续可调。移液器利用空气排放原理进行工作，由活塞通过弹簧的伸缩运动来实现吸液和放液。在活塞推动下，排除部分空气，在大气压的作用下吸入液体，再由活

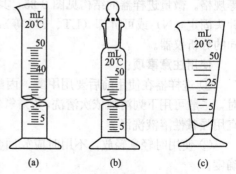

图2-23 量出式量筒（a）、量入式量筒（b）和量杯（c）

塞推动空气排出液体。移液器一般采用内置式活塞，其移液量由活塞在活塞套内移动的距离来确定，移液器的结构见图 2-24。移液器的容量单位为微升（μL）。

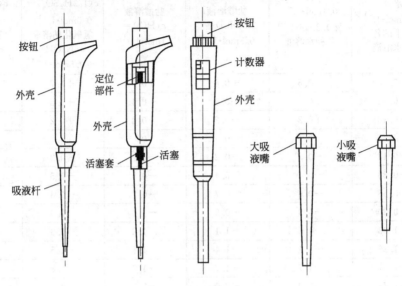

图 2-24 移液器的结构示意图

2.4.4.2 使用方法

根据所需移取液体的体积选择定量或可调移液器。可调移液器的移液量可通过顺时针或逆时针旋转操作按钮来设置，注意不要将按钮旋出量程，以免卡住机械装置，损坏移液器。

检查吸液嘴连件的清洁后，将吸液嘴紧套在连件下端，确保密封完好。

垂直握住移液器，用拇指将按钮按到第一停点，并将吸液嘴没入液面 3mm 以下处，然后缓缓地松开按钮（注意不要吸空），停留 1～2s 后离开液面。将吸液嘴尖端靠在接收容器内壁上，将按钮完全按下放出液体。

移液后，用力向下按动推出器推出吸液嘴，可调移液器要调至最大计量位置，最后放回移液器架上。

2.4.3 微量进样器

微量进样器，也称微量注射器，是进行微量分析，特别是色谱分析实验中不可缺少的取样、进样工具。微量进样器是精密量器，一般有 1μL、5μL、10μL、25μL、50μL、100μL 等规格。微量进样器的结构见图 2-25，其主体一般为玻璃材质，可移动的芯体为不锈钢丝。针头固定（N）或可拆卸（LT、RN 等），并有圆锥形、斜面、平头等各种样式，适用于不同的分析仪器。

使用注意事项：

① 进样器在使用前后要用甲醇、丙酮等溶剂清洗。当试样中的高沸点物质玷污进样器时，一般可用下列溶液依次清洗，5%氢氧化钠水溶液、纯水、丙酮、氯仿，最后抽干，不宜用强碱性溶液洗涤。

② 使用时轻拿轻放，不用时应放回盒内，不应来回空抽，以免破坏其气密性，影响准确度。

③ 取样前，应先用少量试样洗涤几次。取样时，将针头插入试样反复抽排，注意慢抽快放，排除气泡。然后抽取至少多于两倍需要量的试样，将针头向上，排出小气泡和过量试

样，用无棉的纤维纸吸去针头外的试样，注意切勿使针头内的试样流失。

④ 取样后应立即进样。进样时，进样器与进样口垂直，插到底后迅速注入试样。完成后立即拔出进样器，整个动作应稳当、连贯、迅速。

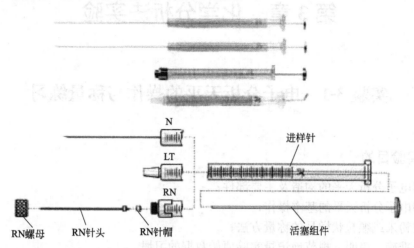

图 2-25　微量进样器的结构与样式

第3章 化学分析法实验

实验 3-1 电子分析天平的操作与称量练习

一、实验目的
1. 了解电子分析天平的构造及主要部件；
2. 掌握电子分析天平的基本操作；
3. 掌握粉末或颗粒状样品的称量方法；
4. 培养准确、简明、规范地记录实验原始数据的习惯。

二、实验原理
参见本书第 2 章中 2.1 的相关内容。

三、仪器与试剂
仪器：电子分析天平（Sartorius BSA 124S）、称量纸、小试剂瓶、称量瓶、小药勺、小烧杯（接受容器）。

试剂：将预先干燥好的邻苯二甲酸氢钾或 Na_2CO_3 装入试剂瓶和称量瓶，置于干燥器中保存，以供称量练习使用。

四、实验内容

1. 直接称量法

按第 2 章"2.1.3.1 称量操作程序"检查天平并开机[1]，待天平示数稳定为 0.0000g 后[2]，将称量纸轻轻放在天平托盘的中央（称量纸可事先叠成纸铲）。关上天平门，当显示数字稳定后即可读数，准确记录数据，取下称量纸（纸铲）留用。

2. 增量法

将上述纸铲再次轻轻放在天平托盘中央[3]，待示数稳定后按"TARE"键（去皮），天平示数恢复为零，用增量法［见第 2 章 2.1.4.2 称量方法（2）］称取 0.2034g 试样，准确记录数据后，将试样完全转移至小烧杯中（成功称取 3 次）[4]。

3. 减量称量法

天平调零后，将盛有试样的称量瓶从干燥器中取出，放在天平托盘中央，待示数稳定后按"TARE"键使天平示数恢复为零，用减量法［见第 2 章 2.1.4.2 称量方法（3）］称取 0.2~0.3g 试样至小烧杯中，准确记录数据（成功称取 3 次）[5,6]。

五、注意事项

[1] 不可随意移动电子天平的位置。

〔2〕称重前显示屏示数应为"0.0000",否则需按"TARE"键使示数为"0.0000",以防产生零点误差。

〔3〕称量瓶或小纸铲等应放在天平托盘中央以避免产生四角误差。

〔4〕应尽量避免将试样洒落在天平内,若不慎洒落须报告教师,在教师指导下清理。

〔5〕实验数据应直接、如实地记在实验记录本上,不能随意记在纸片上。

〔6〕称量结束后,按"ON/OFF"键关闭天平,套好防尘罩并在登记本上登记后方可离开(若马上有其它同学使用,只需登记后即可离开)

六、数据记录

1. 直接法:小纸铲质量 $m=$ _____ g
2. 增量法:目标质量 $m=0.2034$g

实际称量 $m_{\mathrm{I}}=$ _____ g;$m_{\mathrm{II}}=$ _____ g;$m_{\mathrm{III}}=$ _____ g

3. 减量法:目标质量范围 $m=0.2\sim0.3$g

实际称量 $m_{\mathrm{I}}=$ _____ g;$m_{\mathrm{II}}=$ _____ g;$m_{\mathrm{III}}=$ _____ g

七、思考题

1. 样品是否需要放在天平托盘中央?为什么?
2. 仅针对粉末或细小颗粒状固体样品,简述增量法和减量法的适用范围。
3. 对增量法中用于承载样品的器皿如小烧杯等有哪些基本要求?
4. 减量法称量时,为什么不能直接用手接触称量瓶的瓶身和瓶盖?
5. 减量法称量过程中,试样的转移可否用小药勺完成?为什么?
6. 欲准确称取一定质量的甲醇试样,你认为应如何操作?

实验 3-2 滴定分析操作练习

一、实验目的

1. 学习和掌握滴定分析常用仪器的洗涤和正确使用方法;
2. 掌握滴定的规范操作;
3. 以酚酞和甲基橙指示剂为例,学习和掌握滴定终点的判断。

二、实验原理

一定浓度的 HCl 溶液和 NaOH 溶液相互滴定时所得的体积比 ($V_{\mathrm{HCl}}/V_{\mathrm{NaOH}}$) 应基本不变,借此,可以考察滴定操作的技术和判断终点的能力。

通过观察滴定剂落点处周围溶液颜色改变的快慢判断终点是否临近;临近终点时,要能控制滴定剂一滴甚至半滴的加入;当一滴或半滴滴定剂的加入引起被滴定溶液的颜色发生明显变化且能保持一段时间不变化,即达到滴定终点。若要熟练地做到这一点,必须反复练习。遇到新的指示剂,应该练习掌握正确的终点颜色变化后,再进行实验。

酚酞(PP)的 pH 变色区间是 8.0(无色)~9.8(红),用 NaOH 溶液滴定 HCl 溶液时,终点的颜色变化是由无色变至微红($\mathrm{pH}\approx9.1$)。甲基橙(MO)的 pH 变色区间是 3.1

(红)~4.4（黄），pH4.0附近为橙色，用HCl溶液滴定NaOH溶液时，终点的颜色变化是由黄色变至橙色。

三、仪器与试剂

仪器：常用滴定分析仪器一套、电子台秤（0.1g）。

试剂：
1. NaOH固体。
2. HCl溶液：6mol·L^{-1}（1+1）。
3. 酚酞指示剂：2g·L^{-1}（乙醇溶液）。
4. 甲基橙指示剂：1g·L^{-1}。

四、实验内容

1. 溶液的配制

用台秤称取2.0g NaOH固体于小烧杯中，马上加入适量水使之溶解，稍冷却后倾入500mL聚乙烯试剂瓶中，用水荡洗小烧杯数次，洗涤液并入试剂瓶中，加水至500mL，盖好瓶塞后摇匀，既得0.1mol·L^{-1} NaOH溶液[1]。

用10mL量筒量取8.3mL 6mol·L^{-1} HCl溶液，倾入500mL聚乙烯试剂瓶中，用水荡洗量筒数次，洗液并入试剂瓶中，加水至500mL，盖好瓶塞后摇匀，既得0.1mol·L^{-1} HCl溶液。

2. 用NaOH溶液滴定HCl溶液

用移液管移取25.00mL 0.1mol·L^{-1} HCl溶液于250mL锥形瓶中，加入2~3滴酚酞指示剂（此时溶液为无色），摇匀后用0.1mol·L^{-1} NaOH溶液滴定至微红并在30s内不褪色即为终点[2]，记录消耗NaOH溶液的体积。平行滴定三次，要求消耗NaOH溶液体积的极差≤0.05mL，计算HCl溶液和NaOH溶液的体积比：V_{HCl}/V_{NaOH}。

3. 用HCl溶液滴定NaOH溶液

从碱式滴定管中以10mL·min^{-1}的流速放出20.00mL 0.1mol·L^{-1} NaOH溶液于250mL锥形瓶中[3]，加入1滴甲基橙指示剂（此时溶液为黄色），摇匀后用0.1mol·L^{-1} HCl溶液滴定至突变为橙色即为终点[4]，记录消耗HCl溶液的体积。放出0.1mol·L^{-1} NaOH溶液的体积改为25.00mL和30.00mL，重复以上操作。计算HCl溶液和NaOH溶液的体积比：V_{HCl}/V_{NaOH}，要求三次滴定体积比的相对平均偏差≤0.2%。

五、注意事项

[1] 该配制方法会因NaOH吸收CO_2而混入少量Na_2CO_3，以致产生测量误差。要求严格时，应尽量去除CO_3^{2-}，具体方法见实验3-4。

[2] 若30s内褪色，说明还有少量HCl未反应，需补加半滴NaOH溶液至终点；30s后褪色是微过量NaOH与空气中CO_2反应的结果。

[3] 若放液过快，会因滴定管内壁附着过多溶液而导致实际放出溶液体积偏小。也可快速放液至距目标体积约0.5mL处，静置30s后再继续放液至目标体积。

[4] 判定橙色，对于初学者有一定难度，应预先练习掌握后再进行滴定实验。具体方法如下：在250mL锥形瓶中加入30mL水和1滴甲基橙指示剂，从碱式滴定管放出2~3滴NaOH溶液，观察其黄色，然后用酸式滴定管滴加HCl溶液至由黄变橙，若已滴至红色，再滴加NaOH溶液至黄色。如此反复滴加HCl和NaOH溶液，直至能做到加半滴HCl溶

液由黄变橙，而加半滴 NaOH 溶液由橙变黄为止。

六、数据记录与处理

参照表 1 和表 2 记录实验数据并计算实验结果。

表 1　用 NaOH 溶液滴定 HCl 溶液（酚酞指示剂）

记录项目 \ 滴定次数	Ⅰ	Ⅱ	Ⅲ
V_{HCl}/mL			
V_{NaOH}/mL	$V_{终1}=$	$V_{终2}=$	$V_{终3}=$
	$V_{初1}=$	$V_{初2}=$	$V_{初3}=$
	$V_1=$	$V_2=$	$V_3=$
体积比 V_{HCl}/V_{NaOH}			
体积比平均值 V_{HCl}/V_{NaOH}			
相对偏差 d_r/%			
相对平均偏差 $\bar{d}_r$/%			

表 2　用 HCl 溶液滴定 NaOH 溶液（甲基橙指示剂）

记录项目 \ 滴定次数	Ⅰ	Ⅱ	Ⅲ
V_{NaOH}/mL			
V_{HCl}/mL	$V_{终Ⅰ}=$	$V_{终Ⅱ}=$	$V_{终Ⅲ}=$
	$V_{初Ⅰ}=$	$V_{初Ⅱ}=$	$V_{初Ⅲ}=$
	$V_Ⅰ=$	$V_Ⅱ=$	$V_Ⅲ=$
体积比 V_{HCl}/V_{NaOH}			
体积比平均值 V_{HCl}/V_{NaOH}			
相对偏差 d_r/%			
相对平均偏差 $\bar{d}_r$/%			

七、思考题

1. 为什么定量分析所用的标准溶液和试剂溶液要从试剂瓶直接移取而不允许使用其它器皿过渡？
2. 移液管排空后遗留在尖嘴处的少量溶液是否应吹出？
3. 增加指示剂用量是否有利于终点观察而使滴定结果更加准确？为什么？
4. 根据你的滴定实验结果评价一下自己的操作。

实验 3-3　滴定分析量器的校正

一、实验目的

1. 了解滴定分析量器校正的意义、原理和方法；

2. 掌握滴定管的绝对校正和移液管与容量瓶间相对校正的操作。

二、实验原理

参见本书 2.4 中相关内容。

三、仪器与试剂

仪器：电子分子天平（0.1mg）[1]、温度计（分度值 0.1℃）、50mL 酸/碱式滴定管、25mL 移液管、250mL 容量瓶：洗净晾干[2]、50mL 具塞锥形瓶（洗净晾干[3]）、洗瓶。

试剂：新制纯水。

四、实验内容

1. 滴定管的校正（绝对校正法）

（1）碱式滴定管的校正

① 向已洗干净的碱式滴定管中注入纯水，排气泡后调节液面至 0.00mL；

② 称取 50mL 具塞锥形瓶的质量（准确至 1mg）[4]，记为 $m_{瓶}$；

③ 从滴定管中放出一定体积（V）的纯水至已称重的具塞锥形瓶中[5]，立即盖紧塞子进行称量，质量记为 $m_{瓶+水}$。$m_{瓶+水}-m_{瓶}$ 即为放出纯水的质量。根据实验时的实际水温从第 2 章表 2.2 中查出纯水体积和质量的综合换算系数 f，乘以纯水质量，即可得到所放出水在 20℃ 时的实际体积 V_{20}。校正值 $\Delta V = V_{20} - V$。

④ 按数据记录与处理中表 1 所列的体积间隔进行分段校正[6]，每次都应从滴定管的 0.00mL 标线开始，每支滴定管重复校正 2 次取平均值。

（2）酸式滴定管的校正

同碱式滴定管。

2. 移液管与容量瓶的相对校正

用 25mL 移液管移取纯水于准备好的 250mL 容量瓶中[7]（重复 10 次），观察液面最低线是否与瓶上的标线相符（相切），若不相符则重新标线。经相对校正后的移液管和容量瓶配套使用时，它们的体积比即为 1:10[8]。

五、注意事项

[1] 分析天平的承载质量范围应满足要求。

[2] 滴定分析量器（滴定管、移液管或吸量管、容量瓶等）都不能用加温烘干法干燥，因为玻璃在高温时会膨胀，冷却后不一定能恢复至未加温时状况。可用无水或 95% 乙醇润洗后晾干。

[3] 具塞锥形瓶保证外部干燥即可。

[4] 锥形瓶可用纸条套取（至少三层以上，以免纸条断裂）

[5] 当液面降至被校刻度线以上约 0.5mL 时，停止放液等待 15s；然后在 10s 内将液面调整至被校刻度线，随即用锥形瓶内壁靠下挂在尖嘴处的液滴。锥形瓶磨口处不要沾到水。

[6] 滴定管的校正以每段 5mL 进行会更加精确。每一个点校正两次，要求有重复性：5mL 时水质量两次校正之差应不超过 0.005g，10mL 时不超过 0.01g，25mL 时不超过 0.02g。

[7] 操作时应注意避免移液管尖嘴沾湿容量瓶磨口部分。

[8] 操作技术和仪器的洁净度是校正成败的关键。如果操作不够正确、规范，其校正结

果不宜在以后的实验中使用。

六、数据记录与处理

参照表1记录实验数据并计算实验结果。以滴定管的标称体积为横坐标，对应的校正值为纵坐标绘制校准曲线。

表1 滴定管（50mL）校正记录

水温_____℃　　　　　　　　　　　　　　纯水体积和质量的综合换算系数 $f=$ _____

校正分段 /mL	标称体积 V/mL	称量记录/g				实际体积 V_{20}/mL	校正值 ΔV/mL $\Delta V = V_{20} - V$
		$m_{瓶}$	$m_{瓶+水}$	$m_{水}$	$\bar{m}_{水}$		
0~10.00	10.00						
0~20.00	20.00						
0~30.00	30.00						
0~40.00	40.00						
0~50.00	50.00						

七、思考题

1. 校正滴定管时，所称量的锥形瓶和水的质量只需精确至0.001g，为什么？
2. 容量瓶校正前为什么需要晾干？在用容量瓶配制标准溶液时是否也需要晾干？
3. 在实际分析工作中如何应用滴定管的校正值？
4. 试设计一个方案，可同时实现移液管与容量瓶间的相对校正和各自的绝对校正。

实验 3-4　NaOH 标准溶液的配制与标定

一、实验目的

1. 学习和掌握 NaOH 标准溶液的配制与标定方法；
2. 巩固减量法称取固体样品的操作，了解"称小样"的优缺点。

二、实验原理

NaOH 溶液是酸碱滴定中最常用的碱标准溶液。但 NaOH 易吸收空气中的 H_2O 和 CO_2，不满足基准物质的要求，其标准溶液只能采用间接法配制，即先配成近似浓度，再用基准物质标定其准确浓度。

若 NaOH 标准溶液中含有少量 Na_2CO_3，则对滴定终点颜色变化和滴定结果都会产生影响，因此应尽量避免引入 Na_2CO_3。通常的做法是：先配制饱和的 NaOH 溶液，Na_2CO_3 在此溶液中几乎不溶解，NaOH 吸收空气中 CO_2 产生的 Na_2CO_3 会沉降在溶液底部，待

Na_2CO_3 沉降后,根据所需的溶液量吸取饱和 NaOH 溶液的上层清液,用不含 CO_2 的水(譬如新煮沸并冷却的水)稀释至所需的近似浓度。

常用于标定 NaOH 溶液浓度的基准物质有邻苯二甲酸氢钾和草酸等。邻苯二甲酸氢钾($KHC_8H_4O_4$,$M=204.2$)较为常用,其与 NaOH 的反应如下:

$$\text{邻苯二甲酸氢钾} + NaOH \longrightarrow \text{邻苯二甲酸钾钠} + H_2O$$

化学计量点时,溶液 pH 值约为 9.1,可用酚酞作指示剂。酚酞的 pH 变色区间是 8.0(无色)~9.8(红),终点的颜色变化是由无色变至微红(pH≈9.1)。

三、仪器与试剂

仪器:常用滴定分析仪器一套、电子分析天平(0.1mg)、5mL 量筒。

试剂:

1. $KHC_8H_4O_4$:基准试剂(110℃烘至恒重后装入称量瓶,置于干燥器内保存)。
2. 饱和 NaOH 溶液:约 $20mol \cdot L^{-1}$(20℃)。
3. 酚酞指示剂:$2g \cdot L^{-1}$(乙醇溶液)。

四、实验内容

1. NaOH 溶液($0.1mol \cdot L^{-1}$)的配制[1]

用 5mL 量筒量取饱和 NaOH 溶液 2.5mL[2],快速倾入 500mL 的聚乙烯试剂瓶中,用水荡洗量筒数次,洗液并入上述试剂瓶中,用水稀释至 500mL,盖好瓶塞,摇匀后备用。

2. NaOH 溶液($0.1mol \cdot L^{-1}$)的标定

用减量法称取 0.4~0.6g(精确至 0.1mg)$KHC_8H_4O_4$ 三份,分别置于三个编好号[3]的锥形瓶中,用量筒分别加入 25mL 水,小心摇动使其溶解,然后各加入 2~3 滴酚酞指示剂,用所配 NaOH 溶液滴定至刚呈现微红色且 30s 内不褪色即为终点[4]。记录所消耗 NaOH 的体积,计算所配 NaOH 溶液的准确浓度,要求三次标定浓度的相对平均偏差≤0.2%。

五、注意事项

[1] 本步骤中所用水均为新煮沸并冷却的水。
[2] 饱和 NaOH 溶液的浓度受温度影响很大,具体用量视实验时温度而定。
[3] 减量法不能保证每次称量的质量相同,故锥形瓶必须编号以免混淆。
[4] 通常从 $KHC_8H_4O_4$ 质量最少的那份开始标定。

六、数据记录与处理

参照表 1 记录实验数据并计算实验结果。

表 1 NaOH 溶液的标定

数据记录与计算 \ 锥瓶编号	Ⅰ	Ⅱ	Ⅲ
$m_{KHC_8H_4O_4}/g$	$m_Ⅰ$	$m_Ⅱ$	$m_Ⅲ$
V_{NaOH}/mL	$V_{终Ⅰ}=$	$V_{终Ⅱ}=$	$V_{终Ⅲ}=$
	$V_{初Ⅰ}=$	$V_{初Ⅱ}=$	$V_{初Ⅲ}=$
	$V_Ⅰ=$	$V_Ⅱ=$	$V_Ⅲ=$

续表

数据记录与计算 \ 锥瓶编号	Ⅰ	Ⅱ	Ⅲ
$c_{\mathrm{NaOH}}/\mathrm{mol \cdot L^{-1}}$			
$\bar{c}_{\mathrm{NaOH}}/\mathrm{mol \cdot L^{-1}}$			
相对偏差 $d_r/\%$			
相对平均偏差 $\bar{d}_r/\%$			

NaOH 标准溶液的浓度按下式计算：

$$c_{\mathrm{NaOH}} = \frac{1000 m_{\mathrm{KHC_8H_4O_4}}}{M_{\mathrm{KHC_8H_4O_4}} V_{\mathrm{NaOH}}}$$

七、思考题

1. 标定 NaOH 溶液浓度时，所用基准物质邻苯二甲酸氢钾的质量范围是如何确定的？称的偏多或偏少会对测定产生什么影响？

2. 移液管和滴定管在使用前需要用待用溶液润洗 3 次，以防止溶液浓度发生变化，请问锥形瓶是否也需要此步骤？为什么？

实验 3-5　HCl 标准溶液的配制与标定

一、实验目的

1. 掌握 HCl 标准溶液的配制与标定方法；
2. 了解混合指示剂的特点；
3. 了解和体会"称大样"的优缺点。

二、实验原理

酸碱滴定中最常用的酸标准溶液为 HCl 溶液，这是因为稀 HCl 溶液稳定性好，且大多数氯化物易溶于水，不影响指示剂指示终点。市售浓 HCl 易挥发，故只能采用间接法配制 HCl 标准溶液。标定 HCl 溶液浓度常用的基准物质有无水 Na_2CO_3 和硼砂（$Na_2B_4O_7 \cdot 10H_2O$）。本实验采用无水 Na_2CO_3 为基准物，它与 HCl 的反应如下：

$$Na_2CO_3 + 2HCl = 2NaCl + H_2CO_3$$
$$\hookrightarrow CO_2 \uparrow + H_2O$$

反应生成的 H_2CO_3，过饱和部分会不断分解逸出，其饱和溶液的 pH≈3.9，可用甲基橙指示剂，溶液由黄色刚变至橙色（pH 4.0）时即为滴定终点。因甲基橙指示剂对本反应的变色不敏锐，会导致较大误差。因此，本实验采用甲基红-溴甲酚绿混合指示剂来指示终点，该指示剂的变色区间很窄，pH 5.0 以下为暗红色，pH 5.1 为灰绿色，pH 5.2 以上为绿色。滴定至暗红色时要停下来煮沸溶液除去大部分 CO_2（溶液由暗红色变为绿色），冷却后再继续滴定至暗红色即为终点。

此外，若要在滴定过程中消耗 25mL 0.1mol·L^{-1} HCl 溶液，所需基准物 Na_2CO_3 的质量为 0.13g（<200mg），不满足"称小样"的要求，所以需要采用"称大样"的方式减小称量误差，即准确称取（1.3±0.1）g Na_2CO_3，完全溶解后定容至 250mL 容量瓶中，每次移取 25.00mL 用于标定。

三、仪器与试剂

仪器：常用滴定分析仪器一套、电子分析天平（0.1mg）、电加热板。

试剂：

1. 无水 Na_2CO_3：基准试剂（于 270~300℃下干燥 2h，稍冷后置于干燥器中冷却至室温，一周内有效）。

2. HCl 溶液：6mol·L^{-1}（1+1）。

3. 甲基红-溴甲酚绿混合指示剂：将 2g·L^{-1} 甲基红的乙醇溶液和 1g·L^{-1} 溴甲酚绿的乙醇溶液按 1+3 的体积比混合。

四、实验内容

1. HCl 溶液（0.1mol·L^{-1}）的配制

用 10mL 量筒量取 8.3mL 6mol·L^{-1} HCl 溶液，倾入 500mL 聚乙烯试剂瓶中，用水荡洗量筒数次，洗涤液并入试剂瓶中，加水至 500mL，盖好瓶塞后摇匀。

2. HCl 溶液（0.1mol·L^{-1}）的标定

（1）Na_2CO_3 标准溶液（0.05mol·L^{-1}）的配制　用减量法称取无水 Na_2CO_3 1.3±0.1g（精确至 0.1mg）于 100mL 烧杯中[1]，加入约 50mL 水，用玻璃棒轻轻搅拌至完全溶解后，定量转移至 250mL 容量瓶中，定容后摇匀。

（2）HCl 溶液的标定　移取 25.00mL 上述 Na_2CO_3 标准溶液于 250mL 锥形瓶中，加入 4~6 滴混合指示剂，用待标定 HCl 溶液滴定至溶液由绿色刚变为暗红色，煮沸 2min，用自来水冷却后继续滴定至暗红色即为终点，记录消耗 HCl 溶液的体积，计算 HCl 溶液的准确浓度。平行标定 3 次，要求消耗 HCl 溶液体积的极差≤0.05mL。

五、注意事项

[1] 无水 Na_2CO_3 有一定的吸湿性，称量速度要尽可能地快些，在称量过程中也要随即盖好称量瓶盖子。

六、数据记录与处理

参照表 1 和表 2 记录实验数据并计算实验结果。

表 1　Na_2CO_3 标准溶液的配制

$m_{Na_2CO_3}$/g	$V_{Na_2CO_3}$/mL	$c_{Na_2CO_3}$/mol·L^{-1}

Na_2CO_3 标准溶液的浓度按下式计算：

$$c_{Na_2CO_3} = \frac{1000 m_{Na_2CO_3}}{M_{Na_2CO_3} V_{Na_2CO_3}}$$

表 2　HCl 溶液的标定

数据记录与计算 \ 滴定次数	Ⅰ	Ⅱ	Ⅲ
$c_{Na_2CO_3}$/mol·L^{-1}			
$V_{Na_2CO_3}$/mL			

续表

数据记录与计算 \ 滴定次数	I	II	III
V_{HCl}/mL	$V_{终I}=$	$V_{终II}=$	$V_{终III}=$
	$V_{初I}=$	$V_{初II}=$	$V_{初III}=$
	$V_I=$	$V_{II}=$	$V_{III}=$
c_{HCl}/mol·L^{-1}			
$\bar{c}_{HCl}$/mol·L^{-1}			
相对偏差 d_r/%			
相对平均偏差 $\bar{d}_r$/%			

HCl 标准溶液的浓度按下式计算：

$$c_{HCl} = \frac{2c_{Na_2CO_3}V_{Na_2CO_3}}{V_{HCl}}$$

七、思考题

1. Na_2CO_3 为基准物质标定 HCl 溶液时，为什么不用酚酞指示剂？
2. Na_2CO_3 吸湿后若未经处理就用来标定 HCl 溶液会对标定结果产生什么影响？
3. Na_2CO_3 为基准物质标定 HCl 溶液时，若用甲基橙指示剂，临近终点时应如何操作以避免终点提前？

实验 3-6 食醋总酸度的测定

一、实验目的

1. 进一步掌握滴定管、移液管、容量瓶的规范操作方法；
2. 学习食醋中总酸度的测定方法；
3. 了解强碱滴定弱酸的反应原理及指示剂的选择。

二、实验原理

食醋是以粮食、糖类或酒糟等为原料，经醋酸酵母菌发酵而成。食醋味酸而醇厚，液香而柔和，是烹饪中一种必不可少的调味品。常用的食醋主要有"米醋"、"熏醋"、"糖醋"、"酒醋"、"白醋"等，根据产地、品种的不同，食醋中所含醋酸的量也不同，食醋酸味强度的高低主要是由其中所含醋酸量（HAc，其含量为 3.5~9.0g·100mL^{-1}）的大小决定。除含醋酸外，食醋中还含有其它一些对身体有益的营养成分，如乳酸、葡萄糖酸、琥珀酸、氨基酸、糖、钙、磷、铁、维生素 B_2 等。

用 NaOH 标准溶液测定时，食醋中离解常数 $K_a \geqslant 10^{-7}$ 的弱酸都可被滴定，其反应如下：

$$NaOH + HAc \Longrightarrow NaAc + H_2O$$
$$nNaOH + H_nA \Longrightarrow Na_nA + nH_2O$$

因此，上述测定的是食醋总酸度，分析结果通常用含量最多的 HAc 表示。

本实验的滴定类型属于强碱滴定弱酸，滴定突跃在碱性范围，化学计量点时 pH≈8.7，可选用酚酞作为指示剂。

三、仪器与试剂

仪器：常用滴定分析仪器一套。

试剂：

1. NaOH 标准溶液：$0.1\text{mol}\cdot\text{L}^{-1}$（配制与标定方法参见实验 3-4）。
2. 酚酞指示剂：$2\text{g}\cdot\text{L}^{-1}$（乙醇溶液）。
3. 待测食醋。

四、实验内容

移取 25.00mL 待测食醋至 250mL 容量瓶中，用水定容后摇匀[1]。

移取 25.00mL 上述稀释液至 250mL 锥形瓶中，加入 25mL 水和 2～3 滴酚酞指示剂，用 $0.1\text{mol}\cdot\text{L}^{-1}$ NaOH 标准溶液滴定至溶液呈微红色并在 30s 内不褪色即为终点，记下所消耗 NaOH 标准溶液的体积。平行测定三次，要求消耗 NaOH 溶液体积的极差≤0.05mL。根据相关数据及稀释倍数，计算待测食醋的总酸度 ρ_{HAc}（单位为 $\text{g}\cdot 100\text{mL}^{-1}$）。

五、注意事项

[1] 食醋的总酸度约为 $0.6\sim 1.5\text{mol}\cdot\text{L}^{-1}$，本实验采用 $0.1\text{mol}\cdot\text{L}^{-1}$ 的 NaOH 标准溶液测定，故需对待测食醋稀释适当倍数。稀释也有利于降低食醋自身颜色的干扰。

六、数据记录与处理

参照表 1 格式记录实验数据并计算实验结果。

表 1　食醋总酸度的测定

数据记录与处理　　滴定次数	I	II	III
$V_{\text{食醋稀释液}}$/mL			
V_{NaOH}/mL	$V_{终\text{I}}=$ $V_{初\text{I}}=$ $V_{\text{I}}=$	$V_{终\text{II}}=$ $V_{初\text{II}}=$ $V_{\text{II}}=$	$V_{终\text{III}}=$ $V_{初\text{III}}=$ $V_{\text{III}}=$
c_{NaOH}/mol·L^{-1}			
ρ_{HAc}/g·100mL^{-1}			
$\bar{\rho}_{\text{HAc}}$/g·100mL^{-1}			
相对偏差 d_r/%			
相对平均偏差 $\bar{d}_r$/%			

待测食醋的总酸度按下式计算：

$$\rho_{\text{HAc}}=\frac{c_{\text{NaOH}}V_{\text{NaOH}}}{V_{\text{食醋稀释液}}}\times\frac{250}{25}\times M_{\text{HAc}}\times\frac{100}{1000}$$

七、思考题

1. 若用于标定 NaOH 溶液浓度的基准物质 $KHC_8H_4O_4$ 没有完全烘干，会对最终测定结果即食醋的总酸度产生什么影响?

2. 配制 NaOH 标准溶液、溶解基准物质 $KHC_8H_4O_4$ 以及稀释醋酸试样所用的水是否都应是新煮沸并冷却的水? 为什么?

3. 本实验是否可以采用甲基橙为指示剂? 为什么?

实验 3-7　工业碳酸钠总碱量的测定

一、实验目的

1. 掌握工业碳酸钠总碱量测定的原理和方法;
2. 了解工业碳酸钠产品质量的检验和评价方法。

二、实验原理

碳酸钠俗名纯碱, 又称苏打、碱灰, 通常为白色粉末, 是重要的基本化工原料之一, 广泛应用于化工、冶金、国防、纺织、印染、食品、玻璃、搪瓷、医药、造纸等领域。

工业碳酸钠中常含有少量的 NaCl、Na_2SO_4、$NaHCO_3$ 等杂质, 为了鉴定产品质量, 常用酸碱滴定法测定其总碱量。

用 HCl 标准溶液测定时, 除主要组分 Na_2CO_3 被中和外, 其它碱性杂质如 $NaHCO_3$ 等也会被中和。因此, 测定结果是碱性物质的总量, 以 Na_2CO_3 的质量百分数表示。

滴定终点为 H_2CO_3 的饱和溶液, 本实验采用国家标准 GB/T 210.2—2004 中所用的甲基红-溴甲酚绿混合指示剂指示终点。

工业碳酸钠分三种类别, 其中Ⅰ类为特种工业用重质碳酸钠, Ⅱ类是以一般工业盐及天然碱为原料生产的工业碳酸钠, Ⅲ类是以硫酸钠型卤水盐为原料采用联碱法生产的工业碳酸钠。其中Ⅱ类工业碳酸钠的优等品、一级品和合格品分别要求干基的总碱量≥99.2%、≥98.8%和≥98.0%。

三、仪器与试剂

仪器: 常用滴定分析仪器一套、电子分析天平 (0.1mg)、电加热板。

试剂:

1. HCl 标准溶液: $0.1mol·L^{-1}$ (配制与标定方法参见实验 3-5)。
2. 甲基红-溴甲酚绿混合指示剂 (配制方法参见实验 3-5)。
3. 工业碳酸钠试样: 于 250~270℃下干燥 1h 使其成为干基试样, 稍冷后置于干燥器中冷却至室温, 一周内有效。

四、实验内容

1. 用减量法称取工业碳酸钠 (1.3±0.1)g (精确至 0.1mg) 于 100mL 烧杯中[1], 加入约 50mL 水, 用玻璃棒轻轻搅拌至完全溶解[2]后, 定量转移至 250mL 容量瓶中, 定容后摇匀。

2. 移取 25.00mL 上述试液于 250mL 锥形瓶中, 加入 4~6 滴混合指示剂, 用 HCl 标准溶液滴定至溶液由绿色刚变为暗红色, 煮沸 2min, 用自来水冷却后继续滴定至暗红色即为终点，记录消耗 HCl 溶液的体积，计算工业碳酸钠的总碱量。平行测定 3 次，要求消耗 HCl 溶液体积的极差≤0.05mL。

五、注意事项

［1］采用"称大样"方式处理试样，即能满足称量误差要求，又可减小因试样不均匀而造成的误差。

［2］溶解 Na_2CO_3 基准物质和工业碳酸钠试样时，应在加水后快速搅拌以防结块使溶解速度变慢。也可采用加热的方式促进溶解，冷却后再进行滴定。

六、数据记录与处理

参照表1格式记录实验数据并计算实验结果。根据总碱量判断所测样品的等级。

表1　工业碳酸钠总碱量的测定

数据记录与计算＼滴定次数	Ⅰ	Ⅱ	Ⅲ
$m_{工业碳酸钠}$/g			
$V_{工业碳酸钠试液}$/mL			
c_{HCl}/mol·L^{-1}			
V_{HCl}/mL	$V_{终Ⅰ}=$ $V_{初Ⅰ}=$ $V_Ⅰ=$	$V_{终Ⅱ}=$ $V_{初Ⅱ}=$ $V_Ⅱ=$	$V_{终Ⅲ}=$ $V_{初Ⅲ}=$ $V_Ⅲ=$
$w_{Na_2CO_3}$/%			
$\bar{w}_{Na_2CO_3}$/%			
相对偏差 d_r/%			
相对平均偏差 $\bar{d}_r$/%			

试样总碱量的计算公式如下：

$$w_{Na_2CO_3}=\frac{\frac{c_{HCl}V_{HCl}}{2\times 1000}\times M_{Na_2CO_3}\times \frac{250}{V_{工业碳酸钠试液}}}{m_{工业碳酸钠}}\times 100\%$$

七、思考题

1. 工业碳酸钠试样在测定前为什么要在 250~270℃ 进行干燥？温度过高或过低对测定结果有什么影响？
2. 若想分别测定工业碳酸钠中 Na_2CO_3 和 $NaHCO_3$ 的含量，可采用什么方法？
3. 基准物质无水 Na_2CO_3 和硼砂均可于用标定 HCl 溶液的浓度，就本实验而言，选择哪种基准物质更好？为什么？

实验 3-8　氟硅酸钾法测定水泥熟料中 SiO_2 的含量

一、实验目的

1. 学习氟硅酸钾法测定 SiO_2 的原理和方法；

2. 掌握沉淀的过滤、洗涤以及用烧杯滴定等基本操作。

二、实验原理

SiO_2 的含量是水泥、陶瓷、玻璃、耐火材料等硅酸盐类材料质量检验中的重要指标，通常采用重量法或氟硅酸钾法（容量法）测定。氟硅酸钾法的准确度较重量法略差，但耗时远少于重量法，很适合工业生产上 SiO_2 的快速测定。

氟硅酸钾法测定 SiO_2 属于间接酸碱滴定法，其原理如下：先用碱熔融法将试样中的硅转化为可溶性硅酸盐；在强酸介质中及过量 K^+、F^- 存在的情况下，将可溶性硅酸盐定量转化为难溶的氟硅酸钾沉淀：

$$SiO_3^{2-} + 2K^+ + 6F^- + 6H^+ \rightleftharpoons K_2SiF_6 \downarrow + 3H_2O$$

沉淀经过滤、洗涤后用一定浓度的 NaOH 溶液中和未被洗净的残存酸，然后在沸水中使沉淀完全水解生成 HF，再用 NaOH 标准溶液滴定生成的 HF。

$$K_2SiF_6 + 3H_2O \rightleftharpoons 2KF + H_2SiO_3 + 4HF$$
$$NaOH + HF \rightleftharpoons NaF + H_2O$$

由上述反应可知：$1SiO_2 \cong 1K_2SiF_6 \cong 4HF \cong 4NaOH$。据此可由 NaOH 标准溶液的浓度、消耗体积以及试样质量求出试样中 SiO_2 的含量，具体计算公式如下：

$$w_{SiO_2} = \frac{c_{NaOH} V_{NaOH} M_{SiO_2}}{4 \times 1000 \times m_s} \times 100\%$$

本实验采用水泥熟料为待测试样，因其可直接被强酸分解，故无需碱熔融过程。测定过程有 HF 产生，烧杯、漏斗、搅拌棒等应采用塑料制品。

三、仪器与试剂

仪器：常用滴定分析仪器一套、电子分析天平（0.1mg）、电子台秤（0.1g）、电加热板、300mL 塑料烧杯、塑料漏斗、塑料棒、漏斗架、快速定性滤纸。

试剂：

1. 浓 HNO_3。
2. KCl 固体。
3. KF 溶液（150g·L^{-1}）。
4. KCl 溶液（50g·L^{-1}）。
5. KCl 乙醇溶液（50g·L^{-1}）。
6. 酚酞（5g·L^{-1} 乙醇溶液）。
7. NaOH 溶液（100g·L^{-1}）。
8. NaOH 标准溶液（0.1mol·L^{-1}，配制与标定参见实验 3-4，由实验室提供）。
9. 待测水泥熟料。

四、实验内容

1. 溶样

用减量法称取 (0.2±0.01)g（精确至 0.1mg）待测水泥熟料于干燥的 300mL 塑料烧杯中，滴加几滴水湿润后加入 10mL 浓 HNO_3[1]，用塑料棒搅拌至试样完全溶解，冷却至室温待用[2]。

2. 生成氟硅酸钾沉淀

在上述溶液中加入 10mL 150g·L^{-1} KF 溶液[3] 和 3g KCl 固体[4]，搅拌并压碎 KCl 颗

粒使之达到过饱和（应仍有少量 KCl 不溶），然后静置 5 分钟[5]。

3. 沉淀的过滤与洗涤[6]

在塑料漏斗上用快速定性滤纸进行过滤，用 50g·L^{-1} KCl 溶液（总量控制在 20mL 左右）洗涤烧杯 2 次，沿滤纸边洗涤沉淀一次，然后将滤纸连同沉淀取下，放入原塑料烧杯中。

4. 中和残存酸[7]

沿烧杯壁加入 10mL 50g·L^{-1} KCl 乙醇溶液和 10 滴酚酞指示剂，然后将滤纸展开，用小滴管逐滴加入 100g·L^{-1} 的 NaOH 溶液，边滴边搅拌，同时用塑料棒反复压挤滤纸，并用滤纸不断洗擦杯壁；当红色褪色速度较慢时，将滤纸捣碎浸入溶液，再改用 0.1mol·L^{-1} 的 NaOH 溶液中和至微红色不消失（所消耗 NaOH 不参与计算，可不记录）。

5. 水解及测定[8]

在上述烧杯中加入 200mL 经中和的沸水（将水煮沸后加入适量酚酞指示剂，用 0.1mol·L^{-1} NaOH 溶液滴至浅红色），搅拌使沉淀充分水解，然后加入 10 滴酚酞指示剂，立即用 0.1mol·L^{-1} NaOH 标准溶液滴至微红色，记录所消耗 NaOH 标准溶液的体积，根据相关数据计算试样中 SiO_2 的百分含量（%）。

五、注意事项

[1] 用 HNO_3 分解试样比用 HCl 要好，不仅不易析出硅酸盐凝胶（析出的硅胶不会与 K^+、F^- 反应生成 K_2SiF_6），而且还可抑制 K_3AlF_6 等沉淀的干扰。溶液的 $[H^+]$ 应保持在 3~4mol·L^{-1} 左右，过低易形成 K_3AlF_6 等沉淀，过高不仅会给沉淀洗涤和中和残存酸的操作带来麻烦，而且亦无必要。所用 HNO_3 应一次加入，预防析出硅胶，使测定结果偏低。

[2] K_2SiF_6 沉淀的生成在 30℃ 以下进行为宜，否则会增大溶解损失，夏天须用冷水冷却。

[3] F^- 过量有利于 K_2SiF_6 沉淀完全，但过量太多会生成 K_3AlF_6 沉淀，从而使测定结果偏高，尤其当试样中 Al 含量较高时，更应严格控制。一般情况下，50~60mL 溶液中含有 50mg 左右的 SiO_2 时，需加 1~1.5g KF。

[4] 加入 KCl 的量应保证过饱和，即经充分搅拌溶解后仍有固体存在，这样才有利于 K_2SiF_6 沉淀完全，否则结果将偏低。一般来说，KCl 以粉末形式加入效果较好。

[5] 沉淀放置时间不宜过长，否则会由于吸附杂质或发生后沉淀而对结果产生影响。

[6] 一般情况下，沉淀用 50g·L^{-1} KCl 溶液洗涤 2~3 次，并控制洗涤液总量在 20mL 左右，不致引起 K_2SiF_6 产生明显的水解。若夏天温度较高，可改用 50g·L^{-1} KCl 的乙醇溶液洗涤沉淀。在漏斗上安放滤纸时，滤纸也应用 50g·L^{-1} KCl 溶液润湿；若用水润湿，过滤前应用 50g·L^{-1} KCl 溶液洗涤 3 次。

[7] 中和反应在 50g·L^{-1} KCl 的乙醇溶液中进行是为了防止 K_2SiF_6 沉淀的水解，所加 KCl 乙醇溶液不宜太多，以 10~15mL 为宜，过多会影响下一步 K_2SiF_6 的水解。先采用 100g·L^{-1} 的 NaOH 溶液中和是避免中和过程中加入 NaOH 水溶液过多，造成 K_2SiF_6 沉淀溶解损失。

[8] K_2SiF_6 的水解为吸热反应，水的温度越高，体积越大，越有利于水解反应的进行。实际操作中采用 200mL 左右的沸水，滴定结束后溶液温度应不低于 70℃。为避免另一水解产物 H_2SiO_3 被部分滴定影响测定结果，应控制终点 pH 为 7.5~8.5，本实验选择酚酞做指示剂，应适当增加用量（10 滴左右）亦可选择其它更适宜指示剂。水解过程可能会逸出少量 HF（剧毒），因此反应必须在通风橱中进行，实验过程中也应避免溶液与皮肤接触。

六、数据记录与处理

参照附录 11，合理设计表格，记录实验数据，计算水泥熟料中 SiO_2 的百分含量（%）。

七、思考题

1. 在本实验中，溶解待测水泥熟料时为什么采用硝酸？
2. 在本实验中，过滤前为什么要求溶液的体积小，温度低，而过滤后则要求溶液体积大，温度高？
3. 为什么本实验必须在塑料杯中进行？
4. 本实验为什么要先中和残存酸，再加入沸水进行水解？
5. 本实验中残存酸的中和反应为什么要在 KCl 乙醇溶液中进行？

实验 3-9　EDTA 标准溶液的配制与标定

一、实验目的

1. 掌握 EDTA 标准溶液的配制和标定方法；
2. 掌握二甲酚橙、铬黑 T 等常用金属指示剂的使用条件和终点的判断；
3. 了解配位滴定中酸度控制的重要性和控制方法。

二、实验原理

乙二胺四乙酸（Ethylene Diamine Tetraacetie Acid，简称 EDTA，常用 H_4Y 表示），是一种有机氨羧配位剂，能与大多数金属离子形成 1∶1 的稳定螯合物，故常用作配位滴定的标准溶液。但 EDTA 在水中溶解度较小（22℃时，每 100mL 水中仅能溶解 0.02g，浓度约为 $7×10^{-4} mol·L^{-1}$），通常采用溶解度较大的乙二胺四乙酸二钠盐（$Na_2H_2Y·2H_2O$，习惯上也称为 EDTA）来配制溶液（22℃时，每 100mL 水中能溶解 11.1g，浓度约为 $0.3mol·L^{-1}$，pH 值为 4.7 左右）。$Na_2H_2Y·2H_2O$ 可精制成基准试剂，但提纯方法较复杂，实际工作中通常采用间接法配制 EDTA 的标准溶液，即先用分析纯试剂配制成大致所需的浓度，再用基准物质进行标定。

用于标定 EDTA 的基准物质有多种，如某些纯金属及其氧化物或盐类等。常用的金属基准物有 Bi、Cd、Cu、Zn、Mg、Ni 和 Pb 等，其纯度要求至少在 99.95% 以上。若金属表面有氧化膜，应先用砂纸或稀酸处理，再用水和乙醇洗涤，最后用乙醚或丙酮洗净，在 105℃烘干数分钟。金属氧化物或其盐类作为基准物的有 Bi_2O_3、ZnO、$ZnSO_4·7H_2O$、MgO、$MgSO_4·7H_2O$、$Mg(IO_3)_2·4H_2O$ 和 $CaCO_3$ 等。Zn 及其氧化物 ZnO 和 $CaCO_3$ 较常被使用。

选用含被测元素的基准物质，在与试样测定条件（包括滴定方式、pH 值、温度、指示剂等）相近或相同的条件下进行标定有利于减小系统误差。如测定试样中的 Ca^{2+} 含量时，通常用基准试剂 $CaCO_3$ 标定 EDTA 溶液的浓度。

常用的标定方法如下。

1. 以 Zn 或 ZnO 为基准物

(1) 在 pH＝5～6 的缓冲介质中，以二甲酚橙（XO）为指示剂，用待标定 EDTA 溶液滴定至由紫红色变为亮黄色即为终点。

(2) 在 pH≈10 的氨性缓冲介质中，以铬黑 T（EBT）为指示剂，用待标定 EDTA 溶液滴定至由紫红色变为纯蓝色即为终点。

2. $CaCO_3$ 为基准物

(1) 在 pH≈10 的缓冲介质中，以铬黑 T（EBT）为指示剂对 EDTA 溶液的浓度进行标定。EBT 与 Ca^{2+} 的显色反应灵敏度低，不能直接指示终点，可加入少量 MgY（Mg^{2+} 与 EDTA 的配合物），通过置换反应生成显色灵敏度高的 Mg-EBT 来改善终点变色的敏锐性，相关反应及原理如下。

滴定开始前，在待滴定液中加入少量 MgY 和 EBT 后发生下列置换反应：

$$Ca^{2+} + MgY(极少量) + EBT \longrightarrow Ca^{2+} + CaY(极少量) + Mg\text{-}EBT$$

Ca^{2+} 置换出的 Mg^{2+} 与 EBT 形成 Mg-EBT 配合物，此时溶液呈现紫红色；滴定进行时，所加 EDTA 先与 Ca^{2+} 配位；当 Ca^{2+} 被定量配位后，EDTA 将夺取 Mg-EBT 中的 Mg^{2+} 形成 MgY，游离出的 EBT 呈现蓝色，指示滴定到达终点。滴定前加入的 MgY 与终点时生成的 MgY 相等，故 MgY 的加入不影响滴定结果。

(2) 在 pH＝12～13 的介质中，以钙指示剂指示，用待标定 EDTA 溶液滴定至由紫红色变为纯蓝色即为终点。

三、仪器与试剂

仪器：常用滴定分析仪器一套、电子分析天平（0.1mg）、电子台秤（0.1g）、电加热板。

试剂：

1. 乙二胺四乙酸二钠盐（$Na_2H_2Y \cdot 2H_2O$）。

2. ZnO：基准试剂（在 900～1000℃下灼烧至恒重后装入试剂瓶，保存于干燥器中）。

3. $CaCO_3$：基准试剂（在 110℃干燥 2 小时后装入试剂瓶，保存于干燥器中）。

4. 二甲酚橙（XO）：$2g \cdot L^{-1}$（低温保存）。

5. 铬黑 T 指示剂（EBT）：EBT 与 NaCl 的固体混合物（1g EBT 与 100g NaCl 混匀研细后装入广口小试剂瓶，存放于干燥器中。亦可配制成溶液：称取 0.5g EBT，溶于 75mL 无水乙醇和 25mL 三乙醇胺中，低温保存，三个月内有效）。

6. 钙指示剂（NN）：NN 与 NaCl 的固体混合物（1g NN 与 100g NaCl 混匀研细后装入广口小试剂瓶，存放于干燥器中）。

7. Mg-EDTA 溶液（MgY）：先配制 $0.05 mol \cdot L^{-1}$ 的 $MgCl_2$ 和 EDTA 溶液各 500mL。移取 25.00mL Mg^{2+} 溶液至 250mL 锥形瓶中，加入 20mL 水、10mL pH≈10 的氨性缓冲溶液和适量铬黑 T，用 EDTA 溶液滴定至酒红色变为纯蓝色，记录所消耗 EDTA 的体积，计算 $V_{EDTA}/V_{Mg^{2+}}$。重复测定 3 次，求取平均值。将 EDTA 溶液和 $MgCl_2$ 溶液按该比例混合即可得 Mg-EDTA 溶液（确保 $n_{Mg} : n_{EDTA} = 1 : 1$）。每 100mL Mg-EDTA 溶液中加入 10mL pH＝10 的 $NH_3\text{-}NH_4Cl$ 缓冲溶液。

8. 甲基红指示剂：$1g \cdot L^{-1}$（乙醇溶液）。

9. 六亚甲基四胺溶液：$200g \cdot L^{-1}$。

10. 氨性缓冲溶液：pH≈10（将 54g NH_4Cl 溶于 300mL 水中，加入 350mL 浓氨水，稀释至 1L 后摇匀。必要时在 pH 计监测下，用 $NH_3 \cdot H_2O$ 调节 pH 值）。

11. HCl 溶液：6mol·L^{-1}（1+1）。

12. 氨水：1+1（约 7mol·L^{-1}）。

13. NaOH 溶液：100g·L^{-1}。

14. Mg^{2+} 溶液：称取 0.5g MgSO$_4$·7H$_2$O 溶于 100mL 水中。

四、实验内容（根据待测样品选择合适的基准物质及标定条件）

1. EDTA 溶液（0.01mol·L^{-1}）的配制

称取 1.5g Na$_2$H$_2$Y·2H$_2$O 置于 500mL 烧杯中，加入 400mL 水，搅拌使其完全溶解后转移至 500mL 聚乙烯试剂瓶中保存。

2. 以 ZnO 为基准物质标定 EDTA 溶液的浓度

(1) Zn^{2+} 标准溶液（0.01000mol·L^{-1}）的配制　用增量法准确称取 0.2034g ZnO 于 100mL 小烧杯中，加入 2～3mL 6mol·L^{-1} HCl 溶液[1]，用玻璃棒小心研磨[2]、搅拌，待 ZnO 完全溶解后定量转移至 250mL 容量瓶中，用水定容后摇匀。

(2) 以二甲酚橙（XO）为指示剂进行标定　移取 25.00mL Zn^{2+} 标准溶液于 250mL 锥形瓶中，加入 2 滴 XO 指示剂后滴加 200g·L^{-1} 六亚甲基四胺溶液至呈现稳定的紫红色，再多加入 5mL，此时溶液的 pH 为 5～6。用待标定 EDTA 溶液滴定至由紫红色变为亮黄色即为终点，记录消耗 EDTA 溶液的体积。平行滴定三份，消耗 EDTA 体积极差应≤0.05mL。

(3) 以铬黑 T（EBT）为指示剂进行标定　移取 25.00mL Zn^{2+} 标准溶液于 250mL 锥形瓶中，在不断摇动下滴加 1+1 氨水至刚产生白色沉淀（或浑浊），继续滴加至沉淀恰好溶解[3]，再加入 10mL pH≈10 的氨性缓冲溶液和适量 EBT 指示剂[4]（此时溶液呈紫红色）。立即[5] 用待标定 EDTA 溶液滴定至由紫红色变为纯蓝色即为终点[6]，记录消耗 EDTA 溶液的体积。平行滴定三份，消耗 EDTA 体积极差应≤0.05mL。

3. 以 CaCO$_3$ 为基准物质标定 EDTA 溶液的浓度

(1) Ca^{2+} 标准溶液（0.01mol·L^{-1}）的配制　用减量法称取 0.23～0.27g CaCO$_3$（准确到 0.1mg）于 100mL 烧杯中，加少量水润洗，盖上表面皿（防止激烈反应产生 CO$_2$ 使 CaCO$_3$ 飞溅损失），从烧杯嘴处逐滴加入约 10mL 6mol·L^{-1} HCl 溶液，加热使 CaCO$_3$ 完全溶解。冷却后用少量水冲洗烧杯内壁和表面皿（洗至烧杯中），然后定量转移到 250mL 容量瓶中，用水定容后摇匀，计算 Ca^{2+} 标准溶液的准确浓度。

(2) 以铬黑 T（EBT）为指示剂进行标定　移取 25.00mL Ca^{2+} 标准溶液于 250mL 锥形瓶中，加 1 滴甲基红指示剂，在不断摇动下滴加 1+1 氨水至溶液由红色变为黄色，以中和溶液中过量的 HCl。然后加入 20mL 水、5mL Mg-EDTA 溶液、10mL pH≈10 的氨性缓冲溶液和适量 EBT 指示剂，立即用待标定 EDTA 溶液滴定至由酒红色变为纯蓝色即为终点，记录消耗 EDTA 溶液的体积。平行滴定三份，消耗 EDTA 体积极差应≤0.05mL。

(3) 以钙指示剂（NN）为指示剂进行标定　移取 25.00mL Ca^{2+} 标准溶液于 250mL 锥形瓶中，依次加入 50mL 水、2mL Mg^{2+} 溶液[7]、5mL 100g·L^{-1} NaOH 溶液和适量的钙指示剂，摇匀后，用待标定 EDTA 溶液滴定至由酒红色刚变至纯蓝色即为终点，记录消耗 EDTA 溶液的体积。平行滴定三份，消耗 EDTA 体积极差应≤0.05mL。

五、注意事项

[1] 溶解 ZnO 和 CaCO$_3$ 时，所加 HCl 应适量，过多 HCl 会在标定 EDTA 溶液时消耗较多的碱中和，既浪费又费时。

［2］ZnO 在 900~1000℃ 下灼烧后会比较硬，一般可在灼烧后研磨，再装入试剂瓶备用。溶解时可用玻棒轻轻研磨，以加速溶解。

［3］滴加的氨水既中和了过量 HCl，保证后面所加的氨性缓冲溶液的组成基本不变，又可与 Zn^{2+} 配位，避免其在 pH 10 时沉淀。

［4］EBT 必须在摇动锥形瓶的情况下加入，直至颜色深浅适当。指示剂的加入量对终点的观察影响较大，必须掌握好加入量。

［5］氨易挥发、气味刺激且可能引起溶液 pH 变化，因此加完氨性缓冲溶液后应马上滴定。

［6］配位反应进行的速度较慢，临近终点时应逐滴加入，并充分摇动。

［7］少量 Mg^{2+} 的存在既不影响标定，又可使终点颜色变化敏锐，故单独测定 Ca^{2+} 时常常加入少量 Mg^{2+} 溶液。

六、数据记录与处理

参照附录 11，合理设计表格，记录实验数据，计算 EDTA 溶液的浓度。

七、思考题

1. 本实验为什么要在缓冲溶液中进行？如果没有加入缓冲溶液会发生什么现象？
2. 用 Zn^{2+} 标准溶液标定 EDTA 时，为什么要用 1+1 的氨水调节白色沉淀产生又恰好消失后再继续后面的操作？为什么要在加入氨性缓冲溶液后立即滴定？可否同时在三份滴定试液中加入氨性缓冲溶液然后依次滴定？
3. 贮存 EDTA 溶液时应采用何种材质的容器？
4. 用 $CaCO_3$ 做基准物质，用钙指示剂标定 EDTA 时，加入镁溶液的目的是什么？

实验 3-10　自来水总硬度的测定

一、实验目的

1. 掌握 EDTA 配位滴定法测定水的总硬度的原理和方法；
2. 了解水硬度的测定意义和常用的表示方法。

二、实验原理

水的总硬度是指水中钙、镁离子的总浓度，包括碳酸盐硬度（也叫暂时硬度，即通过加热能以碳酸盐形式沉淀下来的钙镁离子）和非碳酸盐硬度（亦称永久硬度，即加热后不能沉淀下来的那部分钙镁离子，如硫酸钙和硫酸镁等盐类物质形成的硬度）。水的硬度是衡量水质的一个重要指标，很多工业生产都对水的硬度有一定的要求，尤其是锅炉用水，硬度较高的水都要经过软化处理并经滴定分析达到一定标准后才能输入锅炉。生活饮用水的硬度对人体健康也有着一定的影响，过高会影响肠胃的消化功能，但过低也未必有益，我国生活饮用水卫生标准中规定总硬度（以 $CaCO_3$ 计）不得超过 450mg·L^{-1}。

水的总硬度测定普遍采用配位滴定法，即在 pH≈10 的氨性缓冲溶液中，以铬黑 T(EBT) 为指示剂，用 EDTA 标准溶液滴定钙镁总量。这是国际标准、我国国家标准及有关部门的行业标准中指定的标准方法,适用于饮用水、锅炉水、冷却水、地下水及没有严重污染的地表水的硬度测定。滴定开始前,溶液呈现配合物 Mg-EBT 的紫红色,当加入的 EDTA 与溶液中的 Ca^{2+}、Mg^{2+} 定量配位后,溶液呈现游离 EBT 的纯蓝色即为终点。EBT 对 Ca^{2+} 的显色不够灵敏,当待测水样中不含 Mg^{2+} 或 Mg^{2+} 含量很低时,将导致终点变色不敏锐,这时需加入少量 Mg-EDTA 溶液予以改善。

硬度的表示方法在国际、国内尚未统一,目前我国采用较多的是以 $mg \cdot L^{-1}$ 或 $mmol \cdot L^{-1}$ (以 $CaCO_3$ 计)为单位表示水的硬度。过去我国也常用德国硬度标准表示水的总硬度,即把 1L 水中含有 $10 mg \cdot L^{-1}$ CaO 定为 1°(Mg^{2+} 也折算成相当量的 CaO),并把硬度在 8°以下的称为软水,8°~16°的水称为中等硬度的水,16°~30°的水称为硬水,30°以上称为特硬水。生活用水的总硬度不得超过 25°,以 $CaCO_3$ 计不得超过 $450 mg \cdot L^{-1}$。

三、仪器与试剂

仪器:常用滴定分析仪器一套、100mL 移液管。

试剂:

1. EDTA 标准溶液:$0.01 mol \cdot L^{-1}$(配制及标定方法参见实验 3-9;以 $CaCO_3$ 为基准物质,在 pH≈10 的氨性缓冲溶液中,以 Mg-EDTA 和 EBT 为指示剂标定)。
2. EBT 指示剂:EBT 与 NaCl 的固体混合物(配制方法见实验 3-9)。
3. Mg-EDTA 溶液(配制方法见实验 3-9)。
4. 氨性缓冲溶液:pH≈10(配制方法见实验 3-9)。
5. 三乙醇胺溶液:1+2。
6. 待测自来水样(打开水龙头,放水数分钟后,用干净的试剂瓶接取,备用)。

四、实验内容

准确移取澄清自来水样 100.0mL 于 250mL 锥形瓶中[1],加入 10mL pH≈10 的氨性缓冲溶液和适量铬黑 T 指示剂,摇匀后,立即用 EDTA 标准溶液滴定[2~3]。临近终点时要慢滴多摇,溶液颜色由紫红色刚变为纯蓝色即为终点,记录消耗 EDTA 标准溶液的体积。平行测定三次,消耗 EDTA 标准溶液体积极差应≤0.05mL。

五、注意事项

[1] 若水样中 HCO_3^-、H_2CO_3 含量较高,会导致终点变色不敏锐,可先加入 1~2 滴 HCl 酸化水样,煮沸数分钟去除 CO_2 或采用返滴定法。

[2] 水样中若含 Fe^{3+}、Al^{3+}、Cu^{2+}、Pb^{2+} 等离子,会干扰 Ca^{2+}、Mg^{2+} 的测定,可以加入三乙醇胺、KCN、Na_2S 等进行掩蔽。

[3] 本实验只提供三乙醇胺溶液。是否需要加入三乙醇胺和 Mg-EDTA 溶液,由所测水样决定。使用三乙醇胺掩蔽 Fe^{3+}、Al^{3+} 时应在缓冲溶液之前加入。

六、数据记录与处理

参照附录 11,合理设计表格,记录实验数据,计算自来水样的总硬度,以 $CaCO_3$ 的质量浓度($mg \cdot L^{-1}$)表示。

水的总硬度计算公式如下:

$$\rho_{CaCO_3} = \frac{1000 c_{EDTA} V_{EDTA} M_{CaCO_3}}{V_{待测水样}}$$

七、思考题

1. 什么是水的总硬度？水的硬度有几种表示方法？怎样计算水的总硬度？
2. 用配位滴定法测定自来水的总硬度时，哪些离子存在干扰？应如何消除？
3. 根据实验结果判断所取自来水是否符合我国饮用水卫生标准所规定的水硬度标准。
4. 如何分别测定水样中的钙、镁含量？
5. 只用铬黑T指示剂，能否测定 Ca^{2+}、Mg^{2+} 共存试样中 Ca^{2+} 的含量？如何进行？

实验 3-11 铋铅混合溶液中铋、铅含量的连续测定

一、实验目的

1. 了解酸度对 EDTA 滴定选择性的影响；
2. 掌握通过控制溶液不同酸度连续测定铋、铅离子的配位滴定分析方法。

二、实验原理

Bi^{3+} 和 Pb^{2+} 均可与 EDTA 形成稳定的配合物，但稳定性有着很大的差别，$\Delta lgK = lgK_{BiY} - lgK_{PbY} = 27.9 - 18.0 = 8.9 > 6$，因此可通过控制溶液酸度在一份试液中连续滴定 Bi^{3+} 与 Pb^{2+}。二甲酚橙（XO）在 pH<6 时呈黄色，与 Bi^{3+} 和 Pb^{2+} 均能形成紫红色配合物，且与 Bi^{3+} 的配合物更加稳定，因此可作为 Bi^{3+} 与 Pb^{2+} 连续滴定的指示剂。

测定时先将试液酸度调节至 pH≈1，加入 XO 指示剂，此时溶液呈紫红色，然后用 EDTA 标准溶液滴定至试液颜色突变为亮黄色即为终点，根据消耗 EDTA 标准溶液的体积及相关数据可以计算出试样中 Bi^{3+} 的含量。在上述试液中加入六亚甲基四胺 $[(CH_2)_6N_4]$ 调节 pH 至 5.5 左右，此时试液呈现 Pb^{2+} 与 XO 所形成配合物的紫红色，继续用 EDTA 标准溶液滴定至试液颜色再次突变为亮黄色即为终点，根据消耗 EDTA 标准溶液的体积及相关数据可以计算出试样中 Pb^{2+} 的含量。

三、仪器与试剂

仪器：常用滴定分析仪器一套、电子分析天平（0.1mg）、pH 试纸（pH 0.5～5.0 和 1～14）。

试剂：
1. EDTA 标准溶液：$0.01 mol \cdot L^{-1}$（配制及标定方法参见实验 3-9；以 ZnO 为基准物质，在 pH=5～6 的介质中，以 XO 为指示剂标定）。
2. 六亚甲基四胺溶液：$200 g \cdot L^{-1}$。
3. 二甲酚橙指示剂（XO）：$2 g \cdot L^{-1}$。
4. 待测 Bi^{3+}、Pb^{2+} 混合试液：称取 49g $Bi(NO_3)_3 \cdot 5H_2O$ 和 33g $Pb(NO_3)_2$ 置于盛有 200mL 1+2 HNO_3 的烧杯中，在电加热板上微热溶解后稀释至 10L 并搅拌均匀。该试液含 Bi^{3+} 和 Pb^{2+} 各约为 $0.01 mol \cdot L^{-1}$，pH≈1，可直接测定。

四、实验内容

移取 25.00mL 待测试液[1] 置于 250mL 锥形瓶中，加入 2 滴二甲酚橙指示剂，用 ED-

TA 标准溶液滴定至由紫红色突变为亮黄色即为第一终点,记录消耗 EDTA 溶液的体积 V_1;向上述试液中滴加 $200g \cdot L^{-1}$ 六亚甲基四胺溶液至呈现稳定的紫红色,再多加 5mL[2],此时溶液 pH 为 5~6,继续用 EDTA 溶液滴定至由紫红色再次突变至亮黄色即为第二终点,记录消耗 EDTA 溶液的体积 V_2。平行测定三次,根据 V_1、V_2 及相关数据计算待测试液中 Bi^{3+}、Pb^{2+} 的含量(以质量浓度 $g \cdot L^{-1}$ 表示)。

五、注意事项

[1] 如果时间允许,待测试样可改为铅铋合金,样品处理过程如下:准确称取合金试样 0.5~0.6g(精确至 0.1mg)置于 100mL 烧杯中,加入 6~7mL 1+2 HNO_3 溶液,盖上表面皿,加热溶解(不可煮沸)。待合金溶解完全后,趁热用 $0.05mol \cdot L^{-1}$ 稀 HNO_3 淋洗表面皿及烧杯壁,冷却后将试液定量转移至 250mL 容量瓶中,用 $0.05mol \cdot L^{-1}$ 稀 HNO_3 定容后摇匀备用。溶解合金时切勿煮沸,溶解完全后应立即停止加热,以免 HNO_3 过度蒸发造成迸溅或 Bi^{3+} 水解。按上述步骤处理后,试液 pH 即在 1 左右,可直接进行 Bi^{3+} 的测定。

[2] 所加六亚甲基四胺是否够量,可在第一次滴定时用精密 pH 试纸检验并适当调整。

六、数据记录与处理

参照附录 11,合理设计表格,记录实验数据,计算试样中 Bi^{3+} 和 Pb^{2+} 的含量 $(g \cdot L^{-1})$,计算公式如下:

$$\rho_{Bi^{3+}} = \frac{c_{EDTA} V_1 A_{Bi}}{25.00} \qquad \rho_{Pb^{2+}} = \frac{c_{EDTA} V_2 A_{Pb}}{25.00}$$

七、思考题

1. 滴定 Bi^{3+} 要控制溶液 pH≈1,pH 过低或过高对测定结果有何影响?实验中是如何控制 pH 的?

2. 滴定 Pb^{2+} 前要调节 pH≈5,为什么用 $(CH_2)_6N_4$ 而不使用强碱或氨水、乙酸钠等弱碱?$(CH_2)_6N_4$ 加入量过多或过少会对滴定产生什么影响?

3. 假定 25mL 试液中 Bi^{3+} 的浓度为 $0.02mol \cdot L^{-1}$,在 pH 1.0 的条件下滴定 Bi^{3+} 后,加入 2g $(CH_2)_6N_4$,pH 值为多少?欲调整溶液的 pH 为 5.0,应加入 $(CH_2)_6N_4$ 多少克?

实验 3-12　食品级 $MnSO_4$ 中 Mn 含量的测定

一、实验目的

1. 学习国家标准方法中食品级 $MnSO_4$ 中 Mn 含量的测定方法;
2. 了解空白试验的做法及用途。

二、实验原理

Mn 是人体必需的微量元素,虽然在人体内含量很少,但在维持人体健康方面却发挥着重要作用,譬如:促进骨骼的正常生长和发育;维持正常的糖代谢和脂肪代谢;维持正常脑功能；抗衰老、抗氧化；预防癌症和贫血等。虽然摄入过量的 Mn 会对人体造成很大危害，但 Mn 缺乏时也对人体健康产生不良影响，必要时需适当加以补充。

国家标准 GB 29208—2012 中规定，作为食品添加剂的 $MnSO_4$ 应满足以下指标：硫酸锰含量（以 $MnSO_4 \cdot H_2O$ 计）$\geqslant 98.0\%$，As、Pb、Se 分别 $\leqslant 3mg \cdot kg^{-1}$、$4mg \cdot kg^{-1}$、$30mg \cdot kg^{-1}$。食品级 $MnSO_4$ 中杂质含量较少，故可在 pH≈10 的氨性缓冲溶液中，以铬黑 T 为指示剂，用 EDTA 标准溶液直接测定 Mn 的含量，但需加入还原剂盐酸羟胺以防止形成高价锰造成误差。该法仅适用于以软锰矿、菱锰矿或金属锰为原料制得的食品级 $MnSO_4$。若 Mn 含量较低，干扰杂质较多，则会产生较大误差，需采用其它测定方法。

三、仪器及试剂

仪器：常用滴定分析仪器一套、电子分析天平（0.1mg）、电加热板。

试剂：

1. EDTA 标准溶液：$0.01mol \cdot L^{-1}$（配制及标定方法参见实验 3-9；以 ZnO 为基准物质，在 pH≈10 的氨性介质中，以 EBT 为指示剂标定）。
2. EBT 指示剂：EBT 与 NaCl 的固体混合物（配制方法见实验 3-9）。
3. 氨性缓冲溶液：pH≈10（配制方法见实验 3-9）。
4. 盐酸羟胺溶液：$100g \cdot L^{-1}$。
5. 待测食品级硫酸锰试样。

四、实验内容

1. 试样中 Mn 含量的测定

用减量法称取 $0.43 \pm 0.02g$ 试样（精确至 0.1mg）于 250mL 锥形瓶中，加入 100mL 水溶解，再加入 10mL 盐酸羟胺溶液、25mL 氨性缓冲溶液和适量铬黑 T 指示剂，加热至沸并保持 15min，稍冷后用 EDTA 标准溶液滴定至由紫红色变为纯蓝色即为终点，记录消耗 EDTA 标准溶液的体积 V。平行测定三次，消耗 EDTA 溶液体积极差应 $\leqslant 0.05mL$。

2. 空白试验[1] 的测定

于 250mL 锥形瓶中加入 100mL 水、10mL 盐酸羟胺溶液、25mL 氨性缓冲溶液和适量铬黑 T 指示剂，加热至沸并保持 15min，稍冷后用 EDTA 标准溶液滴定至由紫红色变为纯蓝色即为终点，记录消耗 EDTA 标准溶液的体积 $V_{空白}$，平行测定三次，求其平均值 $\overline{V}_{空白}$。

五、注意事项

[1] 空白试验是指在不加试样的情况下，用测定试样相同的方法、步骤进行定量分析，把所得结果作为空白值，从样品的分析结果中扣除。空白试验可消除因试剂不纯或试剂干扰等造成的系统误差。

六、数据记录与处理

参照附录 11，合理设计表格，记录实验数据，计算试样中 $MnSO_4 \cdot H_2O$ 的质量百分含量（%），并根据测定结果判断待测试样中 Mn 的含量是否符合食品级 $MnSO_4$ 的要求，计算公式如下：

$$w_{MnSO_4 \cdot H_2O} = \frac{c_{EDTA}(V - \overline{V}_{空白})M_{MnSO_4 \cdot H_2O}}{1000 m_s} \times 100\%$$

七、思考题

1. 食品级 $MnSO_4$ 中痕量杂质 As、Pb、Se 可采用什么方法检测？
2. EDTA 配位滴定法测定 Mn^{2+} 时为什么要加热？为什么要加还原剂？
3. 还有哪些方法可用于食品级 $MnSO_4$ 中 Mn 含量的测定？

实验 3-13　$KMnO_4$ 标准溶液的配制与标定

一、实验目的

1. 掌握 $KMnO_4$ 溶液的配制与保存方法；
2. 掌握 $KMnO_4$ 溶液的标定原理及方法；
3. 掌握以自身指示剂指示滴定终点的判断。

二、实验原理

$KMnO_4$ 是一种强氧化剂，可直接用来测定 Fe^{2+}、As(Ⅲ)、Sb(Ⅲ)、NO_2^-、$C_2O_4^{2-}$、H_2O_2 及其它还原性物质，还可间接测定一些非氧化还原性物质，如能与 $C_2O_4^{2-}$ 定量生成草酸盐沉淀的 Ca^{2+}、Ba^{2+}、Th^{4+} 等离子。

市售 $KMnO_4$ 中常含有少量的 MnO_2 及其它微量杂质如硫酸盐、氯化物和硝酸盐等，其纯度约为 99.0%～99.5%。由于 $KMnO_4$ 氧化性很强，易和水中微量有机物及空气中的尘埃等还原性物质作用，生成的 $MnO(OH)_2$ 沉淀又会进一步促使 $KMnO_4$ 分解。$KMnO_4$ 还能自行分解且见光时分解加快。这些都使得 $KMnO_4$ 的浓度易发生改变，因此 $KMnO_4$ 标准溶液不能直接配制。为了获得浓度较为稳定的 $KMnO_4$ 溶液，必须按以下方法配制：

① 称取稍多于计算用量的 $KMnO_4$ 溶于一定体积的水中；
② 将溶液加热至沸，保持微沸状态约 1h，使水中还原性物质完全氧化；
③ 将冷却后的溶液贮存于棕色玻璃瓶中，于暗处放置一周，然后用玻璃砂芯漏斗过滤除去 $MnO(OH)_2$ 沉淀（滤纸具有还原性，故不能使用）；
④ 将过滤后的 $KMnO_4$ 溶液贮存在棕色玻璃瓶中避光保存，浓度标定后在短期内有效，若长期使用则需定期标定；如需要浓度较稀的 $KMnO_4$ 溶液，可用水临时稀释，标定后立即使用。

标定 $KMnO_4$ 溶液的基准物质很多，有 $H_2C_2O_4 \cdot 2H_2O$、$Na_2C_2O_4$、As_2O_3 和纯铁丝等。$Na_2C_2O_4$ 易提纯、稳定、不含结晶水，在 105～110℃烘干 2h 即可使用，因此最为常用。在 [H^+] 为 0.5～1mol·L^{-1} 的 H_2SO_4 介质中，$KMnO_4$ 与 $C_2O_4^{2-}$ 的反应如下：

$$2MnO_4^- + 5C_2O_4^{2-} + 16H^+ = 2Mn^{2+} + 10CO_2\uparrow + 8H_2O$$

为使反应定量进行，应注意以下滴定条件：

(1) 温度　此反应在室温下速率极慢，需加热至 70～80℃左右滴定。但温度高于 80℃，$H_2C_2O_4$ 会部分分解，导致标定结果偏高。

$$H_2C_2O_4 = CO_2 + CO + H_2O$$

(2) 酸度　酸度过低，MnO_4^- 会被部分还原成 MnO_2；酸度过高，会促进 $H_2C_2O_4$ 分解。一般滴定开始的适宜 [H^+] 约为 0.5～1mol·L^{-1}。为防止诱导氧化 Cl^- 的反应发生，应尽量避免在 HCl 介质中滴定，通常使用 H_2SO_4 介质。

(3) 滴定速度　该反应属于自催化反应，即反应产物 Mn^{2+} 可加速反应的进行。但在开始滴定时，由于不含 Mn^{2+} 或 Mn^{2+} 含量极少，MnO_4^- 与 $C_2O_4^{2-}$ 的反应速率很慢，实验中可观察到起始加入的 $KMnO_4$ 褪色很慢。因此，滴定开始阶段滴定速度不宜太快，否则，滴入的 $KMnO_4$ 来不及与 $C_2O_4^{2-}$ 反应，就在热的酸性溶液中分解，从而导致标定结果偏低。

$$4MnO_4^- + 12H^+ \Longrightarrow 4Mn^{2+} + 5O_2 + 6H_2O$$

MnO_4^- 呈紫红色，其还原产物 Mn^{2+} 几乎无色，在滴定无色或浅色还原物质时，待 MnO_4^- 与还原物质完全反应后，稍过量的 MnO_4^- 使溶液呈现微红色，以此来指示终点。实验证明，当溶液中 MnO_4^- 的浓度约为 $2×10^{-6} mol·L^{-1}$ 时，人眼即可观察到微红色。

三、仪器与试剂

仪器：常用滴定分析仪器一套、电子分析天平（0.1mg）、电加热板、50mL 棕色酸式滴定管、500mL 棕色玻璃试剂瓶。

试剂：

1. $KMnO_4$ 贮备溶液：$0.2mol·L^{-1}$（称取 $KMnO_4$ 约 16g 于 1000mL 烧杯中，加 500mL 水使其溶解，盖上表面皿，加热至沸，保持微沸状态 1h，冷却后转移至棕色玻璃瓶中避光放置[1]。一周后，用 3 号或 4 号玻璃砂芯漏斗或玻璃棉过滤[2]，滤液贮存于另一干净棕色玻璃瓶中，于暗处保存备用）。

2. $Na_2C_2O_4$：基准试剂（于 105℃ 干燥 2h，冷却后装入称量瓶，置于干燥器内保存）。

3. H_2SO_4 溶液：$3mol·L^{-1}$（1+5）。

四、实验内容

1. $KMnO_4$ 溶液（$0.02mol·L^{-1}$）的配制

用量筒量取 40mL $0.2mol·L^{-1}$ $KMnO_4$ 溶液于 500mL 棕色玻璃试剂瓶中，用水荡洗量筒数次，洗液并入上述试剂瓶中，稀释至 400mL，摇匀备用。

2. $KMnO_4$ 溶液（$0.02mol·L^{-1}$）的标定

用减量法称取 $0.20\sim0.22g$ $Na_2C_2O_4$（精确至 0.1mg）[3] 于 250mL 锥形瓶中，加入 30mL 水及 15mL $3mol·L^{-1}$ H_2SO_4 溶液，溶解后加热至 $70\sim80℃$（刚好冒出蒸气，不能煮沸！），趁热用上述 $KMnO_4$ 溶液进行滴定[4]。开始滴定时要慢且摇动均匀，必须等前一滴 $KMnO_4$ 的红色完全褪去后再滴入下一滴；随着滴定过程的进行，滴定速度可适当加快[5]，直至溶液呈微红色并保持 30s 不褪色即为终点[6]，记录消耗 $KMnO_4$ 溶液的体积，根据相关数据计算其准确浓度。平行标定三次，要求三次标定浓度的相对平均偏差 $\leqslant 0.2\%$。

五、注意事项

[1] 也可将 $KMnO_4$ 溶于新煮沸并放冷的水中，置于棕色玻璃瓶内，于暗处放置一周。

[2] 过滤 $KMnO_4$ 溶液的漏斗滤板上的 MnO_2 沉淀，可用还原性溶液如亚铁的酸性溶液除去，再用水冲洗干净。

[3] 根据 $KMnO_4$ 的浓度（$0.02mol·L^{-1}$）和消耗体积（$20\sim30mL$）及其与 $Na_2C_2O_4$ 的计量关系可计算出称取 $Na_2C_2O_4$ 的质量范围为 $0.14\sim0.20g$，但考虑到称量误差的要求，实验中将 $Na_2C_2O_4$ 的称取质量控制在 $0.20\sim0.22g$ 范围内，消耗 $KMnO_4$ 溶液的体积约为

30～33mL。

［4］加热前应将滴定管准备好，加入 $KMnO_4$ 溶液后调节刻线接近"0.00"，这样在加热到所需温度后就可以马上调节刻线至"0.00"，趁热滴定。$KMnO_4$ 溶液最好采用棕色酸式滴定管。$KMnO_4$ 颜色较深，弯月面下缘不易看出，读数时应读取视线与液面两侧的最高点呈水平处的刻度。

［5］整个滴定过程中温度应该保持在60℃以上，必要时可再次加热。

［6］30s 内褪色说明还有少量还原性物质未反应，可补加半滴 $KMnO_4$ 溶液；30s 以后褪色则是空气中还原性物质的作用。

六、数据记录与处理

参照附录11，合理设计表格，记录实验数据，计算所配 $KMnO_4$ 溶液的准确浓度，计算公式如下：

$$c_{KMnO_4} = \frac{2}{5} \times \frac{m_{Na_2C_2O_4}}{M_{Na_2C_2O_4}} \times \frac{1000}{V_{KMnO_4}}$$

七、思考题

1. 用 $Na_2C_2O_4$ 标定 $KMnO_4$ 溶液浓度时，H_2SO_4 溶液的作用是什么？其加入量的多少对标定是否有影响？可否使用 HCl 或者 HNO_3 代替 H_2SO_4？

2. 用 $Na_2C_2O_4$ 标定 $KMnO_4$ 溶液浓度时，适宜的温度范围是多少？温度过高或者过低对滴定有什么影响？

3. 可否在滴定开始前加入少量 $MnSO_4$ 以达到加快反应速度的目的？

实验 3-14　市售双氧水中 H_2O_2 含量的测定

一、实验目的

掌握 $KMnO_4$ 测定 H_2O_2 的原理和方法。

二、实验原理

过氧化氢（H_2O_2）广泛应用于工业、生物和医药等方面，如工业上常利用 H_2O_2 的氧化性漂白毛及丝织物，利用 H_2O_2 的还原性除去氯气；医药上常作为消毒和杀菌剂；在生物上可用于过氧化物酶及过氧化氢酶活性的测定等，因此常需测定它的含量。

H_2O_2 分子中有一个过氧键—O—O—，在酸性溶液中它是一种强氧化剂，但遇到氧化性更强的 $KMnO_4$ 时则表现为还原剂。因此可在室温条件下，在稀 H_2SO_4 介质中用 $KMnO_4$ 标准溶液直接测定 H_2O_2 的含量，反应式如下：

$$5H_2O_2 + 2MnO_4^- + 6H^+ = 2Mn^{2+} + 5O_2\uparrow + 8H_2O$$

该反应开始较慢，滴入的第一滴 $KMnO_4$ 不易褪色，待 Mn^{2+} 生成后，因 Mn^{2+} 的催化作用使反应速度加快。本实验无需外加指示剂，当滴定反应达到化学计量时，稍过量的 $KMnO_4$ 可使溶液呈微红色即为终点。

市售双氧水一般为 30% 或 3% 的 H_2O_2 水溶液，测定时需稀释到适当浓度。H_2O_2 不太稳定，常加入少量乙酰苯胺等有机物质作为稳定剂，此类有机物也会消耗 $KMnO_4$，若对结果准确度要求较高，可采用碘量法或铈量法进行测定。

三、仪器与试剂

仪器：常用滴定分析仪器一套、1.00mL 吸量管、50mL 棕色酸式滴定管。
试剂：
1. $KMnO_4$ 标准溶液：$0.02 mol \cdot L^{-1}$（配制及标定方法参见实验 3-13）。
2. H_2SO_4 溶液：$3 mol \cdot L^{-1}$（1+5）。
3. 市售双氧水：30% 的 H_2O_2 水溶液。

四、实验内容

1. 用吸量管吸取 1.00mL 市售双氧水于 250mL 容量瓶中[1]，加水定容后摇匀[2]。
2. 用移液管移取 25.00mL 上述稀释后的双氧水试液于 250mL 锥形瓶中，加入 15mL $3mol \cdot L^{-1}$ H_2SO_4 溶液[3]，用 $KMnO_4$ 标准溶液滴定到溶液呈微红色并保持 30s 不褪色即为终点，记录消耗 $KMnO_4$ 标准溶液的体积。平行测定 3 次，要求消耗 $KMnO_4$ 溶液体积的极差≤0.05mL。

五、注意事项

[1] 双氧水有强烈的腐蚀性，配制试液时要避免沾到手上。
[2] 稀释后的双氧水应尽快测定，以免部分 H_2O_2 分解影响测定结果。若想保存一段时间，应该用棕色容量瓶稀释并存贮在 4℃ 冰箱中。
[3] H_2O_2 易分解，因此测定在室温下进行。

六、数据记录与处理

参照附录 11，合理设计表格，记录实验数据，计算市售双氧水中 H_2O_2 含量（$g \cdot 100mL^{-1}$），计算公式如下：

$$\rho_{H_2O_2} = \frac{5 c_{KMnO_4} V_{KMnO_4} M_{H_2O_2}}{2 \times 25.00} \times \frac{100}{1000} \times \frac{250.0}{1.000}$$

七、思考题

1. 写出碘量法测定 H_2O_2 的基本反应方程式。
2. 若在滴定过程中出现棕色浑浊现象，你认为可能是什么原因造成的？
3. 用 $KMnO_4$ 法测定 H_2O_2 时，能否用 HNO_3 或 HCl 来控制酸度？

实验 3-15　水中化学需氧量（COD）的测定

一、实验目的

1. 学习环境水质中还原性的有机化合物和无机化合物总量的测定方法；

2. 掌握酸性 $KMnO_4$ 法测定化学需氧量的原理和方法。

二、实验原理

化学需氧量（COD）是指在一定条件下，氧化 1L 水样中还原性物质所消耗的氧化剂的量，以 O_2, $mg \cdot L^{-1}$ 表示。

COD 反映了水体受还原性物质污染的程度，水中的还原性物质有各种有机物、亚硝酸盐、硫化物、亚铁盐等，但主要是有机物，因此，基于水体被有机物污染是很普遍的现象，该指标也作为水质中有机物相对含量的综合指标之一。COD 测定的方法有 $KMnO_4$ 法（COD_{Mn} 也称 $KMnO_4$ 指数）和 $K_2Cr_2O_7$ 法（COD_{Cr} 为标准方法）。对于比较清洁的地表水、饮用水，多采用 $KMnO_4$ 法，但若为工业废水则必须用 $K_2Cr_2O_7$ 法。由于水样在氧化时受氧化剂的种类、浓度、温度、时间及催化剂的影响，因此，COD 值是一个条件性指标，必须严格遵守操作规定。同一个水样，用 COD_{Mn} 法和 COD_{Cr} 法测定所得的数据不一定相同。

本实验试样为鱼塘水，采用 $KMnO_4$ 法测定其 COD 值。

在酸性（H_2SO_4）条件下，试样中加入过量 $KMnO_4$，加热反应一定时间后，再加入过量 $Na_2C_2O_4$ 还原剩余 $KMnO_4$，最后用 $KMnO_4$ 溶液回滴剩余的 $Na_2C_2O_4$，根据测定反应中各物质之间的计量关系计算 COD 的量，以 O_2, $mg \cdot L^{-1}$ 表示。如上所述，这是一个相对的条件性指标，其测定结果与溶液的酸度、$KMnO_4$ 标准溶液的浓度、加热温度和时间有关。主要反应式如下：

$$4MnO_4^- + 12H^+ + 5C == 4Mn^{2+} + 5CO_2 \uparrow + 6H_2O$$
$$2MnO_4^- + 5C_2O_4^{2-} + 16H^+ == 2Mn^{2+} + 10CO_2 \uparrow + 8H_2O$$

本方法适用于 Cl^- 含量不超过 $300mg \cdot L^{-1}$ 的水样。若 Cl^- 含量太高，可加入 Ag_2SO_4（1g Ag_2SO_4 可消除 200mg Cl^- 的干扰）。另外，当水样的 COD_{Mn} 大于 $5mg \cdot L^{-1}$ 时，应适当减少试样量或将水样稀释（稀释原则见后面注意事项）后再进行测定。

水样采集后，应立即加入 H_2SO_4 使 pH<2 以抑制微生物的活动。试样应尽快进行测定，必要时在 0~5℃ 冷藏保存，并在 48h 内测定。

三、仪器与试剂

仪器：常用滴定分析仪器一套、恒温水浴锅、100mL 移液管、10mL 移液管、25mL 棕色酸式滴定管、500mL 棕色玻璃试剂瓶。

试剂：
1. $KMnO_4$ 溶液：$0.2mol \cdot L^{-1}$（实验室提供，配制方法参见实验 3-13）。
2. $Na_2C_2O_4$ 标准溶液：$0.05000mol \cdot L^{-1}$（实验室提供，由 $Na_2C_2O_4$ 基准物直接配制）。
3. H_2SO_4：1+3。
4. 鱼塘水样。

四、实验内容

1. $KMnO_4$（$0.002mol \cdot L^{-1}$）的配制

量取 $0.2mol \cdot L^{-1}$ $KMnO_4$ 溶液 5mL 于棕色玻璃试剂瓶中，加水稀释至 500mL，摇匀后备用。

2. $Na_2C_2O_4$ 标准溶液（$0.005000mol \cdot L^{-1}$）的配制

移取 10.00mL $0.05000mol \cdot L^{-1}$ 的 $Na_2C_2O_4$ 标准溶液于 100mL 容量瓶中，用水定容后

摇匀备用。

3. 待测水样 COD 的测定

(1) 移取水样 100.0mL 于 250mL 锥瓶中（若需稀释水样则酌情移取，再加水稀释至 100mL）。

(2) 加入 5mL H_2SO_4 溶液（1+3），混匀。

(3) 加入 10.00mL 0.002mol·L^{-1} KMnO$_4$ 溶液，摇匀后，立即将锥形瓶置入沸水浴中加热 30min（从水浴重新沸腾起计时）[1]。

(4) 取下锥形瓶，趁热加入 10.00mL 0.005000mol·L^{-1} Na$_2$C$_2$O$_4$ 标准溶液，摇匀后立即用 0.002mol·L^{-1} KMnO$_4$ 溶液滴定至溶液呈微红色并保持 30s 不褪色为终点[2]，记录 KMnO$_4$ 溶液消耗量 V_1。

(5) KMnO$_4$ 溶液浓度的标定：将上述已滴定完毕的溶液加热至约 70℃，准确加入 10.00mL 0.005000mol·L^{-1} Na$_2$C$_2$O$_4$ 标准溶液，再用 0.002mol·L^{-1} KMnO$_4$ 溶液滴定至溶液呈微红色并保持 30s 不褪色为终点，记录 KMnO$_4$ 消耗量 V，计算 KMnO$_4$ 溶液的校正系数 K。$K=10.00/V$。

若水样经稀释，应同时另取 100mL 水，同水样操作步骤进行空白试验，空白试验中 KMnO$_4$ 溶液消耗量为 V_0。

五、注意事项

[1] 在水浴中加热完毕后，溶液仍应保持淡红色，如变浅或全部褪去，说明 KMnO$_4$ 的用量不够。此时，应将水样稀释倍数加大后再测定（样品量以加热氧化后残留的 KMnO$_4$ 为其加入量的 1/3～1/2 为宜）。

[2] 在酸性条件下，Na$_2$C$_2$O$_4$ 和 KMnO$_4$ 的反应温度应保持在 60～80℃，所以滴定操作必须趁热进行，若溶液温度过低，需适当加热。

六、数据记录与处理

参照附录 11，合理设计表格，记录实验数据，根据下列公式计算待测水样的 COD 值。

(1) 水样未经稀释

$$化学耗氧量(O_2, mg·L^{-1}) = \frac{[(10+V_1)K-10] \times c \times 16 \times 1000}{100}$$

式中，V_1 为滴定水样时，KMnO$_4$ 溶液的消耗量，mL；K 为校正系数；c 为 Na$_2$C$_2$O$_4$ 标准溶液的浓度，mol·L^{-1}；16 为 1/2O$_2$ 的摩尔质量。

(2) 水样经稀释

$$化学耗氧量(O_2, mg·L^{-1}) = \frac{\{[(10+V_1)K-10]-[(10+V_0)K-10] \times f\} \times c \times 16 \times 1000}{V_2}$$

式中，V_0 为空白试验中 KMnO$_4$ 溶液消耗量，mL；V_2 为所取水样的体积，mL；f 为稀释水样中含水比值，例如：25.00mL 水样用 75mL 水稀释至 100mL，则 $f=0.75$。

七、思考题

1. 本实验中 COD 的测定采用什么滴定方式？为什么要采用这样的滴定方式？

2. 能否用 HCl 或 HNO$_3$ 来调节水样的酸度？为什么？

3. 若水样中 Cl^- 含量较高,会对测定结果有何影响?应采用什么方法消除?

实验 3-16　石灰石中钙含量的测定

一、实验目的

1. 熟练掌握沉淀、过滤及洗涤等重量分析法的操作;
2. 掌握用 $KMnO_4$ 法测定石灰石中钙含量的原理和方法。

二、实验原理

石灰石的主要成分是 $CaCO_3$,还含有 SiO_2、Fe_2O_3、Al_2O_3 及 MgO 等成分,可采用 $KMnO_4$ 间接滴定法测定它的钙含量。

用 HCl 分解试样后,把 Ca^{2+} 沉淀为 CaC_2O_4 与其它共存组分分离;CaC_2O_4 沉淀经过滤、洗涤后溶于稀 H_2SO_4 中,再用 $KMnO_4$ 标准溶液滴定与 Ca^{2+} 相当的 $C_2O_4^{2-}$;根据 $KMnO_4$ 标准溶液的浓度、用量及计量关系和试样量,可计算得到试样的钙含量(通常以 CaO 的质量百分含量表示)。主要反应式如下:

$$Ca^{2+} + C_2O_4^{2-} = CaC_2O_4 \downarrow$$
$$CaC_2O_4 + H_2SO_4 = CaSO_4 + H_2C_2O_4$$
$$5H_2C_2O_4 + 2MnO_4^- + 6H^+ = 2Mn^{2+} + 10CO_2 \uparrow + 8H_2O$$

为保证 Ca^{2+} 沉淀完全,本实验采用均相沉淀法将 Ca^{2+} 沉淀为 CaC_2O_4,具体做法如下:试样用 HCl 溶解后,加柠檬酸铵掩蔽 Fe^{3+} 和 Al^{3+}。在酸性条件下加入沉淀剂 $(NH_4)_2C_2O_4$(此时 $C_2O_4^{2-}$ 浓度很小,主要以 $HC_2O_4^-$ 形式存在,故不会有 CaC_2O_4 沉淀生成),再滴加稀氨水中和溶液中的 H^+,使 $C_2O_4^{2-}$ 浓度缓缓增大,当达到生成 CaC_2O_4 的浓度时,CaC_2O_4 沉淀会在溶液中慢慢生成,从而得到纯净、颗粒粗大的 CaC_2O_4 晶形沉淀。

CaC_2O_4 沉淀的溶解度随溶液酸度的增加而增大,在 pH≈4 时其溶解损失可以忽略。本实验控制溶液 pH 在 3.5~4.5 之间,既可使 CaC_2O_4 沉淀完全,又不致生成 $Ca_2(OH)_2C_2O_4$ 沉淀而造成误差。

三、仪器与试剂

仪器:常用滴定分析仪器一套、电子分析天平(0.1mg)、电加热板、恒温水浴、表面皿、中速定性滤纸、漏斗、漏斗架。

试剂:

1. $KMnO_4$ 标准溶液:$0.02 mol \cdot L^{-1}$(实验室提供,配制与标定方法参见实验 3-13)。
2. HCl 溶液:$6 mol \cdot L^{-1}$ (1+1)。
3. H_2SO_4 溶液:$1 mol \cdot L^{-1}$。
4. 氨水:1+1(约 $7 mol \cdot L^{-1}$)。
5. $(NH_4)_2C_2O_4$ 溶液:$50 g \cdot L^{-1}$。
6. 柠檬酸铵溶液:$100 g \cdot L^{-1}$。

7. 甲基橙指示剂：$2g \cdot L^{-1}$。
8. $AgNO_3$ 溶液：$0.1 mol \cdot L^{-1}$。
9. HNO_3 溶液：$2 mol \cdot L^{-1}$。
10. 待测石灰石试样。

四、实验内容

1. 试样的溶解

用减量法称取石灰石试样 $0.15\sim0.20g$（精确至 $0.1mg$）2 份，置于已编号的 250mL 烧杯中，滴加几滴水润湿，盖上表面皿，从烧杯嘴缓慢滴入 10mL $6 mol \cdot L^{-1}$ HCl 溶液，轻轻摇动烧杯使试样溶解。待停止发泡后加热煮沸 2min，冷却后用水淋洗表面皿和烧杯内壁，并稀释溶液至 75mL。

2. CaC_2O_4 沉淀的制备

在上述溶液中加入 5mL $100g \cdot L^{-1}$ 柠檬酸铵溶液和 2 滴甲基橙指示剂（此时溶液呈红色），再加入 20mL $50g \cdot L^{-1}$ $(NH_4)_2C_2O_4$ 溶液，用恒温水浴加热至 $70\sim80℃$，在不断搅拌下以每秒 $1\sim2$ 滴的速度滴加 1+1 氨水至恰好黄色为止，盖上表面皿，置于 $70\sim80℃$ 水浴上陈化 30min[1]，期间用玻璃棒搅拌几次[2]，然后取出自然冷却至室温。

3. CaC_2O_4 沉淀的过滤和洗涤

用中速定性滤纸以倾泻法过滤。用冷的 $1g \cdot L^{-1}$ $(NH_4)_2C_2O_4$ 溶液［由 $50g \cdot L^{-1}$ $(NH_4)_2C_2O_4$ 溶液自行稀释］洗涤沉淀 $3\sim4$ 次，每次用量 15mL，再用水洗至滤液不含 Cl^- 为止（用表面皿接取 $5\sim6$ 滴滤液，加 1 滴 $AgNO_3$ 溶液和 1 滴 HNO_3 溶液，混匀后放置 1min，如无浑浊现象，证明滤液中不含 Cl^-）。

4. CaC_2O_4 沉淀的溶解和测定

将带有沉淀的滤纸小心展开并贴在原存放沉淀的烧杯内壁上，用 50mL $1 mol \cdot L^{-1}$ H_2SO_4 溶液分多次将滤纸上的沉淀仔细冲洗到烧杯内，再用水稀释至 100mL，加热至 $70\sim80℃$，用 $0.02 mol \cdot L^{-1}$ $KMnO_4$ 标准溶液滴定至溶液呈微红色，再将滤纸浸入溶液中，用玻璃棒将其轻轻展开与溶液充分接触[3]，若溶液褪色，再滴加 $KMnO_4$ 溶液，直至微红色出现并在 30s 内不褪色即达终点，记下消耗 $KMnO_4$ 标准溶液的体积。

五、注意事项

[1] 陈化过程中若溶液变红，可补加 1+1 氨水使溶液恰变至黄色。
[2] 玻璃棒不要取出。
[3] 切勿将滤纸捣碎！

六、数据记录与处理

参照附录 11，合理设计表格，记录实验数据，计算试样中 CaO 的质量百分数（%），两组平行测定结果的相对平均偏差应小于 0.05%。

$$w_{CaO} = \frac{5}{2} \times \frac{c_{KMnO_4} V_{KMnO_4} M_{CaO}}{1000 m_s} \times 100\%$$

七、思考题

1. 沉淀 Ca^{2+} 时，为什么要在酸性溶液中加入 $(NH_4)_2C_2O_4$ 后再慢慢滴加氨水，调节溶液至甲基橙变为黄色?

2. 洗涤 CaC_2O_4 沉淀时,为什么先用 $(NH_4)_2C_2O_4$ 溶液洗,再用水洗?为什么要洗到滤液不含 Cl^- 为止?怎样判断 $C_2O_4^{2-}$ 洗净没有?怎样判断 Cl^- 洗净没有?

3. 试比较 $KMnO_4$ 法与 EDTA 配位滴定法测定石灰石中钙含量的优缺点。

实验 3-17 $K_2Cr_2O_7$ 法测定铁矿石中铁的含量(无汞法)

一、实验目的

1. 学习矿样的酸分解方法;
2. 了解测定前对试样预处理的意义和掌握预还原的操作;
3. 了解氧化还原指示剂的应用及指示终点的原理;
4. 掌握 $SnCl_2$-$TiCl_3$-$K_2Cr_2O_7$ 法测定铁的原理和操作方法。

二、实验原理

含铁的矿物种类很多。其中有工业价值可以作为炼铁原料的铁矿石主要有:磁铁矿(Fe_3O_4)、赤铁矿(Fe_2O_3)、褐铁矿($Fe_2O_3 \cdot nH_2O$)和菱铁矿($FeCO_3$)等。测定铁矿石中铁含量最常用的方法是 $K_2Cr_2O_7$ 法。经典的 $K_2Cr_2O_7$ 法(即 $SnCl_2$-$HgCl_2$-$_2Cr_2O_7$ 法),测定准确、方法简便,但所用 $HgCl_2$ 是剧毒物质,会严重污染环境,因此现在多采用无汞分析法,即 $TiCl_3$-$K_2Cr_2O_7$ 法,常采用 $SnCl_2$-$TiCl_3$ 联合还原。其基本原理是:称取一定量制备好的铁矿石试样,用热盐酸分解完全后,在体积较小的热溶液中,加入 $SnCl_2$ 将大部分 Fe^{3+} 还原为 Fe^{2+},溶液由红棕色变为浅黄色;再以 Na_2WO_4 为指示剂,用 $TiCl_3$ 将剩余的 Fe^{3+} 全部还原成 Fe^{2+},当 Fe^{3+} 定量被还原为 Fe^{2+} 后,过量 1~2 滴 $TiCl_3$ 溶液,即可使溶液中的 Na_2WO_4 还原为蓝色的五价钨化合物(俗称"钨蓝"),此时溶液呈蓝色;滴入少量 $K_2Cr_2O_7$ 将过量的 $TiCl_3$ 氧化,"钨蓝"刚好褪色,表明所加过量的还原性物质已被完全除去;然后再加入硫磷混酸和二苯胺磺酸钠指示剂,立即用 $K_2Cr_2O_7$ 标准溶液滴定至溶液呈稳定的紫色即为终点。主要反应式如下:

$$Fe_2O_3 + 6HCl = 2Fe^{3+} + 6Cl^- + 3H_2O$$

$$2Fe^{3+} + Sn^{2+} = 2Fe^{2+} + Sn^{4+}$$

$$Fe^{3+} + Ti^{3+} = Fe^{2+} + Ti^{4+}$$

$$6Fe^{2+} + Cr_2O_7^{2-} + 14H^+ = 6Fe^{3+} + 2Cr^{3+} + 7H_2O$$

滴定过程中生成的 Fe^{3+} 呈黄色,影响终点的判断,通常加入 H_3PO_4,使之与 Fe^{3+} 生成无色 $[Fe(PO_4)_2]^{3-}$ 以降低 Fe^{3+} 浓度,同时还可降低 Fe^{3+}/Fe^{3+} 电对的电极电位,使滴定终点,即指示剂变色点的电位落在滴定的电位突跃范围之内,以获得更好的测定结果。

三、仪器与试剂

仪器:常用滴定分析仪器一套、电子分析天平(0.1mg)、电加热板、表面皿。

试剂:

1. $K_2Cr_2O_7$:基准试剂(于 140℃ 干燥 2h,贮于干燥器中)。

2. HCl 溶液：6mol·L^{-1}（1+1）。

3. SnCl$_2$ 溶液：50g·L^{-1}（称取 5g 不含铁的 SnCl$_2$·2H$_2$O 溶于 10mL 浓 HCl 中，若有必要可稍加热，然后用水稀释至 100mL，转移入具塞试剂瓶中，加入几粒锡粒以防止空气氧化，盖严贮存）。

4. TiCl$_3$ 溶液：1.5%［量取 10mL TiCl$_3$ 试剂（15%～20%），用 HCl 溶液（1+8）稀释至 100mL，转入棕色细口瓶中，加入 10 粒无砷锌粒放置过夜］。

5. Na$_2$WO$_4$ 溶液：20g·L^{-1}（称取 20g Na$_2$WO$_4$ 溶于适量水中，如浑浊需过滤，加 10mL 浓 H$_3$PO$_4$，用水稀释至 100mL）。

6. H$_2$SO$_4$-H$_3$PO$_4$ 混合液：在搅拌下将 200mL 浓 H$_2$SO$_4$ 缓缓加入 500mL 水中，冷却后再加入 300mL 浓 H$_3$PO$_4$，混匀。

7. CuSO$_4$ 溶液：4g·L^{-1}。

8. 二苯胺磺酸钠指示剂：5g·L^{-1}（贮存于棕色小滴瓶中，该溶液较稳定，但变为深绿色时则不能继续使用）。

四、实验内容

1. K$_2$Cr$_2$O$_7$ 标准溶液（0.01667mol·L^{-1}）的配制

用增量法准确称取 1.2260g K$_2$Cr$_2$O$_7$ 于 100mL 烧杯中，加入适量水，溶解完全后定量转移至 250mL 容量瓶中，用水定容后摇匀。

2. 试样中铁含量的测定

（1）分解试样：称取铁矿样品 0.2g（精确至 0.1mg），置于 250mL 锥形瓶中，用几滴水润湿后加入 20mL 6mol·L^{-1} HCl 溶液，小火加热至近沸，待矿样大部分溶解后，缓缓煮沸 1～2min，使矿样分解完全（即无黑色颗粒状物质存在。如仍有黑色残渣存在，可加入少量 SnCl$_2$ 溶液助溶；对于难溶或含硅量较高的试样，可加入少量 NaF 促进试样的溶解），此时溶液呈红棕色。

（2）Fe^{3+} 的还原[1~2]：趁热用滴管小心滴加 50g·L^{-1} SnCl$_2$，边滴边摇动，直到溶液由红棕色变为浅黄色（若 SnCl$_2$ 过量，溶液的黄色完全消失呈无色，则应加入少量 K$_2$Cr$_2$O$_7$ 溶液使溶液呈浅黄色）。用少量水吹洗瓶壁和表面皿后，加入 50mL 水和 5 滴 20g·L^{-1} Na$_2$WO$_4$ 溶液。将试液加热至 80℃左右，在摇动下逐滴加入 TiCl$_3$ 至溶液出现浅蓝色，再过量 2 滴。用自来水将试样冷却至室温后，小心滴加 K$_2$Cr$_2$O$_7$ 标准溶液至蓝色刚刚消失[3]，此时溶液呈浅绿或无色（K$_2$Cr$_2$O$_7$ 标准溶液用滴定管加入即可，消耗体积不必记录）。

（3）Fe^{2+} 的测定：在上述试液中加入 50mL 水、10mL 硫磷混酸和 2～3 滴二苯胺磺酸钠指示剂，摇匀后，立即[4]用 K$_2$Cr$_2$O$_7$ 标准溶液滴定至紫红色为终点，记录消耗 K$_2$Cr$_2$O$_7$ 标准溶液的体积。

平行测定三份试样，根据相关数据计算铁矿样品中铁的百分含量（%）。

五、注意事项

[1] 滴定前的样品预处理，其目的是要将试液中的铁全部还原为 Fe^{2+}，再用 K$_2$Cr$_2$O$_7$ 标准溶液测定总铁量。

[2] 本实验样品预处理操作中，单独使用 SnCl$_2$ 时无法控制其恰好将试液中的 Fe^{3+} 还原，且过量的 SnCl$_2$ 也不能还原 Na$_2$WO$_4$ 生成"钨蓝"指示预还原的定量完成；单独使用

$TiCl_3$ 还原 Fe^{3+} 效果也不好,因为引入太多的钛盐,滴定前加水稀释试样时,易出现大量的四价钛盐沉淀,影响测定。因此,目前采用无汞 $K_2Cr_2O_7$ 法测铁时,只能采用 $SnCl_2$-$TiCl_3$ 联合预还原的方法进行测定前的预处理。

［3］"钨蓝"可被空气氧化,Cu^{2+} 能催化该反应,因此可在生成"钨蓝"的试液中加入几滴 $4g·L^{-1}$ 的 $CuSO_4$ 溶液,摇动至蓝色褪去,而无需用 $K_2Cr_2O_7$ 溶液氧化。

［4］硫磷混酸的加入降低了 Fe^{3+}/Fe^{3+} 电对的电极电位,使得 Fe^{2+} 易被空气氧化而造成误差,因此加入硫磷混酸后应立即滴定。

六、数据记录与处理

参照附录11,合理设计表格,记录实验数据,计算铁矿样品中的铁百分含量(%),计算公式如下:

$$w_{Fe} = \frac{6c_{K_2Cr_2O_7} V_{K_2Cr_2O_7} M_{Fe}}{1000 m_s} \times 100\%$$

七、思考题

1. 以 $SnCl_2$ 还原 Fe^{3+} 为 Fe^{2+} 应在什么条件下进行?$SnCl_2$ 加的不足或过量太多,将造成什么后果?
2. 本实验采用的 $SnCl_2$-$TiCl_3$ 联合预还原法有什么特点?
3. 加入 H_2SO_4-H_3PO_4 混合酸的目的何在?
4. 如果将三份平行测定的试样都处理完再进行测定,应处理到哪一步?

实验3-18 $Na_2S_2O_3$ 标准溶液的配制与标定

一、实验目的

1. 掌握 $Na_2S_2O_3$ 标准溶液的配制方法和使用注意事项;
2. 了解间接碘量法的过程、原理,并掌握用基准物质 $K_2Cr_2O_7$ 标定 $Na_2S_2O_3$ 溶液的方法;
3. 掌握碘量瓶的使用和正确判断淀粉指示剂指示终点的方法。

二、实验原理

市售 $Na_2S_2O_3·5H_2O$ 试剂中常含有 Na_2SO_3、Na_2SO_4、Na_2CO_3、$NaCl$ 和 S 等微量杂质,并且放置过程中易风化和潮解,因此不能直接用来配制标准溶液。$Na_2S_2O_3$ 溶液也不稳定,其原因主要有以下几点:①被酸分解,即使水中溶解的 CO_2 也能使它分解;②微生物的作用,水中存在的微生物会消耗 $Na_2S_2O_3$ 中的硫使之变为 Na_2SO_3,这是溶液浓度变化的主要原因;③空气的氧化作用,该作用比较慢,少量 Cu^{2+} 等杂质会加速此反应。相关反应式如下所示:

$$Na_2S_2O_3 + CO_2 + H_2O \Longrightarrow NaHSO_3 + NaHCO_3 + S\downarrow$$

$$Na_2S_2O_3 \xrightarrow{微生物} Na_2SO_3 + S\downarrow$$

$$2Na_2S_2O_3 + O_2 = 2Na_2SO_4 + 2S\downarrow$$

因此配制 $Na_2S_2O_3$ 溶液必须采用新煮沸并冷却的水,其目的是除去水中溶解的 CO_2 和 O_2 并杀死微生物。加入少量 Na_2CO_3 ($0.2g\cdot L^{-1}$) 维持溶液 pH 在 9~10,可抑制微生物的生长,保持 $Na_2S_2O_3$ 稳定。配好的溶液应保存在洁净的棕色细口试剂瓶中,置于暗处保存。最好能放置 7~10 天,待其浓度稳定后再进行标定。

标定 $Na_2S_2O_3$ 可采用 $K_2Cr_2O_7$、KIO_3 等基准物质以间接碘量法进行。以 $K_2Cr_2O_7$ 为例,在酸性条件下,它与过量的 KI 反应析出 I_2,然后以淀粉为指示剂,用 $Na_2S_2O_3$ 溶液滴定,相关反应如下:

$$Cr_2O_7^{2-} + 9I^- + 14H^+ = 3I_3^- + 2Cr^{3+} + 7H_2O$$
$$2S_2O_3^{2-} + I_3^- = S_4O_6^{2-} + 3I^-$$

$K_2Cr_2O_7$ 与 I^- 的反应较慢,需加入过量的 KI 并提高酸度来加快反应速率。酸度过高会加速空气氧化 I^-,一般控制 $[H^+] \approx 0.6 mol\cdot L^{-1}$,并在暗处放置 5min 以使反应完成。用 $Na_2S_2O_3$ 滴定前最好用水稀释,既能降低酸度以减少空气对 I^- 的氧化,又可使终点产物 Cr^{3+} 的绿色减弱,便于观察终点。淀粉在有 I^- 存在时能与 I_2 形成蓝色可溶性吸附化合物,使溶液呈蓝色。达到终点时,溶液中的 I_2 全部与 $Na_2S_2O_3$ 作用,则蓝色消失。淀粉指示剂应在滴定至近终点时加入,否则 I_2-淀粉吸附化合物会吸留部分 I_2,而这部分 I_2 较难与 $Na_2S_2O_3$ 发生反应,致使终点提前且难以观察。

三、仪器与试剂

仪器:常用滴定分析仪器一套、电子分析天平(0.1mg)、电子台秤(0.1g)、250mL 碘量瓶。

试剂:
1. $K_2Cr_2O_7$:基准试剂物质或优级纯(于 140℃ 干燥 2h,贮于干燥器中,一周内有效)。
2. $Na_2S_2O_3\cdot 5H_2O$:固体。
3. Na_2CO_3:固体。
4. KI 溶液:$100g\cdot L^{-1}$。
5. H_2SO_4 溶液:$3mol\cdot L^{-1}$ (1+5)。
6. 淀粉指示剂:$5g\cdot L^{-1}$(称取 5g 淀粉置于小烧杯中,加水调成糊状,在搅动下缓慢加到煮沸的 1L 水中,继续煮沸至透明,然后冷却至室温,转移至洁净的滴瓶中,保存在 4℃ 冰箱中。夏天一周内有效,冬天两周内有效)。

四、实验内容

1. $K_2Cr_2O_7$ 标准溶液($0.01667mol\cdot L^{-1}$)的配制

准确称取 1.2260g $K_2Cr_2O_7$ 于小烧杯中,加入适量水,搅拌至完全溶解后,定量转移至 250mL 容量瓶中,用水定容后摇匀。

2. $Na_2S_2O_3$ 标准溶液($0.1mol\cdot L^{-1}$)的配制与标定

(1) 称取 12.5g $Na_2S_2O_3\cdot 5H_2O$ 于烧杯中,用 500mL 新煮沸并冷却的溶解,然后加入 0.1g Na_2CO_3,搅拌溶解后转入棕色细口具塞试剂瓶中,放置暗处一周后标定[1]。

(2) 移取 25.00mL $K_2Cr_2O_7$ 标准溶液置于 250mL 碘量瓶[2]中,加入 15mL $100g\cdot L^{-1}$ 的 KI 溶液和 10mL $3mol\cdot L^{-1}$ H_2SO_4 溶液[3],立即盖好瓶塞,摇匀后在暗处[4] 放置

5min，然后加入 100mL 水稀释[5]，立即用 $Na_2S_2O_3$ 标准溶液滴定至浅黄绿色[6]，再加入 2mL 5g·L^{-1} 淀粉溶液[7]，继续滴定至溶液突变为亮蓝绿色即为终点[8]，记录所消耗 $Na_2S_2O_3$ 溶液的体积，根据相关数据计算 $Na_2S_2O_3$ 溶液的浓度。平行标定三次[9]，消耗 $Na_2S_2O_3$ 溶液的体积极差≤0.05mL。

五、注意事项

[1] 应根据实验安排提前配制 $Na_2S_2O_3$ 溶液，放置一周后标定。若实验条件不允许，亦可现配现用，但会使测定误差增大。

[2] I_2 易挥发，因此碘量法实验应采用碘量瓶，亦可在普通锥形瓶上加盖表面皿以防止 I_2 的挥发。

[3] 为加快反应的进行，需加入过量的 KI 并提高溶液酸度。但 KI 浓度不要超过 40g·L^{-1}，否则淀粉指示剂颜色转变不灵敏；[H^+] 应控制在 0.6mol·L^{-1} 左右，过低反应进行缓慢，过高易加速空气氧化 I^-。

[4] 防止光照催化 O_2 氧化 I^-。

[5] 稀释可降低酸度，以防止 $Na_2S_2O_3$ 滴入后分解及 I^- 的进一步氧化，亦可减小滴定产物 Cr^{3+} 的绿色对终点的影响。

[6] 滴定开始时宜慢摇快滴防止 I_2 的挥发，溶液呈浅黄绿色时（I_3^- 黄色＋Cr^{3+} 绿色），表示 I_2 已不多，临近终点。

[7] 淀粉指示剂应在临近终点时加入。若加入过早，会有过多的 I_2 与淀粉形成蓝色吸附配合物，此部分 I_2 不易与 $Na_2S_2O_3$ 反应，从而产生测定误差。

[8] 滴定结束后溶液若在 5min 内不变蓝色，说明反应进行完全；若在 5min 内或甚至很快就变回蓝色，则说明溶液稀释太早，$K_2Cr_2O_7$ 和 KI 的反应尚未进行完全，反应又析出游离 I_2 所致，遇此情况，需重做实验。溶液放置 5min 以上变成蓝色，可认为是空气中的 O_2 氧化酸性溶液中的 I^- 生成 I_2 所致，与操作无关。

[9] I_2 易挥发且过量的 I^- 可能会被空气中的 O_2 氧化，因此必须滴定完一份后再处理下一份试样。

六、数据记录与处理

参照附录 11，合理设计表格，记录实验数据，根据相关数据计算所配 $Na_2S_2O_3$ 溶液的浓度（mol·L^{-1}），计算公式如下：

$$c_{Na_2S_2O_3} = \frac{6c_{K_2Cr_2O_7}V_{K_2Cr_2O_7}}{V_{Na_2S_2O_3}}$$

七、思考题

1. $Na_2S_2O_3$ 溶液应如何配制？
2. 为什么不能用基准物质 $K_2Cr_2O_7$ 直接标定 $Na_2S_2O_3$ 溶液而采取间接法？$K_2Cr_2O_7$ 与 KI 的反应为什么必须在酸性条件下进行？滴定开始前为什么加水稀释？
3. 淀粉指示剂的用量是否能和其它滴定时一样只加几滴？
4. 为什么用 $Na_2S_2O_3$ 溶液滴定 I_2 溶液时，淀粉指示剂必须在临近终点时才能加入？如果是 I_2 溶液滴定 $Na_2S_2O_3$ 溶液呢？试分别阐述淀粉指示剂在直接碘量法和间接碘量法中指示终点的原理。

实验 3-19　间接碘量法测定胆矾（$CuSO_4 \cdot 5H_2O$）中的铜含量

一、实验目的

1. 掌握间接碘量法测定铜的原理和实验操作；
2. 进一步掌握淀粉指示剂在碘量法中终点颜色的判断。

二、实验原理

间接碘量法是铜含量测定时通常采用的方法，其基本原理如下：Cu^{2+} 可被 I^- 还原为 CuI，同时析出与之存在一定计量关系的 I_2（在过量 I^- 存在下以 I_3^- 形式存在）。反应如下：

$$2Cu^{2+} + 5I^- = 2CuI\downarrow + I_3^-$$

该反应中 I^- 不仅是还原剂，而且也是 Cu^+ 的沉淀剂（可提高 Cu^{2+}/Cu^+ 电对的电极电位，使得 Cu^{2+} 可被 I^- 定量还原）和 I_2 的配位剂（增大 I_2 的溶解度，以避免其挥发），实验中必须加入过量的 KI 以保证 Cu^{2+} 可被全部还原。析出的 I_2 可以淀粉指示，用 $Na_2S_2O_3$ 标准溶液测定，反应如下：

$$2S_2O_3^{2-} + I_3^- = S_4O_6^{2-} + 3I^-$$

CuI 沉淀表面易吸附少量 I_3^-，使终点变色不敏锐并导致测定结果偏低。可在邻近终点时加入 SCN^-，将 CuI 沉淀（$K_{sp} = 1.0 \times 10^{-12}$）转化为溶解度更小且基本不吸附 I_3^- 的 CuSCN 沉淀（$K_{sp} = 4.8 \times 10^{-15}$），使被吸附的 I_3^- 释放出来而使反应更趋完全，终点变色敏锐。SCN^- 应在临近终点前加入以避免被大量存在的 I_3^- 氧化。

以上反应需在弱酸性条件下进行。酸度过高，I^- 易被空气中的 O_2 氧化为 I_2；酸度过低，Cu^{2+} 水解会使反应不完全，且反应速率慢，终点拖长。

若待测试样中不含干扰组分，譬如胆矾，反应通常可在 $0.2 mol \cdot L^{-1}$ 的 H_2SO_4 介质中进行；若待测试样为铜合金或铜矿等，则需考虑 Fe^{3+}、As（V）、Sb（V）等对测定结果的影响，通常采用 NH_4HF_2 控制溶液 pH 为 3.5～4.0，此时 F^- 可掩蔽 Fe^{3+}，As（V）、Sb（V）的氧化性也降低至无法氧化 I^-。

三、仪器与试剂

仪器：常用滴定分析仪器一套、电子分析天平（0.1mg）。

试剂：

1. $Na_2S_2O_3$ 标准溶液：$0.1 mol \cdot L^{-1}$（配制与标定参见实验 3-18）。
2. KI 溶液：$100 g \cdot L^{-1}$。
3. H_2SO_4 溶液：$3 mol \cdot L^{-1}$（1+5）。
4. KSCN（或 NH_4SCN）溶液：$100 g \cdot L^{-1}$。
5. 淀粉溶液：$5 g \cdot L^{-1}$（新鲜配制，配制方法见实验 3-18）。
6. 待测胆矾试样。

四、实验内容

用减量法称取胆矾固体试样（0.63±0.3）g（精确到 0.1mg）置于 250mL 锥形瓶[1]中，加入 25mL 水溶解，再加入 2mL 3mol·L^{-1} H_2SO_4 溶液和 15mL 100g·L^{-1} KI 溶液[2]，摇匀后立即用 $Na_2S_2O_3$ 标准溶液滴定至浅土黄色[3]，然后加入 2mL 5g·L^{-1} 的淀粉溶液[4]，继续滴定至浅灰蓝色时，再加入 10mL 100g·L^{-1} KSCN 溶液，充分摇动后（此时灰蓝色加深）[5]，再用 $Na_2S_2O_3$ 标准溶液滴定至灰蓝色刚消失，溶液呈现米色或者粉色为终点[6]，记录所消耗的 $Na_2S_2O_3$ 标准溶液的体积，根据相关数据计算胆矾试样中 Cu 的百分含量（%）。平行测定三次[7]，平均相对偏差应≤0.3%。

五、注意事项

[1] 反应瞬间完成，无需放置，因此不需要使用碘量瓶。

[2] 胆矾试样中一般不存在 Fe^{3+} 等的干扰，因此不必调节 pH 至 3.5~4.0 及加入 NH_4HF 试剂。

[3] CuI 为白色沉淀，因此呈现出来的为浅土黄色浑浊液。

[4] 淀粉指示剂应在临近终点时加入。如果加入过早，会有过多的 I_2 与淀粉形成蓝色吸附配合物，此部分 I_2 不容易与 $Na_2S_2O_3$ 反应，从而会产生测定误差。

[5] CuI 转化为 CuSCN 后释放出被其吸附的少量 I_2，因此蓝色加深。

[6] CuI 为白色沉淀，但终点时的悬浊液呈米色或粉色。

[7] I_2 易挥发且过量的 I^- 可能会被空气中的 O_2 氧化，因此必须滴定完一份后再处理下一份试样。

六、数据处理

参照附录 11，合理设计表格，记录实验数据，计算胆矾试样中 Cu 的百分含量（%），计算公式如下：

$$w_{Cu} = \frac{c_{Na_2S_2O_3} V_{Na_2S_2O_3} A_{Cu}}{1000 m_s} \times 100\%$$

七、思考题

1. 测定铜离子含量时，加入 KSCN 溶液的作用是什么？为什么不能提早加入？
2. 如欲采用碘量法测定铜合金中铜的含量，你认为应该如何处理试样？滴定条件与本实验有什么区别？

实验 3-20　碘标准溶液的配制与标定

一、实验目的

1. 掌握 I_2 标准溶液的配制和保存方法；
2. 掌握 I_2 溶液标定方法的基本原理、反应条件、操作步骤和计算。

二、实验原理

利用升华法可制备高纯度的 I_2，但升华会造成 I_2 的称量损失，且 I_2 蒸气对天平也有一定的腐蚀性，因此 I_2 标准溶液的配制通常采用间接法，即先配制近似浓度的 I_2 溶液，再用基准物质标定其准确浓度。

I_2 微溶于水而易溶于 KI 溶液，但在稀的 KI 溶液中溶解速度很慢，因此配制 I_2 溶液时，先将 I_2 与 KI 混合，加少量水充分研磨。然后加水溶解，待溶解完全后再进行稀释。I_2 与 KI 间存在如下平衡：

$$I_2 + I^- \rightleftharpoons I_3^-$$

游离 I_2 易挥发损失，这是影响碘溶液稳定性的主要原因之一。I_2 溶液中应维持适当过量的 I^-，以减少 I_2 的挥发。但空气能氧化 I^-，引起 I_2 浓度增加：

$$4I^- + O_2 + 4H^+ \rightleftharpoons 2I_2 + 2H_2O$$

该氧化作用虽然缓慢，但能在光、热及酸的作用下加速，因此 I_2 溶液应贮于棕色磨口试剂瓶中并置于阴暗处保存。I_2 能缓慢腐蚀橡胶和其它有机物，应避免 I_2 溶液与这类物质接触。

I_2 溶液可用基准物质 As_2O_3（俗称砒霜）直接标定，也可用 $Na_2S_2O_3$ 标准溶液进行间接标定。As_2O_3 为剧毒物质，其使用有严格的要求，因此本实验采用 $Na_2S_2O_3$ 标准溶液来标定 I_2 溶液的准确浓度，反应如下：

$$2S_2O_3^{2-} + I_3^- \rightleftharpoons S_4O_6^{2-} + 3I^-$$

三、仪器与试剂

仪器：常用滴定分析仪器一套、电子台秤（0.1g）、陶瓷研钵、50mL 棕色酸式滴定管、250mL 棕色玻璃试剂瓶。

试剂：

1. $Na_2S_2O_3$ 标准溶液：$0.1 mol \cdot L^{-1}$（配制与标定方法见实验 3-18）。
2. I_2：固体。
3. KI：固体。
4. 淀粉溶液：$5 g \cdot L^{-1}$（新鲜配制，配制方法见实验 3-18）。

四、实验内容

1. I_2 溶液（$0.05 mol \cdot L^{-1}$）的配制[1]

称取 3.3g I_2 与 5g KI 置于研钵中，加入少量水，在通风橱中研磨，待全部溶解后，转入棕色试剂瓶中，用水洗涤研钵数次，洗液并入试剂瓶中，稀释至 250mL 后摇匀。

2. I_2 溶液（$0.05 mol \cdot L^{-1}$）的标定

移取 25.00mL $Na_2S_2O_3$ 标准溶液于 250mL 锥形瓶中[2]，加入 50mL 水和 2mL $5g \cdot L^{-1}$ 淀粉溶液，用 I_2 溶液滴定至蓝色并在 30s 内不褪色即为终点，记录消耗 I_2 溶液的体积。平行标定三次，要求消耗 I_2 溶液体积的极差 ≤0.05mL。

五、注意事项

[1] I_2 溶液配制和装液时应戴上手套；I_2 易受有机物影响，不可使用软木塞、橡皮塞，并应贮存于棕色玻璃瓶中避光保存；I_2 对碱式滴定管的橡胶管有腐蚀作用，应选用棕色酸式滴定管来装 I_2 溶液；做完实验后，剩余的 I_2 溶液应倒入回收瓶中。

[2] 也可移取一定体积的待标定 I_2 溶液于锥形瓶中，用 $Na_2S_2O_3$ 标准溶液滴定，淀粉指示剂在临近终点前加入。应根据后续实验选择合适的标定方式。

六、数据处理

参照附录 11，合理设计表格，记录实验数据，计算所配制 I_2 溶液的浓度（$mol \cdot L^{-1}$），计算公式如下：

$$c_{I_2}=\frac{c_{Na_2S_2O_3}V_{Na_2S_2O_3}}{2V_{I_2}}$$

七、思考题

1. 要将研磨好的 I_2 与 KI 混合液（浓、在研钵中）转移入试剂瓶中时，应如何操作？
2. I_2 溶液应装入何种滴定管中？为什么？装入滴定管后看不清弯月面，应如何读数？
3. 试解释为什么本实验的滴定终点为蓝色？淀粉指示剂是否需要在临近终点时加入？

实验 3-21 葡萄糖注射液中葡萄糖含量的测定

一、实验目的

1. 学习间接碘量法测定葡萄糖含量的方法原理，进一步掌握碘量法的实验操作；
2. 熟悉碘价态变化的条件及其在测定葡萄糖时的应用。

二、实验原理

在碱性溶液中，I_2 与 NaOH 作用可生成次碘酸钠（NaIO），NaIO 可将葡萄糖（$C_6H_{12}O_6$）分子中的醛基定量地氧化成羧基，使葡萄糖变成葡萄糖酸（$C_6H_{12}O_7$），过量的 NaIO 歧化为 $NaIO_3$ 和 NaI。将溶液酸化后，$NaIO_3$ 与 NaI 反应恢复成 I_2 析出，用 $Na_2S_2O_3$ 标准溶液滴定析出的 I_2，从而可计算出葡萄糖的含量。涉及的反应如下。

(1) I_2 与 NaOH 作用生成 NaIO 和 NaI：
$$I_2+2OH^- \Longrightarrow IO^-+I^-+H_2O$$

(2) $C_6H_{12}O_6$ 和 NaIO 定量作用：
$$C_6H_{12}O_6+IO^- \Longrightarrow C_6H_{12}O_7+I^-$$
总反应式为：$I_2+C_6H_{12}O_6+2OH^- \Longrightarrow C_6H_{12}O_7+2I^-+H_2O$

(3) 未与 $C_6H_{12}O_6$ 作用的 NaIO 在碱性溶液中歧化成 NaI 和 $NaIO_3$：
$$3IO^- \Longrightarrow IO_3^-+2I^-$$

(4) 酸化后，$NaIO_3$ 与 NaI 反应恢复成 I_2 析出：
$$IO_3^-+5I^-+6H^+ \Longrightarrow 3I_2+3H_2O$$

(5) 用 $Na_2S_2O_3$ 滴定析出的 I_2：
$$I_2+2S_2O_3^{2-} \Longrightarrow S_4O_6^{2-}+2I^-$$

三、仪器与试剂

仪器：常用滴定分析仪器一套、电子台秤（0.1g）、250mL 碘量瓶。

试剂：

1. I_2 标准溶液：$0.05 mol \cdot L^{-1}$（配制与标定参见实验 3-20）。
2. $Na_2S_2O_3$ 标准溶液：$0.1 mol \cdot L^{-1}$（配制与标定参见实验 3-18）。
3. NaOH 溶液：$0.2 mol \cdot L^{-1}$。
4. HCl 溶液：$6 mol \cdot L^{-1}$（1+1）。
5. 淀粉指示剂：$5 g \cdot L^{-1}$（新鲜配制，配制方法见实验 3-18）。
6. 待测葡萄糖注射液（市售，$25 g \cdot 500 mL^{-1}$）。

四、实验内容

1. 葡萄糖注射液的稀释：移取 25.00mL 待测葡萄糖注射液于 250mL 容量瓶中，用水定容后摇匀。

2. 移取 25.00mL 上述稀释后的葡萄糖注射液于 250mL 碘量瓶[1] 中，从酸式滴定管中加入 25.00mL I_2 标准溶液。在不断摇动下缓慢滴加 $0.2 mol \cdot L^{-1}$ NaOH 溶液[2]，直至溶液呈浅黄色（NaOH 溶液消耗量约 20mL），盖好瓶塞后于暗处放置 15min。然后加入 2mL $6 mol \cdot L^{-1}$ HCl 溶液酸化，摇匀后立即用 $Na_2S_2O_3$ 溶液滴定至溶液呈淡黄色，加入 2mL 淀粉指示剂，继续滴定至蓝色消失即为终点，记录消耗 $Na_2S_2O_3$ 标准溶液的体积。平行滴定三次，要求消耗 $Na_2S_2O_3$ 标准溶液体积的极差$\leqslant 0.05 mL$。

五、注意事项

[1] 无碘量瓶时可用锥形瓶盖上表面皿代替。

[2] 滴加 NaOH 的速度不能过快，否则过量的 NaIO 来不及氧化葡萄糖，就歧化成与葡萄糖不反应的 $NaIO_3$ 和 NaI，使测定结果偏低。

六、数据处理

参照附录 11，合理设计表格，记录实验数据，计算注射液中葡萄糖的含量（以 $g \cdot 500 mL^{-1}$ 表示），计算公式如下：

$$\rho_{C_6H_{12}O_6} = \frac{250}{25} \times \frac{2c_{I_2}V_{I_2} - c_{Na_2S_2O_3}V_{Na_2S_2O_3}}{2 \times 25.00} M_{葡萄糖} \times \frac{500}{1000}$$

七、思考题

1. 为什么在氧化葡萄糖时滴加 NaOH 的速度要慢，且加完后要放置一段时间？而在酸化后则要立即用 $Na_2S_2O_3$ 标准溶液滴定？

2. I_2 溶液浓度的标定和葡萄糖含量的测定中均用到淀粉指示剂，各步骤中淀粉指示剂加入的时机有什么不同？

实验 3-22 工业苯酚纯度的测定

一、实验目的

1. 学习 $KBrO_3$ 标准溶液的配制方法；

2. 掌握溴酸钾法与碘量法配合测定苯酚的原理和实验操作。

二、实验原理

苯酚是煤焦油的主要成分之一，是生产某些高分子材料（如酚醛树脂）、药物（如阿司匹林）、染料和农药等的重要原料，也被广泛用于消毒和杀菌。苯酚有一定毒性，它的生产和应用会对环境造成污染。因此，苯酚是实际应用中经常要测定的项目之一。

工业苯酚中干扰物质较少，可基于苯酚与 Br_2 的取代反应实现苯酚的测定。但 Br_2 水不稳定，不能直接配成标准溶液使用，且 Br_2 与苯酚的反应速率较慢，必须过量才能保证苯酚反应完全。实际测定时采用溴酸钾法配合碘量法进行。

$KBrO_3$ 是一种强氧化剂，易提纯，在180℃烘干后可直接称量配制标准溶液。在一定量的 $KBrO_3$ 中加入过量的 KBr 可配成 $KBrO_3$-KBr 标准溶液（浓度由 $KBrO_3$ 决定），该溶液很稳定，酸化时能定量生成 Br_2，相当于即时配制的 Br_2 标准溶液。过量的 Br_2 与苯酚生成稳定的三溴苯酚沉淀，剩余的 Br_2 用过量的 KI 还原，析出的 I_2 用 $Na_2S_2O_3$ 标准溶液滴定。相关反应如下：

$$BrO_3^- + 5Br^- + 6H^+ = 3Br_2 + 3H_2O$$

$$\text{C}_6\text{H}_5\text{OH} + 3Br_2 = \text{C}_6\text{H}_2\text{Br}_3\text{OH} \downarrow + 3Br^- + 3H^+$$

$$Br_2(剩余) + 3I^- = 2Br^- + I_3^-$$

$$I_3^- + 2S_2O_3^{2-} = 3I^- + S_4O_6^{2-}$$

由以上反应可以看出，被测物质苯酚与标准物质 $KBrO_3$ 和 $Na_2S_2O_3$ 之间存在以下计量关系：

$$6n_{C_6H_5OH} = 6n_{KBrO_3} - n_{Na_2S_2O_3}$$

苯酚在水中溶解度很小，可加入少量 NaOH 促进其溶解。$Na_2S_2O_3$ 标准溶液的标定应在与苯酚测定相同的条件下平行进行，可以减小因 Br_2、I_2 等挥发造成的系统误差。其它酚类及芳香胺类化合物、胱氨酸等可采用类似的方法进行测定。

三、仪器与试剂

仪器：常用滴定分析仪器一套、电子分析天平（0.1mg）、电子台秤（0.1g）、250mL 碘量瓶、20mL 移液管。

试剂：

1. $KBrO_3$：基准试剂（于180℃烘干后装入称量瓶，保存在干燥器中）。
2. KBr：固体。
3. $Na_2S_2O_3 \cdot 5H_2O$：固体。
4. KI 溶液：$100g \cdot L^{-1}$。
5. HCl 溶液：$6mol \cdot L^{-1}$（1+1）。
6. NaOH 溶液：$100g \cdot L^{-1}$。
7. 淀粉溶液：$5g \cdot L^{-1}$（配制方法见实验 3-18）。
8. 工业苯酚试样。

四、实验内容：

1. KBrO$_3$-KBr 标准溶液（0.01667mol·L^{-1}）的配制

准确称取 0.6960g KBrO$_3$ 于小烧杯中，再加入 4g KBr，用适量水溶解后，定量转移至 250mL 容量瓶中，用水定容后摇匀。

2. Na$_2$S$_2$O$_3$ 溶液（0.1mol·L^{-1}）的配制与标定

(1) 称取 7.5g Na$_2$S$_2$O$_3$·5H$_2$O 于烧杯中，用 300mL 新煮沸并冷却的水溶解，然后加入 0.1g Na$_2$CO$_3$，搅拌溶解后转入棕色细口具塞试剂瓶中，放置暗处一周后标定[1]。

(2) 移取 20.00mL[2] KBrO$_3$-KBr 标准溶液于 250mL 碘量瓶中，加入 40mL 水[3] 和 12mL 6mol·L^{-1} HCl 溶液，立即塞紧并加水封住瓶口，充分摇动 1min 后静置 10min。微开瓶塞快速加入 10mL 100g·L^{-1} KI 溶液后立即塞紧[4]，摇匀后在暗处静置 5min。用少量水冲洗瓶塞和瓶颈上的附着物，再加入 25mL 水，立即用 0.1mol·L^{-1} Na$_2$S$_2$O$_3$ 溶液滴定至浅黄色，加入 2mL 5g·L^{-1} 淀粉溶液，继续滴定至蓝色刚好消失即为终点，记录消耗 Na$_2$S$_2$O$_3$ 溶液的体积。平行标定三次，要求消耗 Na$_2$S$_2$O$_3$ 溶液体积的极差≤0.04mL。

3. 工业苯酚纯度的测定

(1) 准确称取（0.30±0.01）g 工业苯酚试样（精确至 0.1mg）于小烧杯中，加入 5mL 100g·L^{-1} NaOH[5] 及少量水，使其完全溶解后，定量转移至 250mL 容量瓶中，用水定容后摇匀。

(2) 移取 40.00mL KBrO$_3$-KBr 标准溶液和 20.00mL 工业苯酚试液至 250mL 碘量瓶中，加入 12mL 6mol·L^{-1} HCl 溶液，立即塞紧并加水封住瓶口，充分摇动 1min 后静置 10min（此时生成白色三溴苯酚沉淀和棕褐色 Br$_2$）。微开瓶塞快速加入 10mL 100g·L^{-1} KI 溶液后立即塞紧，摇匀后在暗处静置 5min[6]。用少量水冲洗瓶塞和瓶颈上的附着物，再加入 25mL 水，立即用 0.1mol·L^{-1} Na$_2$S$_2$O$_3$ 溶液滴定至浅黄色，加入 2mL 5g·L^{-1} 淀粉溶液，继续滴定至蓝色刚好消失即为终点，记录消耗 Na$_2$S$_2$O$_3$ 溶液的体积。平行测定三次，要求消耗 Na$_2$S$_2$O$_3$ 溶液体积的极差≤0.05mL。

五、注意事项

[1] 应根据实验安排提前配制 Na$_2$S$_2$O$_3$ 溶液，放置一周后标定。若实验条件不允许，亦可现配现用，但会使测定误差增大。

[2] 若用 25mL 移液管，整个实验需消耗 KBrO$_3$-KBr 标准溶液 225mL，所配的 250mL 标准溶液略显不足，因此改用 20mL 移液管。

[3] 此处用 40mL 水代替后面测定实验中的 20.00mL KBrO$_3$-KBr 标准溶液和 20.00 工业苯酚试液，其目的是尽量使标定和测定实验中 Br$_2$ 与 I$_2$ 的量和浓度一致，其挥发损失程度相当，有利于减小系统误差。40mL 水用量筒加入即可。

[4] 溴代反应后过量的 Br$_2$ 不能用 Na$_2$S$_2$O$_3$ 溶液直接滴定。因为 Cl$_2$、Br$_2$ 比 I$_2$ 的氧化能力强得多，可将 Na$_2$S$_2$O$_3$ 非定量地氧化为 SO$_4^{2-}$。只能先用过量 KI 将 Br$_2$ 还原，置换出的 I$_2$ 再用 Na$_2$S$_2$O$_3$ 滴定。

[5] 在保证完全溶解苯酚试样的前提下，应尽量减少 NaOH 用量，以免影响后续测定的实验酸度。

[6] 苯酚与 Br$_2$ 反应生成三溴苯酚的同时还会产生溴化三溴苯酚。在酸性溶液中加入 KI 后，溴化三溴苯酚随即转变为三溴苯酚，不会影响测定。但加入 KI 后应静置 5min 以保

证反应完全。

六、数据记录与处理

参照附录 11，合理设计表格，记录实验数据，计算所配 $Na_2S_2O_3$ 溶液的浓度 $(mol·L^{-1})$ 和工业苯酚的纯度 $(\%)$，计算公式如下：

$$c_{Na_2S_2O_3} = \frac{6c_{KBrO_3}V_{KBrO_3}}{V_{Na_2S_2O_3}}$$

$$P_{C_6H_5OH} = \frac{(6c_{KBrO_3}V_{KBrO_3} - c_{Na_2S_2O_3}V_{Na_2S_2O_3})M_{C_6H_5OH}}{6m_s \times 1000} \times \frac{250}{20} \times 100\%$$

七、思考题

1. 配制 $KBrO_3$-KBr 标准溶液时，为什么 $KBrO_3$ 必须准确称量，而 KBr 不需要？
2. 标定 $Na_2S_2O_3$ 及测定苯酚时，能否用 $Na_2S_2O_3$ 溶液直接滴定 Br_2？
3. 测定苯酚时要先把 $KBrO_3$-KBr 标准溶液和工业苯酚试液加入碘量瓶，再加 HCl 酸化。酸化后要用力摇动碘量瓶，其目的是什么？
4. 标定 $Na_2S_2O_3$ 的实验中加入 40mL 水的目的是什么？为什么用量筒加入？

实验 3-23 $AgNO_3$ 标准溶液的配制与标定

一、实验目的

1. 掌握 $AgNO_3$ 标准溶液的配制与标定方法；
2. 掌握莫尔法的原理及测定方法。

二、实验原理

$AgNO_3$ 见光易分解，通常采用间接法配制其标准溶液，准确浓度可用莫尔法标定，即以 K_2CrO_4 为指示剂，在 pH 6.5～10.5 的介质中，用 NaCl 标准溶液标定，主要反应如下：

$$Ag^+ + Cl^- = AgCl\downarrow(白)(K_{sp}=1.8\times10^{-10})$$

$$2Ag^+ + CrO_4^{2-} = Ag_2CrO_4\downarrow(砖红色)(K_{sp}=2.0\times10^{-12})$$

滴加 $AgNO_3$ 溶液到一定体积的 NaCl 标准溶液中，首先生成 AgCl 沉淀；到达化学计量点后，微过量的 Ag^+ 与 CrO_4^{2-} 生成砖红色 Ag_2CrO_4 沉淀，指示终点到达。指示剂 K_2CrO_4 的用量对测定结果的准确度影响很大，通常控制在 $0.005\,mol·L^{-1}$ 左右。

莫尔法选择性较差，凡是能与 Ag^+ 生成沉淀的阴离子（如 PO_4^{3-}、AsO_4^{3-}、SO_3^{2-}、S^{2-}、$C_2O_4^{2-}$ 等）和与 CrO_4^{2-} 生成沉淀的阳离子（如 Ba^{2+}、Pb^{2+} 等）均干扰测定。NH_3 或其它能与 Ag^+ 配位的物质会增大 AgCl 和 Ag_2CrO_4 沉淀的溶解度，影响测定结果，试液中存在 NH_4^+ 时，测定时 pH 不能超过 7.2。若试液中存在较大量的 Cu^{2+}、Ni^{2+}、Co^{2+} 等有色离子会影响终点观察。

除用于 $AgNO_3$ 溶液浓度标定外，莫尔法还常用于生活饮用水、工业用水、环境水质监测以及一些化工产品、药品和食品中氯含量的测定。

三、仪器与试剂

仪器：常用滴定分析仪器一套、电子分析天平（0.1mg）、电子台秤（0.1g）、25mL 棕色酸式滴定管、500mL 棕色玻璃试剂瓶、1mL 吸量管。

试剂：

1. NaCl：基准试剂（将少量 NaCl 置于坩埚中在电炉上加热，用玻璃棒不断搅拌，待爆裂声停止后，继续加热 15 分钟，稍冷后，将坩埚放入干燥器中冷至室温备用。也可于马弗炉中在 500~600℃ 干燥 2 小时）。

2. $AgNO_3$ 固体。

3. K_2CrO_4 溶液：$50g·L^{-1}$。

四、实验内容

1. $AgNO_3$ 溶液（$0.05mol·L^{-1}$）的配制[1]

称取 1.7g $AgNO_3$ 于 100mL 小烧杯中，用适量水溶解后，转移到棕色玻璃试剂瓶中，用水洗涤烧杯数次，洗涤液并入试剂瓶中，稀释至 200mL 后摇匀。

2. $AgNO_3$ 溶液（$0.05mol·L^{-1}$）的标定

（1）NaCl 标准溶液（$0.02mol·L^{-1}$）的配制：用减量法称取 $0.29\pm0.01g$（精确至 0.1mg）NaCl 于小烧杯中，加适量水溶解后，定量转移至 250mL 容量瓶中，定容后摇匀。

（2）移取 25.00mL 上述 NaCl 标准溶液于 250mL 锥形瓶中，加入 25mL 水[2]和 1.00mL $50g·L^{-1}$ K_2CrO_4 溶液[3]，在不断摇动下用待标定 $AgNO_3$ 溶液滴定[4]至刚出现稳定的浅橙色[5]即为终点，记录消耗 $AgNO_3$ 溶液的体积。平行标定三次[6]，要求消耗 $AgNO_3$ 溶液体积的极差≤0.05mL。

五、注意事项

[1] $AgNO_3$ 溶液常用浓度为 $0.1mol·L^{-1}$，为节约成本，本实验均控制在 $0.05mol·L^{-1}$ 左右；直接滴定时消耗 $AgNO_3$ 溶液控制在 10mL 左右，返滴定时消耗 $AgNO_3$ 溶液控制在 20mL 左右。

[2] 沉淀滴定中，较大的滴定体积有利于减小沉淀对被测离子的吸附，故需适当稀释。

[3] 指示剂用量对滴定结果有影响，加入量需准确，应用 1mL 吸量管移取。

[4] $AgNO_3$ 见光易分解且可与胶管作用，应使用棕色酸式滴定管。滴定管用完后应直接用纯水洗涤。不能用自来水洗涤盛装过 $AgNO_3$ 的滴定管，因自来水含 Cl^-，易生成 AgCl 沉淀附于管壁上，不易洗净。

[5] 因 K_2CrO_4 指示剂自身颜色的干扰，终点的浅橙色较难观察，应仔细辨别。

[6] Ag 是贵金属，凡含 Ag 的滴定废液均应回收；$AgNO_3$ 溶液及 AgCl 沉淀若洒在台上或溅到水池边上应随即冲掉或擦掉，以免着色。

六、数据记录及处理

参照附录 11，合理设计表格，记录实验数据，计算所配 $AgNO_3$ 标准溶液的浓度（$mol·L^{-1}$），计算公式如下：

$$c_{AgNO_3} = \frac{25.00}{250.00} \times \frac{m_{NaCl}}{M_{NaCl}} \times \frac{1000}{V_{AgNO_3}}$$

七、思考题

1. 莫尔法测定时，为什么溶液 pH 需控制在 6.5~10.5？
2. 保存过久的 $AgNO_3$ 标准溶液，使用前是否应重新标定，为什么？
3. K_2CrO_4 指示剂的浓度过大或过小对测定有什么影响？试计算一下本实验方案的终点误差。
4. 若不小心将 $AgNO_3$ 溶液沾到手（皮肤）上了，很快会出现黑色，为什么？

实验 3-24　NH_4SCN 标准溶液的配制与标定

一、实验目的

1. 学习 NH_4SCN 标准溶液配制与标定的方法；
2. 掌握佛尔哈德直接滴定法的原理及操作方法。

二、实验原理

NH_4SCN 标准溶液不能用市售试剂纯的 NH_4SCN 直接配制，而是采用佛尔哈德直接滴定法用 $AgNO_3$ 标准溶液标定，反应介质为 HNO_3，指示剂为铁铵矾 $[NH_4Fe(SO_4)_2]$。滴定过程中首先生成白色的 AgSCN 沉淀，滴定至化学计量点附近时，Ag^+ 浓度迅速降低，SCN^- 浓度迅速增加，微过量的 SCN^- 与指示剂铁铵矾中的 Fe^{3+} 生成红色的 $[Fe(SCN)]^{2+}$ 配合物即指示滴定终点的到达，相关反应如下：

$$Ag^+ + SCN^- \rightleftharpoons AgSCN\downarrow (白色沉淀)$$
$$Fe^{3+} + SCN^- \rightleftharpoons [Fe(SCN)]^{2+}(红色)$$

滴定时控制 $[H^+]=0.3\sim1 mol\cdot L^{-1}$，指示剂 $[Fe^{3+}]\approx 0.015 mol\cdot L^{-1}$。

三、仪器与试剂

仪器：常用滴定分析仪器一套、电子台秤（0.1g）、10mL 移液管、1mL 吸量管。
试剂：

1. $AgNO_3$ 标准溶液：$0.05 mol\cdot L^{-1}$（配制与标定方法参见实验 3-23）。
2. NH_4SCN 固体。
3. HNO_3：$5 mol\cdot L^{-1}$（1+2）。
4. $NH_4Fe(SO_4)_2$ 指示剂：$400 g\cdot L^{-1}$ [将 40g $NH_4Fe(SO_4)_2\cdot 12H_2O$ 溶于适量水中，然后用 $1 mol\cdot L^{-1}$ 的 HNO_3 稀释至 100mL]。

四、实验内容

1. NH_4SCN（$0.05 mol\cdot L^{-1}$）标准溶液的配制

称取 1.1g NH_4SCN 置于小烧杯中，用适量水溶解后转移至试剂瓶中，用水洗涤烧杯数次，洗涤液并入试剂瓶中，稀释至 300mL 后摇匀备用。

2. NH_4SCN（$0.05mol·L^{-1}$）标准溶液的标定

移取 10.00mL $0.05mol·L^{-1}$ $AgNO_3$ 标准溶液置于 250mL 锥形瓶中，加入 40mL H_2O、5mL（1+2）HNO_3[1] 和 1mL $NH_4Fe(SO_4)_2$ 指示剂[2]，在充分摇动下[3] 用待标定的 NH_4SCN 溶液滴定，直至溶液呈现稳定的微红色即为终点，记录消耗的 KSCN 溶液的体积。平行标定三次，要求消耗 NH_4SCN 溶液体积的极差≤0.04mL。

五、注意事项

[1] 指示剂 Fe^{3+} 易水解，滴定时通常控制 $[H^+]>0.3mol·L^{-1}$。

[2] 指示剂用量对滴定结果有影响，加入量需准确，应用 1mL 吸量管移取。

[3] 滴定过程中生成的 AgSCN 沉淀会吸附溶液中的 Ag^+，以致终点提前到达，因此滴定速度不能太快且需要剧烈摇动以释放被吸附的 Ag^+。

六、数据记录及处理

参照附录 11，合理设计表格，记录实验数据，计算所配 NH_4SCN 标准溶液的浓度（$mol·L^{-1}$），计算公式如下：

$$c_{NH_4SCN} = \frac{c_{AgNO_3} V_{AgNO_3}}{V_{NH_4SCN}}$$

七、思考题

1. 佛尔哈德法为什么用 HNO_3 酸化溶液？可否用 HCl 和 H_2SO_4 代替？
2. 用佛尔哈德法测定卤素，如何操作？

实验 3-25　佛尔哈德法测定酱油中 NaCl 含量

一、实验目的

1. 掌握佛尔哈德返滴定法测定酱油中 NaCl 含量的原理和操作；
2. 了解佛尔哈德返滴定法测定 Cl^- 时误差增大的原因及减免办法。

二、实验原理

佛尔哈德返滴定法可用于 Cl^-、Br^-、I^-、SCN^- 等的测定，反应介质与指示剂和佛尔哈德直接滴定法中的相同，只需加入 $AgNO_3$ 标准溶液完全沉淀所测离子，然后用 NH_4SCN 标准溶液返滴过量的 Ag^+ 即可求出所测离子的含量。但由于 $K_{sp}(AgCl) < K_{sp}(AgSCN)$，采用佛尔哈德返滴定法测定 Cl^- 时，会发生以下转化反应：

$$AgCl\downarrow + [Fe(SCN)]^{2+} \rightleftharpoons AgSCN\downarrow + Fe^{3+} + Cl^-$$

而导致终点延后产生较大误差。为避免上述反应发生，可过滤后再测定或加入硝基苯保护沉淀。硝基苯毒性较强，本实验采用过滤法。

酱油中 NaCl 含量约 16～20g·100mL^{-1}，测定时需稀释多倍，其颜色一般不会对终点观察产生影响，若老抽之类颜色极深的酱油，则需进行脱色处理。

三、仪器与试剂

仪器：常用滴定分析仪器一套、20mL 移液管、10mL 移液管、5mL 吸量管、1mL 吸量管、电加热板、漏斗、中速定性滤纸、漏斗架。

试剂：

1. $AgNO_3$ 标准溶液：0.05mol·L^{-1}（配制与标定方法参见实验 3-23）。
2. NH_4SCN 标准溶液：0.05mol·L^{-1}（配制与标定方法参见实验 3-24）。
3. HNO_3：5mol·L^{-1}（1+2）。
4. $NH_4Fe(SO_4)_2$ 指示剂：400g·L^{-1}。
5. 某品牌酱油。

四、实验内容

1. 稀硝酸的配制

取 6mL（1+2）HNO_3 至烧杯中，稀释至 60mL，搅拌均匀。

2. 酱油试样的测定

（1）准确移取 4.00mL 酱油于 250mL 容量瓶中，加水定容后摇匀[1]。

（2）移取酱油稀释液 10.00mL 于 100mL 小烧杯中，加入 20.00mL 0.05mol·L^{-1} $AgNO_3$ 标准溶液和 5mL（1+2）HNO_3 后摇匀，加热煮沸使沉淀凝聚，采用倾注法过滤[2]，并用稀 HNO_3 充分洗涤沉淀（用量控制在 20mL 左右），滤液和洗涤液收集在 250mL 锥形瓶中。滤液中加入 1mL $NH_4Fe(SO_4)_2$ 指示剂，在充分摇动下用 KSCN 标准溶液滴定，直至溶液呈现稳定的微红色即为终点，记录消耗的 NH_4SCN 溶液的体积。平行测定三次，要求消耗 NH_4SCN 溶液体积的极差≤0.05mL。

五、注意事项

[1] 应根据实验方案确定酱油的稀释倍数。本实验控制酱油稀释液中 Cl$^-$ 浓度约为 0.05mol·L^{-1}，以保证所加 $AgNO_3$ 正好过量 1 倍左右。

[2] 尽量将 AgSCN 沉淀保留在小烧杯中以避免影响过滤速度。

六、数据记录与处理

参照附录 11，合理设计表格，记录实验数据，计算酱油中 NaCl 的含量（g·100mL^{-1}），计算公式如下：

$$\rho_{NaCl} = \frac{250}{4} \times \frac{(c_{AgNO_3} V_{AgNO_3} - c_{NH_4SCN} V_{NH_4SCN}) M_{NaCl}}{10.00} \times \frac{100}{1000}$$

七、思考题

1. 佛尔哈德法测定 Br$^-$ 或 I$^-$ 是否需要煮沸过滤或加入硝基苯保护沉淀？为什么？
2. 若酱油颜色过深影响测定，你认为可采用什么办法予以解决？
3. 设计返滴定实验时，应遵循哪些原则？

实验 3-26 可溶性硫酸盐中 SO_4^{2-} 含量的测定

一、实验目的

1. 了解生成晶形沉淀的条件和方法；
2. 掌握沉淀重量法的操作技术；
3. 掌握换算因数在重量分析计算中的应用。

二、实验原理

硫酸根（SO_4^{2-}）可与多种金属离子发生沉淀反应，在生成的一系列硫酸盐中，以 $BaSO_4$ 的溶解度最小（$K_{sp}=1.1\times10^{-10}$）。$BaSO_4$ 在 800~950℃ 灼烧后，其组成与化学式相符且很稳定，因此常用钡盐沉淀法测定化合物中 SO_4^{2-} 的含量。在所有钡盐中，$BaCl_2$ 的溶解度最大，故采用 $BaCl_2$ 作为 SO_4^{2-} 的沉淀剂。为得到颗粒较大且纯净的 $BaSO_4$ 晶型沉淀，需将试样溶液酸化并加热至近沸，并在不断搅拌下逐滴加入近沸的 $BaCl_2$ 稀溶液，生成的沉淀经陈化、过滤、洗涤后灼烧至恒重。称量 $BaSO_4$ 沉淀的质量，即可计算出试样中 SO_4^{2-} 的含量。

三、仪器和试剂

仪器：电子分析天平（0.1mg）、恒温水浴锅、电加热板、电炉、马弗炉、瓷坩埚（已恒重，实验室提供）、坩埚钳、干燥器（内装干燥剂）、漏斗、漏斗架、中速定量滤纸、250mL 烧杯、10mL 量筒、玻璃棒、胶头滴管、表面皿、黑色点滴板。

试剂：

1. $BaCl_2$ 溶液：$50g·L^{-1}$。
2. HCl 溶液：$2mol·L^{-1}$。
3. HNO_3 溶液：$2mol·L^{-1}$。
4. $AgNO_3$ 溶液：$0.1mol·L^{-1}$。
5. 可溶性硫酸盐试样：无水 Na_2SO_4，于 100~120℃ 干燥至恒重后用于测定。

四、实验内容

实验前准备： 认真学习第 2 章 2.2 重量分析仪器及基本操作的相关内容

1. 试样的称取与溶解

称取 Na_2SO_4 试样（0.25 ± 0.05）g（精确至 0.1mg）置于 250mL 烧杯中，加入 5mL $2mol·L^{-1}$ HCl，用水稀释到 200mL，充分搅拌至试样完全溶解。

2. $BaSO_4$ 沉淀的制备

（1）将上述试液加热至近沸；量取 10mL $50g·L^{-1}$ $BaCl_2$ 溶液于小烧杯中，也加热至近沸。趁热将 10mL $BaCl_2$ 溶液逐滴加入到热的试液中，边滴加边搅拌[1]。

（2）静置 1~2min，待沉淀沉降至烧杯底部且上层溶液澄清后，沿烧杯壁滴加少量 $BaCl_2$ 溶液，观察加入液与试液交界处是否变浑浊，以检查溶液中的 SO_4^{2-} 是否沉淀完全。

如不变浑浊，表示已经沉淀完全；若变浑浊，则表示沉淀未完全，应继续滴加 $BaCl_2$ 溶液进行沉淀，直至按上面的检验方法检验无浑浊产生为止。

3. 陈化

用表面皿将盛有沉淀的烧杯盖好[2]，置于微沸水浴上保温 1 小时（或放置 24 小时）。

4. 沉淀的过滤和洗涤

准备好漏斗和中速定量滤纸，将陈化并冷却至室温的沉淀和母液，以倾注法过滤[3]。滤去上层清液后用热水洗涤沉淀 3 次，每次用量 20mL，然后把沉淀小心地转移至滤纸上，用水反复冲洗玻璃棒和烧杯直至沉淀转移完全，洗下的水应流经漏斗。再用滤纸角（安放滤纸于漏斗上时撕下的一角）将沾在烧杯壁和玻璃棒上的细微沉淀擦净，并将此滤纸角也放入漏斗内的沉淀上，用小滴管吸取热水洗涤沉淀至无 Cl^- 为止[4]。

5. 沉淀的灰化和灼烧

用玻璃棒轻轻掀起滤纸的边缘，小心将其取出并包裹好，然后放进已恒重的瓷坩埚内，在电炉上烘干、炭化及灰化后，放入马弗炉中于 800～850℃下灼烧 40 分钟[5]，稍冷后置于干燥器中冷却至室温，称重。反复灼烧至恒重[6]，记录 $BaSO_4$ 的质量。

五、注意事项

[1] 注意勿使玻璃棒触及烧杯杯壁和杯底，以免划上伤痕，使沉淀沾附在划痕上难以洗下。

[2] 陈化过程中，玻璃棒始终置于烧杯内不要取出。

[3] $BaSO_4$ 沉淀在过滤时可能会穿透滤纸，若发现这种现象必须重新过滤，故接滤液的烧杯必须干净。检查 $BaSO_4$ 是否穿透滤纸，可将一块深色（最好是黑色）纸片放在烧杯底下，用玻璃棒单方向搅动滤液，静置数分钟，观察杯底中部有无白色沉淀。

[4] 检查 Cl^- 的方法：用黑色点滴板接取数滴漏斗流出的洗涤液，加一滴 $2mol \cdot L^{-1}$ HNO_3 溶液酸化，再加两滴 $0.1mol \cdot L^{-1}$ $AgNO_3$ 溶液，若无白色沉淀产生，则表示无 Cl^-；若有白色沉淀，则需继续用热水洗涤沉淀。

[5] $BaSO_4$ 沉淀宜于 800～950℃下灼烧，若温度过高，则可能有部分沉淀发生分解：$BaSO_4 \longrightarrow BaO + SO_3$。

[6] 第 2 次及以后的灼烧控制在 20min 左右。称量时应快速，以免受潮。两次灼烧后坩埚质量差≤0.2mg 即认为恒重。

六、数据处理

参照附录 11，合理设计表格，记录实验数据，计算试样中 SO_4^{2-} 的含量（%），公式如下：

$$w_{SO_4^{2-}} = \frac{m_{BaSO_4} \dfrac{M_{SO_4^{2-}}}{M_{BaSO_4}}}{m_s} \times 100\%$$

七、思考题

1. 沉淀重量分析法中所称取试样的质量根据什么原则来确定？
2. 本实验中的试液和沉淀剂为什么都需要预先稀释和加热？
3. 为什么要在一定浓度的 HCl 介质中用 Ba^{2+} 沉淀 SO_4^{2-}？

4. 本实验为什么要洗涤沉淀至无 Cl^-？如何检查？

实验 3-27　丁二酮肟重量法测定 316 不锈钢中镍的含量

一、实验目的

1. 学习有机沉淀剂在重量分析中的应用；
2. 掌握烘干重量法的实验操作。

二、实验原理

不锈钢的发明是世界冶金史上的重大成就，为现代工业发展和科技进步奠定了重要的物质技术基础。不锈钢种类很多，性能各异，按化学成分特点可分为铬不锈钢和镍不锈钢两大类。316 不锈钢是一种镍不锈钢，可耐受酸、碱、盐等化学侵蚀性介质和海水及侵蚀性工业大气，可用于纸浆和造纸用设备热交换器、染色设备、胶片冲洗设备、管道、沿海区域建筑物外部用材料等，还可用于电磁阀领域和食品饮料行业。316 不锈钢除基体 Fe 外，还含有 10%～14% 的 Ni、16%～18% 的 Cr、2%～3% 的 Mo 和少量的 C、Si、P、S、Mn 等元素。Ni 的含量是划分不锈钢型号的重要指标，因此 Ni 含量检测是把关不锈钢质量的重要一环。

丁二酮肟分子式为 $C_4H_8O_2N_2$（$M=116.2$），为二元弱酸，可用 H_2D 表示。丁二酮肟作为测定镍的典型试剂，在氨性溶液中能够与镍反应生成红色的螯合物沉淀，有效地实现不锈钢中镍的分离与测定。丁二酮肟镍沉淀经过滤、洗涤，在 120℃下烘干恒重，称得沉淀的质量，则可计算 Ni 的质量分数。

本法需要在 pH=8～9 的氨性溶液中进行，pH 值过小则生成 H_2D，使沉淀溶解；pH 值过高则易形成 $[Ni(NH_3)_4]^{2+}$，同样会增加沉淀的溶解度。

丁二酮肟是一种高选择性的有机沉淀剂，只与 Ni^{2+}、Pd^{2+}、Fe^{2+} 形成沉淀，Cu^{2+}、Co^{2+} 可与丁二酮肟形成可溶性配合物，不但会消耗丁二酮肟，还会引起共沉淀现象；此外 Fe^{3+}、Al^{3+}、Cr^{3+}、Ti^{3+} 等离子在氨水中也生成沉淀，对测定有干扰，需加入柠檬酸或酒石酸掩蔽干扰离子。

三、仪器和试剂

仪器：电子分析天平（0.1mg）、恒温水浴锅、电加热板、数控式恒温烘箱、G4 砂芯坩埚（已恒重）、抽滤瓶、循环水真空泵。

试剂：

1. 混合酸：$HCl+HNO_3+H_2O$（3+1+2）。

2. 酒石酸溶液：500g·L^{-1}。

3. 丁二酮肟的乙醇溶液：10g·L^{-1}。

4. 氨水：约7mol·L^{-1}（1+1）。

5. HCl溶液：6mol·L^{-1}（1+1）。

6. HNO$_3$溶液：2mol·L^{-1}。

7. AgNO$_3$：0.1mol·L^{-1}。

8. 氨-氯化铵洗涤液（100mL水中加1mL NH$_3$·H$_2$O和1g NH$_4$Cl）。

9. 微氨性的酒石酸溶液：含酒石酸20g·L^{-1}，用氨水调节pH为8~9。

10. 316不锈钢钢样。

四、实验内容

准确称取（0.35±0.05）g 316钢样两份[1]（精确至0.1mg），分别置于400mL烧杯中，盖上表面皿，从烧杯嘴处加入40mL混合酸，于通风橱内低温加热溶解后，煮沸去除氮的氧化物。稍冷后，各加入100mL水和10mL 500g·L^{-1}酒石酸溶液，然后在不断搅动下，滴加（1+1）氨水至溶液pH≈9[2]（溶液由黄绿色→棕黄色→褐色→深绿色），若有少量白色沉淀应用慢速定性滤纸过滤除去。滤液用400mL烧杯收集，用热的氨-氯化铵洗涤液洗涤原烧杯和沉淀数次，最终将试液总体积控制在250mL左右，残渣弃去。

在不断搅拌下，滴加6mol·L^{-1} HCl酸化试液至颜色变为深棕绿色[3]，在恒温水浴上加热至70℃[4]，再加入适量[5] 10g·L^{-1}的丁二酮肟乙醇溶液沉淀Ni^{2+}（1mg Ni^{2+}约需1mL沉淀剂），最后再多加30mL。然后在不断搅拌下，滴加1+1氨水调节pH为8~9，于70℃下静置陈化30min。

取下稍冷后，用已恒重的G4砂芯坩埚进行减压过滤[6]，将沉淀全部转移至坩埚后，用20g·L^{-1}微氨性酒石酸溶液洗涤烧杯和沉淀8~10次，再用温水洗涤沉淀至无Cl$^-$后继续抽滤2min。

将带有沉淀的砂芯坩埚置于150℃恒温烘箱中烘1h，冷却后称量，再烘干、冷却、称量，直至恒重[7]。

五、注意事项

[1] 试样含镍量应控制在30~80mg，过少会增大误差，过多则操作不便。

[2] 调节试液pH时，尽量通过颜色变化确定，也可以用pH试纸检验，但要尽量减少试液损失。

[3] 在酸性溶液中加入沉淀剂，再滴加氨水使溶液pH逐渐升高形成均相沉淀，有利于较大颗粒的晶体产生。

[4] 温度不宜过高，否则乙醇挥发太多会引起丁二酮肟本身的沉淀，且高温下酒石酸能部分还原Fe^{3+}，影响测定。

[5] 本实验大概需加入40mL沉淀剂（m_{Ni}=350×0.12=42mg）。

[6] 抽滤时速度不宜太快以避免将沉淀吸干结成饼状。每次倾入洗涤液时应将坩埚中的沉淀冲散，以利于沉淀洗涤。洗涤液总量控制在200mL左右。

[7] 实验完毕，用稀HCl将砂芯坩埚清洗干净。

六、数据处理

参照附录11，合理设计表格，记录实验数据，计算试样中Ni的含量（%），公式如下：

$$w_{Ni} = \frac{m_{\text{丁二酮肟镍}} \times \dfrac{A_{Ni}}{M_{\text{丁二酮肟镍}}}}{m_s} \times 100\%$$

七、思考与讨论

1. 如果称取含镍约12%的钢样0.35g，应加入10g·L^{-1}丁二酮肟的乙醇溶液多少毫升？
2. 沉淀Ni^{2+}前加入酒石酸的作用是什么？
3. 如何检测Cl$^-$是否洗涤干净？
4. 丁二酮肟镍沉淀也可灼烧后再称重，试比较灼烧与烘干的利弊。

实验3-28 离子交换法分离钴、锌及其含量的测定

一、实验目的

1. 了解离子交换法在定量分析中的应用；
2. 掌握离子交换法分离钴、锌的原理和方法。

二、实验原理

在3～4mol·L^{-1}的HCl介质中，Co^{2+}和Zn^{2+}可分别形成CoCl$^+$和[ZnCl$_4$]$^{2-}$（配阴离子），采用氯型强碱型阴离子交换树脂可实现二者的分离。当含CoCl$^+$和[ZnCl$_4$]$^{2-}$的试液通过离子交换树脂时，[ZnCl$_4$]$^{2-}$可与树脂上的Cl$^-$发生交换而被吸附，CoCl$^+$不能被树脂吸附。用3～4mol·L^{-1}的HCl溶液淋洗树脂时，CoCl$^+$即可随淋洗液流出；待CoCl$^+$被全部洗脱后，可采用水淋洗树脂，此时[ZnCl$_4$]$^{2-}$解离成Zn^{2+}而不被树脂吸附，从而可被淋洗下来。

洗脱液中Co^{2+}、Zn^{2+}的含量可以二甲酚橙（XO）为指示剂，用EDTA标准溶液测定。微量的Co^{2+}、Zn^{2+}可采用分光光度法测定。

三、仪器和试剂

仪器：常用滴定分析仪器一套、离子交换柱（10mm×300mm，下端有玻璃砂滤片）、1mL吸量管、玻璃棒（约35cm长）、脱脂棉、点滴板。

试剂：

1. 阴离子交换树脂：强碱性季铵Ⅰ型阴离子交换树脂，80～100目。新树脂用自来水漂洗后，在饱和NaCl溶液中浸泡24h，取出浮起的树脂，用水洗净后再用2mol·L^{-1} NaOH溶液浸泡2h，然后用水洗至中性，浸于3mol·L^{-1} HCl溶液中备用。
2. EDTA标准溶液：0.02mol·L^{-1}（配制与标定方法参见实验3-9，以ZnO为基准物质，XO为指示剂，pH5～6介质中标定；该溶液由实验室提供）。
3. Zn^{2+}标准溶液：0.02mol·L^{-1}（配制方法参加实验3-9，用ZnO基准试剂直接配制，该溶液由实验室提供）。
4. HCl溶液：3mol·L^{-1}（1+3）。
5. NaOH溶液：6mol·L^{-1}。

6. 二甲酚橙：2g·L^{-1}（低温保存）。

7. 酚酞：2g·L^{-1}（乙醇溶液）。

8. Co^{2+}的检验试剂：KSCN（或NH$_4$SCN）固体、丙酮。

9. Zn^{2+}的检验试剂：0.15mol·L^{-1}（NH$_4$）$_2$Hg(SCN)$_4$溶液、0.2g·L^{-1} CuSO$_4$溶液。

10. HAc-NaAc缓冲溶液：pH≈5.6（将272g 三水合乙酸钠和16.2mL 冰醋酸配成1L溶液。必要时在pH计监测下，用冰醋酸调节pH值）。

11. 钴锌混合试液：含Co^{2+}、Zn^{2+}各约10mg·mL^{-1}（3mol·L^{-1} HCl介质）。

四、实验内容

1. 离子交换柱的准备

离子交换柱洗净后，如底部没有玻璃砂滤片，可取少量脱脂棉，用长玻璃棒轻轻将其推到离子交换柱底部并使其平整。将柱下端的螺旋夹旋紧后，取适量处理过的树脂置于含等体积浸泡液的小烧杯中，用玻璃棒轻轻搅匀后连同浸泡液一起转入离子交换柱中，树脂沉降后高度约为10cm即可，用长玻棒将树脂稍稍压紧[1]。松开柱下端的螺旋夹，将浸泡液放出，并调节流速为1mL·min^{-1}。当液面降至树脂层上端约0.5cm处[2]，用3mol·L^{-1} HCl溶液约30mL分多次淋洗树脂[3]，最后使液面下降至接近树脂层时（必须保证树脂处在液面以下），旋紧螺旋夹。

2. 试样中的Co^{2+}、Zn^{2+}分离

在离子交换柱下端放置一个250mL锥形瓶收集流出液。用吸量管吸取1.00mL钴锌混合试液后伸入交换柱中，当吸量管尖嘴接近树脂层上端时，慢慢将试样加入。小心调节螺旋夹使试液液面尽量接近树脂层（必须保证树脂处在液面以下），然后用胶头滴管沿交换柱内壁分多次加入总体积约为30mL的3mol·L^{-1} HCl溶液，控制流速为0.5mL·min^{-1}[4]，锥形瓶中收集的流出液用于Co^{2+}含量的测定。洗脱接近完成时，可用点滴板接取2滴流出液，加少量KSCN和2滴丙酮，若不出现蓝色则表示Co^{2+}已完全洗脱。另取一个250mL锥形瓶置于交换柱下端，用胶头滴管分多次加入总体积约为80mL的水[5]，控制流速为1~2mL·min^{-1}，锥形瓶中收集的流出液用于Zn^{2+}含量的测定。洗脱接近完成时，可用点滴板接取2滴流出液，加入2滴3mol·L^{-1} HCl溶液、1滴CuSO$_4$溶液和1滴(NH$_4$)$_2$Hg(SCN)$_4$溶液，用玻璃棒研磨后若不显紫色，则表示Zn^{2+}已洗脱完。

3. Co^{2+}含量的测定

在含Co^{2+}的流出液中加入约12mL 6mol·L^{-1} NaOH溶液，充分摇匀后，用小滴管继续滴加6mol·L^{-1} NaOH溶液至刚有蓝绿色沉淀产生（此时pH为6~7），然后改用3mol·L^{-1} HCl溶液滴至溶液澄清（每加入一滴试剂都要充分摇匀，大约加入4~5滴，沉淀即可消失）。用滴定管准确加入20.00mL（记作V_{EDTA}^{Co}）0.02mol·L^{-1} EDTA标准溶液，再加入15mL pH=5~6的HAc-NaAc缓冲溶液（此时试液呈Co^{2+}与EDTA配合物的浅红色），然后加入2~4滴二甲酚橙指示剂，此时溶液呈亮黄色（若呈粉红色，则说明溶液pH>6，应滴加3mol·L^{-1} HCl溶液至刚变黄色），用Zn^{2+}标准溶液滴定至紫红色为终点，记下消耗锌标准溶液的体积V_{Zn}。

4. Zn^{2+}含量的测定

在含Zn^{2+}的流出液中加入2滴酚酞指示剂，滴加6mol·L^{-1} NaOH溶液至溶液刚变为红色（此时试液pH为8~9，并有沉淀产生），然后改用3mol·L^{-1} HCl溶液至沉淀刚消失（此时pH为5~6）。加入15mL pH=5~6的HA-NaAc缓冲溶液和2滴二甲酚橙指示剂

(此时溶液为紫红色澄清液)，用 0.02mol·L^{-1} EDTA 标准溶液滴定至亮黄色为终点，记下消耗 EDTA 溶液的体积 V_{EDTA}^{Zn}。

五、注意事项

[1] 为防止加入试样或淋洗液时表层树脂被冲起，可在其上铺一层玻璃棉或滤纸片；

[2] 装柱及分离过程中，树脂绝不能露出水面，否则将有气泡夹杂其中而影响交换效果，如不慎使树脂露出水面，则必须重新装柱。

[3] 此为离子交换柱的预平衡过程，目的是使树脂所处的介质环境与淋洗液相同，以提高分离效率。本实验所用树脂一直浸泡在 3mol·L^{-1} HCl 溶液中，故该过程可以省略或适当减少平衡液的用量。

[4] 流速不能过快，否则 $[ZnCl_4]^{2-}$ 也可能被少量洗脱。

[5] 水洗脱 Zn^{2+} 的效果不佳，可考虑用 30mL 2mol·L^{-1} NaOH 做洗脱液，洗脱效果好，且对洗脱液测定前处理过程也无影响。

六、数据记录与处理

参照附录 11，合理设计表格，记录实验数据，计算钴锌混合试液中 Co^{2+}、Zn^{2+} 的含量（以质量浓度 mg·mL^{-1} 表示），计算公式如下：

$$\rho_{Co} = \frac{(c_{EDTA}V_{EDTA}^{Co} - c_{Zn}V_{Zn})A_{Co}}{V_s}$$

$$\rho_{Zn} = \frac{c_{EDTA}V_{EDTA}^{Zn}A_{Zn}}{V_s}$$

七、思考题

1. 离子交换树脂的量、层析柱直径大小和淋洗速度的快慢对分离有何影响？
2. 离子交换树脂装柱时应注意哪些问题？
3. 为什么要用 3~4mol·L^{-1} HCl 溶液洗脱 $CoCl^+$，可否用更稀的酸或纯水代替？
4. 对含 Co^{2+} 和含 Zn^{2+} 的流出液进行滴定前的处理步骤有什么不同？为什么测定 Zn^{2+} 可以直接滴定，而测定 Co^{2+} 时须采用返滴定方式？

第4章 仪器分析法实验

实验 4-1 电感耦合等离子体原子发射光谱法（ICP-AES）测定工业废水中铬、铜、锌、铅、镍

一、实验目的

1. 熟悉 ICP-AES 的仪器构造和工作原理；
2. 了解全谱直读 ICP-AES 仪的基本操作；
3. 了解 ICP-AES 在多元素同时测定中的应用。

二、实验原理

电感耦合等离子体（ICP）光源是利用高频感应加热原理，使流经石英管的工作气体（氩气）电离而产生的具有环状结构的高温火焰状等离子焰炬。当试液经过蠕动泵进入雾化器后，被雾化的试液以气溶胶的形式进入到等离子焰炬的环形通道中，在其高温作用下被蒸发、原子化、激发并发射出相应的元素特征谱线。ICP 光源激发能力强、稳定性好、基体效应小、检出限低、且无自吸效应，线性范围可达几个数量级，是目前性能最好、应用最为广泛的原子发射激发光源。

ICP 光源中试样发出的各种波长的辐射经过分光系统后进入检测器被检测，可根据是否产生某种元素的特征谱线进行定性分析。在一定浓度范围及一定工作条件下（如 ICP 光源的入射功率、观测高度、载气流量等），谱线强度 I 与待测元素含量 c 成正比，即 $I=kc$，据此可进行定量分析。原子发射光谱仪普遍采用的光电检测器，如光电倍增管等，是将入射光强转换成相应大小的电信号进行检测，因此测量信号可等同于入射光强。

采用光电检测器的原子发射光谱仪称为光电直读光谱仪，有多道直读型光谱仪、单道扫描型光谱仪和全谱直读型光谱仪三种类型，其中全谱直读型光谱仪采用了中阶梯光栅分光系统和面阵式固体检测器（如电荷注入检测器 CID），可在分光后同时对各波长辐射检测，从而真正体现了原子发射光谱可进行多元素同时检测这一显著优点，而使之成为痕量金属元素分析中最有力的工具之一。全谱直读型光谱仪可在一分钟内完成原子发射法所能测定的 70 余种元素的定性及定量分析，是目前原子发射光谱仪的主流类型，本实验即是采用这种仪器测定工业废水中铬、铜、锌、铅、镍等重金属元素。采集的水样用优级纯 HNO_3 调节 pH ≈ 2，若有悬浮物需经 $0.45\mu m$ 滤膜过滤后才可进行测定。

三、仪器与试剂

仪器：Prodigy 全谱直读等离子体原子发射光谱仪（美国 Leeman 公司）、高纯 Ar（工作气体）、50mL 容量瓶、5mL 吸量管。

试剂：

Cr、Cu、Zn、Pb、Ni 的单元素标准储备溶液（100mg·L^{-1}）。

5% HNO$_3$ 溶液：优级纯 HNO$_3$ 和超纯水按体积比 5：95 混合。

待测工业废水（已酸化过滤）。

四、实验内容

1. 系列混合标准溶液的配制

分别移取 5 种元素的标准储备溶液 0.25mL 置于同一个 50mL 容量瓶中，用 5% HNO$_3$ 定容后摇匀，可得各元素浓度均为 0.50mg·L^{-1} 的混合标准溶液。

同理，分别移取 5 种元素的标准储备溶液 0.50mL、1.25mL、2.50mL、5.00mL 于 50mL 容量瓶中，配制各元素浓度均为 1.00mg·L^{-1}、2.50mg·L^{-1}、5.00mg·L^{-1}、10.00mg·L^{-1} 的混合标准溶液。

2. 测定

（1）做好准备工作后，开机。按以下测量条件建立分析方法，然后点燃 ICP 炬，等待约 10min 使矩焰稳定。

元素	Cr	Cu	Zn	Pb	Ni
λ/nm[1]	205.560	327.395	213.856	220.353	231.604
功率:1.0kW		频率:(27±3)MHz		辅助气:0.5L·min^{-1}	
冷却气:14L·min^{-1}		雾化压力:310.5kPa		样品提吸速率:1.1L·min^{-1}	
观测高度:14mm		积分时间:长波(>260nm)5s；短波(<260nm)10s			

（2）吸入 5% HNO$_3$ 测定空白，然后按浓度由低到高的顺序依次测定系列混合标准溶液。

（3）标准溶液测完后，吸入 5% HNO$_3$ 清洗矩管约 2min，然后测定废水样[2]。

（4）测试完毕后依次吸入 5% HNO$_3$ 和高纯水清洗矩管各 10min，然后按程序关机。

五、注意事项

[1] 实际测定时，仪器软件会提供若干条分析线以供选择，每种元素可选择 3~5 条分析线，最后根据测定结果以效果最佳的谱线定量。

[2] 若有多个样品，每次更换样品前应用稀 HNO$_3$ 清洗矩管约 2min。

六、数据记录与处理

1. 合理设计表格，记录系列混合标准溶液和废水样中各元素的仪器响应值。

2. 以各元素的浓度为横坐标，仪器响应值为纵坐标，利用 origin 等软件进行线性拟合，需给出拟合方程、相关系数和标准曲线图。利用拟合方程，根据废水样中各元素的仪器响应值计算废水样中各元素的含量（mg·L^{-1}）。

七、思考题

1. 为什么 ICP 光源能够提高原子发射光谱法的灵敏度和准确度？
2. 为什么本实验没有采用内标法？
3. AES 中选择元素分析线的基本原则是什么？

八、Prodigy 全谱直读等离子体原子发射光谱仪的操作及注意事项

1. 开机：先开氩气（调到 0.65MPa，小于 0.3MPa 时要换气），然后按顺序开动稳压器、

冷却水（只能使用蒸馏水）、固态检测器冷却系统（设置不能低于20℃）以后，开启计算机，启动ICP-AES光谱仪，再打开计算机中的Salsa软件，等到二次连接成功以后，关闭软件，把检测系统的温度设定在−40℃，再次打开软件，然后让其预热到35℃（大概需要1个小时）。

2. 调试：(1) 建立方法和命名；(2) 元素和波长的选择；(3) 输入标准溶液浓度；(4) 设置分析参数（一般很少改动）。

3. 测试：(1) 点燃等离子体；(2) 等离子体定位；(3) 波长校准；(4) 波长扫描和确认；(5) 背景校正；(6) 标准曲线的测量和确认；(7) 样品分析

4. 关机：关闭仪器前吸入清洗溶液（2%~5%的硝酸溶液）和高纯水各10min，在线清洗样品引入系统，然后按Extinguish按钮熄火，再通一段时间氩气，将固态检测器吹干再关闭；然后依次退出软件操作，把软件检测系统的温度设定在20℃后，打开软件，等温度到了20℃，关闭软件，松开蠕动泵，关闭计算机，按ICP的红色按钮关闭仪器，最后依次关闭冷却水，稳压器。

实验4-2　火焰原子吸收光谱法（FAAS）测定自来水中微量镁

一、实验目的

1. 掌握原子吸收光谱法的基本原理；
2. 了解火焰原子吸收光谱仪的结构及其操作方法；
3. 学习并掌握仪器分析定量分析方法中的标准加入法。

二、实验原理

原子吸收光谱法（atomic absorption spectrometry，AAS）是基于待测元素的气态基态原子对其共振辐射的吸收现象而建立起来的一种用于元素，尤其是金属元素定量分析的方法。该方法的基本流程如图1：样品溶液在能量E（通常为热能）的作用下干燥、蒸发（形成气态分子）和原子化（形成气态的基态原子），当光源所发出的待测元素的共振辐射（ν_0）通过该基态原子蒸气时即会被吸收，且吸收程度（以吸光度A表示）与样品中待测元素的浓度c在一定范围内成正比，即$A=kc$。

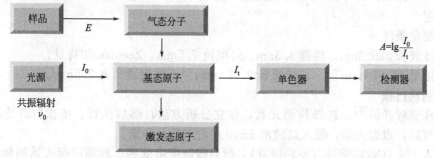

图1　原子吸收光谱法基本流程

能量源（即原子化器）是原子吸收光谱仪中的重要结构单元，目前主要有火焰和石墨炉两种类型。火焰型原子化器是利用化学火焰燃烧的热量使被测元素原子化，它的主要特点是操作简单、快速，分析精密度高、成本低，但检出能力相对较弱，样品需求量较大。

AAS是元素分析最重要的方法之一,可直接测定的元素已达70多种,具有检出限低、灵敏度高、精密度高、方法选择性好、应用范围广等优点,仪器也比较简单,操作方便、易于实现自动化。但AAS本身也存在一定的局限性,如:常用原子化温度(3000K左右)对一些难熔元素测定的灵敏度较低;光源的限制使得多元素同时测定存在一定困难(虽然已有多元素同时测定或顺序测定的仪器出现,但目前并不普及);标准曲线的线性范围比较窄(一个数量级左右);对于某些复杂试样,也会存在严重的干扰;此外与其它原子光谱法一样,AAS只能测定元素总量,而无法提供价态、形态信息。

与其它仪器分析法类似,AAS通常也采用标准曲线法定量,但当试样组成复杂,配制的标准溶液与试样组成之间存在较大差别时,则可采用标准加入法来消除基体的干扰。该法是在数个容量瓶中分别加入等量的试液和不等量(倍增)的标准溶液,用适当溶剂定容后,依次测定它们的吸光度。以所加标样的质量为横坐标,对应的吸光度为纵坐标,绘制标准曲线,标准曲线延长线与横坐标的交点与原点之间的距离即为容量瓶中待测元素的质量,除以试液体积即可得到试液中待测元素的含量。本实验采用该法来测定自来水中的镁含量。

原子吸收光谱法中,测量条件(包括分析线波长、狭缝宽度、灯电流大小、燃烧头高度、助燃比等)的选择对测定的准确度、灵敏度等都会有较大的影响。必须选择合适的测量条件,才能得到满意的结果。本实验使用的日立Z-2300型原子吸收光谱仪会根据所测元素推荐测量条件,可直接使用,也可在此基础上进行优化。

三、仪器与试剂

仪器:日立Z-2300型原子吸收光谱仪、Mg元素空心阴极灯、乙炔供气设备(乙炔钢瓶)、空气供气设备(空气压缩机)、50mL容量瓶、2mL移液管。

试剂:

Mg标准溶液:$5.0\text{mg}\cdot\text{L}^{-1}$。

1% HNO_3溶液:1体积优级纯HNO_3与99体积高纯水均匀混合。

自来水样(打开水龙头,放水数分钟后,用干净的试剂瓶接取)

四、实验内容

1. 系列标准加入溶液的配制[1]

在5个50mL容量瓶中均加入2.00mL自来水样,然后再分别加入0、0.50mL、1.00mL、1.50mL、2.00mL Mg标准溶液,用1% HNO_3定容后摇匀[2]。

2. 测定

(1) 测量条件

吸收线波长285.2nm、狭缝1.3nm、灯电流7.5mA、Zeeman扣背景。

空气流量$15.0\text{L}\cdot\text{min}^{-1}$、乙炔流量$2.0\text{L}\cdot\text{min}^{-1}$、燃烧器高度7.5mm。

(2) 测量过程

按操作流程开机[3],选择待测元素,建立分析方法,然后执行。依次打开冷凝水、乙炔气和空气后,点燃火焰,吸入高纯水5min左右至信号稳定。

先吸入1% HNO_3溶液(空白溶液),然后按浓度由低到高的顺序吸入系列标准加入溶液,测定相应吸光度。

五、注意事项

[1] 加标量应适当,过大或过小均会使误差增大;加标后总浓度也应处在线性范围内。

[2] 自来水中除 Mg^{2+} 外，还含有其它离子，若这些离子对 Mg^{2+} 的测定产生干扰，可加入适量锶离子进行抑制。

[3] 应严格按照仪器操作流程的步骤顺序进行，不可随意改变。

六、数据记录与处理

1. 合理设计表格，记录实验数据。

2. 以加入标样的质量（μg）为横坐标，相应吸光度为纵坐标，利用 origin 等软件绘制标准加入曲线，需给出拟合方程、相关系数和标准加入曲线图。根据拟合方程求出吸光度 $A=0$ 时的质量（取绝对值），即为所取水样中 Mg 的质量，除以水样体积可得自来水样中镁的含量（$mg·L^{-1}$）。

七、思考题

1. 原子吸收光谱法具有哪些特点？
2. 若想对灯电流、燃烧头高度等测量条件进行优化，应如何进行？
3. 在什么情况下需要采用标准加入法？

八、日立 Z-2300 型原子吸收光谱仪操作流程

1. 检查仪器，准备空心阴极灯，打开空压机。
2. 开电脑，开机出现桌面以后至少 15s 后打开光谱仪主机和排风机。
3. 启动 AAS 程序。
4. 设定测量条件，执行"Verify"。
5. 执行"Set Conditions"。
6. 开冷却水、乙炔气、空气。
7. 点火。第一次点火时，软件会要求系统检漏，选择第一项气路检漏。检漏完毕后再按一次点火，此时为正式点火。
8. 吸入纯水 5 分钟后，吸入空白样，执行自动调零（autozero）。
9. 执行"Ready"，按软件提示测量标准样，未知样。
10. 执行"End"，结束测量；吸入纯水 5min，然后空烧 20~30s，熄火。
11. 停止乙炔气、空气、冷却水的供应；通过软件关灯，然后退出 AAS 程序。
12. 关光谱仪主机，关电脑。

实验 4-3 石墨炉原子吸收光谱法（GAAS）测定土壤中痕量镉

一、实验目的

1. 学习石墨炉原子吸收光谱法的分析测定原理；
2. 学习偏振塞曼背景校正技术的分析原理；
3. 掌握石墨炉原子化各阶段温度和时间参数最佳化条件的选择方法；
4. 掌握用日立 Z-2000 塞曼原子吸收光谱仪测定土壤中痕量镉的操作方法。

二、实验原理

石墨炉原子吸收光谱法也叫电热原子吸收光谱法，是通过大功率电源供电加热石墨管（俗称石墨炉）而使其产生高温（最高 3000℃），通过高温和碳（石墨）裂解及还原性，使管内试样中的待测元素分解形成气态基态原子从而吸收其特征谱线实现定量分析的方法。

石墨炉原子吸收法试样用量小，灵敏度高出火焰法 3~5 个数量级，并可直接测定固体试样。但仪器较复杂，测量精密度和速率均不如火焰法，而且背景吸收严重，必须配备 D_2 灯扣背景或 Zeeman 效应扣背景装置。

石墨炉的升温程序通常包含干燥、灰化、原子化和热除残 4 个阶段，升温方式有斜坡式和阶梯式。四个升温阶段的作用及加热参数设定原则如下。

(1) 干燥：温度在 100℃ 左右，作用是蒸发溶剂。

(2) 灰化：温度在 300℃ 以上，作用是蒸发样品中共存有机物和低沸点无机物以减少原子化阶段共存物和烟雾等背景吸收的干扰。灰化温度要适当，不能造成待测元素的损失。

(3) 原子化：作用是将待测元素转化为气态基态原子。在保证待测元素完全原子化的前提下，应选择较低的原子化温度和适当的原子化时间。

(4) 热除残：利用高温灼烧和大的气流将石墨炉中剩余样品残渣去掉，以便下一个样品的测定。

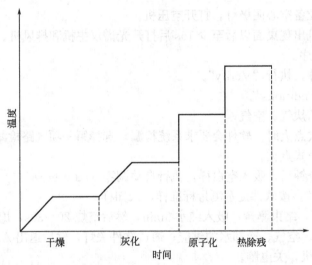

重金属镉的毒害性很大，被列为土壤监测物中第一类监测控制指标，本实验的目的是学习并掌握土壤中痕量金属镉的检测方法。

三、仪器与试剂

仪器：日立 Z-2000 塞曼原子吸收光谱仪、石墨管、氩气钢瓶（提供高纯 Ar，用作冷却气）、电子分析天平（0.1mg）、聚四氟乙烯烧杯、电热板、50mL 容量瓶。

试剂：

Cd 标准工作溶液：4.0mg·L^{-1} 和 16.0mg·L^{-1} [由 1000mg·L^{-1} Cd 标准储备溶液（国家标准物质）逐级稀释获得，其中加入适量 (1+1) HNO_3 溶液]。

HNO_3 溶液：1+1 [优级 HNO_3（$\rho = 1.42 g·mL^{-1}$）和高纯水等体积混合]。

HCl：$\rho = 1.19 g·mL^{-1}$（优级纯）。

HNO_3：$\rho=1.42g \cdot mL^{-1}$（优级纯）。
HF：$\rho=1.13g \cdot mL^{-1}$（优级纯）。
$HClO_4$：$\rho=1.67g \cdot mL^{-1}$（优级纯）。
待测土壤样品（采集后风干，磨碎后过100目筛子，该工作由实验室完成）

四、实验内容

1.土壤样品的消解[1]

准确称取0.5~1.0g已制备好的土壤样品于聚四氟乙烯烧杯中，用少量水湿润，加入5mL HCl，在低温电热板上消化（<450℃，防止Cd挥发），片刻后再加入5mL HNO_3 继续加热5min，然后加入15mL HF加热分解SiO_2及胶态硅酸盐，低温蒸发至小体积后，加入1mL $HClO_4$，加热（<200℃）至冒高氯酸白烟以赶尽F^-，取下后冷却。加入（1+1）HNO_3溶液5mL，加热溶解残渣，冷却后定量转移至50mL容量瓶中，用水定容后摇匀。同时作全程序空白试验[2]。

2.测定

（1）实验条件

吸收线波长228.8nm；狭缝1.3nm；灯电流7.0mA；冷却气：高纯Ar。
扣背景方式：Zeeman扣背景；信号模式：半峰宽[3]；进样量：20μL。
石墨炉升温程序见下表：

步骤	起始温度/℃	终止温度/℃	升温时间/s	保持时间/s	气流量/mL·min^{-1}
干燥	140	140	20	0	200
灰化	300	300	20	0	200
原子化	1500	1500	0	2	10
除残	1800	1800	0	5	200
冷却	0	0	0	8	200

（2）系列标准溶液配制

本实验所用仪器具有自动稀释功能，仅需提供稀释液和高浓度的标准溶液，设置好程序就可自动获得所需浓度系列，这样可避免人工稀释带来的误差。本实验提供浓度为16.0mg·L^{-1}和4.0mg·L^{-1}的2种标准溶液，水做稀释液，通过程序设置自动获取浓度分别为1.0mg·L^{-1}、2.0mg·L^{-1}、4.0mg·L^{-1}、8.0mg·L^{-1}和16.0mg·L^{-1}的系列标准溶液。

（3）按照仪器操作使用规程开机，设置测试条件和进样程序，执行测定程序后，仪器自动进行测定。

五、注意事项

[1] 整个消解过程必须在通风橱中完成，并做好安全防护措施！

[2] 除了不加土样，空白试验的其它程序和试剂用量与样品处理完全一致。

[3] 石墨炉原子吸收光谱法的信号模式通常选择峰高或峰面积。在本实验中，考虑到Cd的灵敏度很高，为了扩展标准曲线的线性范围，信号模式选用半峰宽。

六、数据记录与处理

1.合理设计表格，记录实验数据。

2. 以系列标准溶液的浓度为横坐标，相应半峰宽为纵坐标，利用 origin 等软件进行拟合，需给出拟合方程、相关系数和标准曲线图。根据拟合方程、待测液的半峰宽、试样质量及试液体积，计算土壤样品中 Cd 的含量（mg·kg^{-1}）。

七、思考题

1. 塞曼扣背景与氘灯扣背景有何不同？各有哪些优缺点。
2. 测定 Cd 时，溶样时选择 HNO_3 还是 HCl 好？为什么？
3. 为什么原子化阶段，石墨炉内冷却气流量降为 $10mL·min^{-1}$？

实验 4-4 邻菲啰啉分光光度法测定微量铁

一、实验目的

1. 掌握邻菲啰啉分光光度法测定铁的基本原理及方法；
2. 掌握分光光度计的使用方法。
3. 初步了解进行分光光度法实验条件研究的常规方法。

二、实验原理

应用可见光分光光度法测定物质含量时，通常需将被测物质与显色剂反应，使之生成有色物质，然后测量其吸光度，进而求得被测物质的含量。显色反应的完全程度和吸光度的测量条件都会影响测定结果的准确性。

显色反应的完全程度取决于介质的酸度、显色剂的用量、反应的温度和时间等因素。在建立分析方法时，需要通过实验确定最佳反应条件。为此，可改变其中一个因素（例如介质的 pH 值），固定其它因素，显色后测定相应溶液的吸光度，通过吸光度-pH 曲线确定显色反应的适宜酸度范围。其它几个影响因素的适宜值，也可按这一方式分别确定。此外，加入试剂的顺序、离子价态、干扰物质等的影响都应加以研究，以便拟定合适的分析步骤，使实验快捷、准确。本实验通过对 Fe^{2+}-邻菲啰啉反应的几个基本条件实验，学习分光光度法测定条件的选择。

邻菲啰啉分光光度法测定微量铁的灵敏度和选择性都很高，是化工产品中微量铁测定的通用方法。在 pH=2～9 的溶液中，Fe^{2+} 与邻菲啰啉生成 1:3 的橘红色配合物，$lg\beta_3$=21.3，$\varepsilon_{510}=1.1\times10^4 L·cm^{-1}·mol^{-1}$。$Fe^{3+}$ 与邻菲啰啉也可生成 1:3 的配合物，但稳定性和灵敏度均不如 Fe^{2+}。测定时需加入盐酸羟胺或抗坏血酸等还原剂将 Fe^{3+} 全部转化为 Fe^{2+}，因此所测的是总铁含量。

$$2Fe^{3+}+2NH_2OH \Longrightarrow 2Fe^{2+}+N_2\uparrow+2H^++2H_2O$$

光照下，Fe^{3+} 与邻菲啰啉的配合物会发生光化学还原反应转化为 Fe^{2+} 与邻菲啰啉的配合物。因此，用邻菲啰啉分光光度法测定 Fe^{3+} 与 Fe^{2+} 共存的试样时，不能通过直接显色的方式准确测定 Fe^{2+} 的含量，必须加入合适的试剂掩蔽 Fe^{3+}。

Cu^{2+}、Co^{2+}、Ni^{2+}、Cd^{2+}、Hg^{2+}、Mn^{2+}、Zn^{2+} 等离子也能与邻菲啰啉生成有色配合物，但含量较低时不影响测定，含量较高时需加入掩蔽剂或者分离去除。

三、仪器与试剂

仪器：Unico 2100 型可见分光光度计（配 1cm 玻璃比色皿）、pH 计、50mL 容量瓶、吸量管（5mL、2mL、1mL）、5mL 量筒。

试剂：

铁标准溶液：100mg·L^{-1}（准确称取 0.8634g 分析纯硫酸铁铵 [(NH$_4$)Fe(SO$_4$)$_2$·12H$_2$O] 于小烧杯中，用 20mL 6mol·L^{-1} HCl 和适量水溶解后，定量转移至 1L 容量瓶中，用水定容后摇匀）。

邻菲啰啉溶液：2g·L^{-1}（称取 1g 邻菲啰啉，用 10mL 95％乙醇溶解后，再用水稀释到 500mL，临用前新配）。

盐酸羟胺溶液：10g·L^{-1}（称取 10g 盐酸羟胺溶于 100mL 水中，临用前新配）。

HAc-NaAc 缓冲溶液：pH=4.6 [称取 136g 三水合醋酸钠（CH$_3$COONa·3H$_2$O），加 60mL 冰醋酸，加水溶解后，稀释到 1L]。

HCl 溶液：1.0mol·L^{-1}。

NaOH 溶液：0.5mol·L^{-1}。

待测水样。

四、实验内容

1. 条件试验

(1) 吸收曲线的绘制　分别吸取 0 和 1.00mL 铁标准溶液于 2 个 50mL 容量瓶中，各加入 1.0mL 盐酸羟胺溶液，摇匀[1]。再各加入 1.5mL 邻菲啰啉溶液、5mL HAc-NaAc 缓冲溶液，用水定容后摇匀，放置 10min。用 1cm 比色皿，以试剂空白（含铁标准溶液 0mL 的溶液）为参比溶液，依次测定试样溶液（含铁标准溶液 1.00mL 的溶液）在波长为 450nm、470nm、490nm、500nm、505nm、510nm、515nm、520nm、530nm、550nm、570nm 时的吸光度。

(2) 溶液 pH 的影响　在 8 个 50mL 容量瓶中，各加入 1.00mL 铁标准溶液和 1.0mL 盐酸羟胺溶液，摇匀。再各加入 1.5mL 邻菲啰啉溶液，摇匀。用吸量管分别加入 5.00mL、0.30mL、0mL HCl 溶液（1.0mol·L^{-1}），0.20mL、0.50mL、3.80mL、3.90mL、4.00mL NaOH 溶液（0.5mol·L^{-1}），用水定容后摇匀，放置 10min。用 1cm 比色皿，以水为参比[2]，在所选波长下分别测定各溶液的吸光度，同时用 pH 计测量各溶液 pH 值。

(3) 显色剂用量的确定　取 6 个 50mL 容量瓶，各加入 1.00mL 铁标准溶液和 1.0mL 盐酸羟胺溶液，摇匀。分别加入 0.1mL、0.5mL、1.0mL、1.5mL、2.0mL、4.0mL 邻菲啰啉溶液，再各加入 5mL HAc-NaAc 缓冲溶液，用水定容后摇匀，放置 10min。用 1cm 比色皿，以水为参比，在所选波长下分别测定各溶液的吸光度。

2. 铁含量的测定[3]

(1) 系列标准溶液的配制及测定

取 6 个 50mL 容量瓶，分别加入 0mL、0.30mL、0.60mL、0.90mL、1.20mL、1.50mL 铁标准溶液，各加入 1mL 盐酸羟胺溶液，摇匀。再各加入最适用量的邻菲啰啉溶液和 5mL HAc-NaAc 缓冲溶液，用水定容后摇匀，放置 10min。用 1cm 比色皿，试剂空白（含铁标准溶液 0mL 的溶液）为参比溶液，在所选波长下，按浓度由低到高的顺序测定各溶液的吸光度。

(2) 未知水样中铁的测定

移取 1.00mL[4] 待测水样于 2 个 50mL 容量瓶中，按照系列标准溶液的配制方式处理（可以和系列标准溶液同时配制），然后测定吸光度。

五、注意事项

[1] 原则上，每加入一种试剂后都应摇匀。

[2] 本实验中的还原剂、显色剂和缓冲溶液在 510nm 附近均无吸收，因此可用溶剂（水）作为参比。

[3] 定量测定时，必须保证样品池和参比池的匹配性。即用装有参比溶液的参比池调节吸光度为零后，样品池中装入参比溶液后的读数也应接近零（±0.003 以内）。

[4] 取样体积应根据水样含铁量调节，以确保处在系列标准溶液浓度范围之内。

六、数据记录与处理

1. 合理设计表格记录有关的实验数据。

2. 条件试验

(1) 以波长 λ 为横坐标，吸光度 A 为纵坐标绘制吸收曲线，确定适宜的测定波长（通常选择最大吸收波长 λ_{max}）。

(2) 以 pH 值为横坐标，吸光度 A 为纵坐标绘制吸光度 A 与 pH 值关系曲线，确定适宜的 pH 范围。

(3) 以显色剂体积为横坐标，吸光度 A 为纵坐标绘制吸光度 A 与显色剂用量曲线，确定显色剂的最适宜用量。

3. 铁含量的测定

以系列标准溶液中铁的浓度 c 为横坐标，吸光度 A 为纵坐标绘制标准曲线，需给出标准曲线的拟合方程、相关系数。根据拟合方程、待测液的吸光度和稀释倍数计算待测水样中铁的含量（$mg·L^{-1}$）。

七、思考题

1. 为什么本法测定的是水样中二价和三价铁的总量？如果欲分别测定二价和三价铁的含量，利用本实验的仪器及试剂，可否有办法实现？

2. 本实验显色反应过程中，各种试剂的加入顺序是否有要求？为什么？

3. 吸光度测定时参比溶液的作用是什么？本实验可否用蒸馏水代替试剂空白？

4. 本实验的标准曲线是否应该过原点？如果不过说明什么问题？

5. 本实验中各种试剂加入的量哪些需要非常准确，哪些只要基本准确就可以？

6. 根据自己的实验数据，计算测定波长下的摩尔吸收系数。

7. 实验结果应该保留几位有效数字？

八、Unico 2100 型可见分光光度计的操作方法

1. 打开电源，等待仪器自检完毕，显示屏显示"100.0 546nm"即可进行测试；

2. 按<MODE>键设置测试方式：透射比（T），吸光度（A），已知标准样品浓度值方式（c）或已知标准样品斜率（F）方式；

3. 按波长设置键设置测试波长；

4. 分别将装有参比溶液和待测溶液的比色皿插入样品室的比色皿槽中，盖上样品室盖（通常参比溶液放在第一槽位）；

5. 将参比溶液推入光路中，按"0A/100％T"键调 0A/100％T，此时显示屏显示"BLA——"直至显示"0.000"或"100.0"为止（注意：分析波长改变时，必须重新调整 0A/100％T）；

6. 当显示屏显示出"0.000"或"100.0"后，将被测溶液推入光路，即可得其吸光度值。

实验4-5　考马斯亮蓝染色法测定蛋白质含量

一、实验目的

1. 掌握考马斯亮蓝法测定蛋白质含量的原理和方法；
2. 了解影响蛋白质测量的因素。

二、实验原理

考马斯亮蓝 G-250（Coomassie Brilliant Blue G-250，CBB）测定蛋白质含量属于染料结合法的一种，于1976年由 Bradford 建立，是目前测定微量水溶性蛋白质含量最常用的方法之一。CBB 属于三苯甲烷类染料，其结构式如下所示：

在酸性介质中（1.46mol·L^{-1} H$_3$PO$_4$ 介质），CBB 呈浅红色，最大吸收波长在 465nm 和 595nm，当它与蛋白质通过范德华力形成深蓝色的蛋白质-考马斯亮蓝复合物后，在 595nm 处的吸光能力大大增强，且在一定浓度范围内（10～1000μg·mL^{-1}），结合蛋白质含量与 595nm 处的吸光度成正比，因此可用于蛋白质含量的测定。

该法只需一种试剂，且反应迅速（2分钟左右反应即可完成），产物稳定（可在1小时内保持稳定），灵敏度高，重复性好，干扰物也很少，因此用途非常广泛。但 CBB 与不同蛋白质的结合量似乎与蛋白质中碱性氨基酸残基有关，如牛血清白蛋白（BSA）与 CBB 复合物的吸光度要比同浓度的卵清白蛋白与 CBB 复合物的吸光度高近 60％，因此测定时应尽量使标准蛋白质和待测蛋白质相同。

三、仪器与试剂

仪器：Unico 2100 可见分光光度计（配 1cm 玻璃比色皿）、10mL 具塞比色管、5mL 吸量管、1mL 吸量管。

试剂：

考马斯亮蓝试剂：100mg 考马斯亮蓝 G-250 溶于 50mL 95％乙醇中，加入 100mL 85％

H_3PO_4，用水稀释至1L，经滤纸过滤后贮存于棕色试剂瓶中（常温下可保存1个月左右，但最好放在冰箱内保存）。最终试剂中含0.01%（w/V）考马斯亮蓝G-250，4.7%（w/V）乙醇和8.5%（w/V）H_3PO_4。

标准蛋白质溶液：牛血清白蛋白，预先经微量凯氏定氮法测定蛋白氮含量，根据其纯度用0.15mol·L^{-1} NaCl溶液配制成100μg·mL^{-1}的溶液。

NaCl溶液：0.15mol·L^{-1}。

待测液。

四、实验内容

1. 系列标准溶液的配制与测定[1]

将6支洁净、干燥的10mL具塞比色管编号，然后按下表取样后盖好塞，纵向倒转混合均匀并放置5min[2]。用1cm比色皿，以0号管中试液为参比溶液，595nm为测定波长，按浓度由低到高的顺序测定1～5号管中试液的吸光度[3]。

试管编号	0	1	2	3	4	5
$V_{标准蛋白}$/mL	0	0.20	0.40	0.60	0.80	1.00
V_{NaCl}/mL	1.00	0.80	0.60	0.40	0.60	0
$V_{考马斯亮蓝试剂}$/mL	5.00					
$m_{标准蛋白}$/μg		20	40	60	80	100

2. 待测液[4]中蛋白质含量的测定

在洁净、干燥的10mL具塞比色管中（最好平行测定2份以保证测定结果的准确性）加入适量体积的待测液，并用0.15mol·L^{-1} NaCl溶液调至1.00mL，然后加入考马斯亮蓝试剂5.00mL，混合均匀后放置5min。在相同条件下测定其吸光度。

五、注意事项

[1] 标准曲线在蛋白质含量较高时会稍微弯曲，这是因为染料本身在595nm处有吸收，试剂背景会随更多染料与蛋白质结合而不断降低。但弯曲程度很轻，不影响测定，亦可适当减小标准系列蛋白质含量。

[2] 蛋白质-考马斯亮蓝复合物在5～20min内最稳定，应尽可能在此时间段内测定。

[3] 测定过程中，会有少量蛋白质-考马斯亮蓝复合物附着在比色皿内壁，实验证明该吸附可以忽略，测定完毕后可用乙醇洗干净。

[4] 待测液可选择植物提取液、蛋清、鲜牛奶等，但必须澄清且稀释至适当浓度。

六、数据记录与处理

1. 合理设计表格记录有关的实验数据。

2. 以系列标准溶液中蛋白质的质量（μg）为横坐标，吸光度A为纵坐标绘制标准曲线，需给出标准曲线的拟合方程、相关系数。根据拟合方程、待测液的吸光度和体积计算待测液中蛋白质的含量（μg·mL^{-1}）。

七、思考题

1. 测定蛋白质总量的方法有哪些？简单评述一下其优劣。

2. 为什么标准蛋白质必须用凯氏定氮法测定纯度？

3. 本实验中所用比色管为什么必须是干燥的？为什么要用0.15mol·L^{-1} NaCl溶液调节

试液体积为 6mL，而不是定容至刻度体积？

实验 4-6　取代基及溶剂性质对有机化合物紫外吸收光谱的影响

一、实验目的

1. 通过对苯及系列 1-取代苯化合物紫外吸收光谱的测定，了解不同取代基对苯的吸收光谱的影响；
2. 通过对不同溶剂中丁酮的紫外吸收光谱的测定和不同 pH 下苯酚的紫外吸收光谱的测定，了解溶剂极性和 pH 值对化合物吸收光谱的影响；
3. 学习并掌握紫外-可见分光光度计的使用方法。

二、实验原理

具有不饱和结构的有机化合物，特别是芳香族化合物，在近紫外区（200～400nm）有特征吸收，这为有机化合物的鉴定提供了有用的信息。在相同条件下（包括溶剂、pH、浓度和温度等），测定未知物和纯的已知化合物的吸收光谱进行比较，或将所测未知物的吸收光谱与标准光谱图（如 Sadtler 紫外光谱图）比较，若两者相一致，表明它们很可能含有相同的生色团和分子母核。

苯在 230～270nm 之间出现的精细结构是它的特征吸收峰（B 带），中心在 254nm 附近，其最大吸收峰会随苯环上取代基的不同而发生位移。

溶剂的极性对有机物的紫外吸收光谱有一定的影响。溶剂极性增大，$n \rightarrow \pi^*$ 跃迁产生的吸收带发生蓝移，而 $\pi \rightarrow \pi^*$ 跃迁产生的吸收带发生红移。pH 值因影响酸碱性物质的解离也会对这类物质的紫外吸收光谱产生影响。

三、仪器与试剂

仪器：日立 U-3900H 紫外-可见分光光度计（配 1cm 石英比色皿）、吹风机、5mL 具塞比色管、1mL 吸量管、20μL 微量取液器、试管架。

试剂：

苯的环己烷溶液（1+250）、甲苯的环己烷溶液（1+250）、苯酚的环己烷溶液（0.3g·L^{-1}）、苯甲酸的环己烷溶液（0.8g·L^{-1}）、苯胺的环己烷溶液（1+3000）、苯酚的水溶液（0.4g·L^{-1}）、NaOH（0.1mol·L^{-1}）、HCl（0.1mol·L^{-1}）、丁酮、环己烷、乙醇、氯仿。

四、实验内容

1. 取代基对苯的紫外吸收光谱的影响

在 5 个 5mL 具塞比色管中，分别加入苯、甲苯、苯酚、苯甲酸、苯胺的环己烷溶液 0.5mL，用环己烷稀释至刻度并摇匀。用 1cm 石英比色皿（带盖）[1]，以环己烷为参比溶液，在 220～350nm 范围内进行扫描，获取相应的吸收光谱图。

2. 溶剂性质对紫外吸收光谱的影响

（1）溶剂极性对 $n \rightarrow \pi^*$ 跃迁的影响　在 3 个 5mL 具塞比色管中，各加入 20μL 丁酮，分别用水、乙醇、氯仿稀释至刻度并摇匀。用 1cm 石英比色皿[2]（带盖），以各自溶剂为参比溶液，在 220～350nm 范围内进行扫描，获取相应的吸收光谱图。

（2）溶液 pH 值对苯酚吸收光谱的影响：在 2 个 5mL 具塞比色管中，各加入苯酚的水溶液 0.5mL，分别用 0.1mol·L^{-1} 的 HCl 溶液和 NaOH 溶液稀释至刻度并摇匀。用 1cm 石英比色皿，以水为参比溶液，在 220～350nm 范围内进行扫描，获取相应的吸收光谱图。

五、注意事项

[1] 溶剂较易挥发时，比色皿必须加盖；若溶剂不易挥发，比色皿可不加盖。

[2] 考虑到溶剂混溶的情况，建议依次测定丁酮的氯仿、乙醇和水溶液，这样可以直接用溶剂清洗比色皿。也可以都采用乙醇清洗比色皿，用吹风机吹干后使用。

六、数据记录与处理

1. 拷贝所有吸收光谱的数据。

2. 以波长为横坐标，吸光度为纵坐标，在同一坐标体系中绘制苯的系列化合物的吸收光谱。观察各吸收光谱的图形，找出其 λ_{max} 值，分析各取代基使苯的 λ_{max} 移动的情况及原因。

3. 以波长为横坐标，吸光度为纵坐标，在同一坐标体系中绘制丁酮在三种溶剂中的吸收光谱。比较吸收光谱 λ_{max} 的变化，并简单解释。

4. 以波长为横坐标，吸光度为纵坐标，在同一坐标体系中绘制苯酚在 HCl 和 NaOH 溶液中的吸收光谱。比较吸收光谱 λ_{max} 的变化，并简单解释。

七、思考题

1. 为什么溶剂极性增大，n→π* 跃迁产生的吸收带蓝移，而 π→π* 跃迁产生的吸收带红移？

2. 为什么苯酚水溶液的吸收光谱受 NaOH 的影响较大，而受 HCl 的影响较小？若用苯胺代替苯酚进行本实验，推测一下实验结果。

3. 某些具有共轭双键的分子受紫外-可见光后激发后，会产生荧光。如甲苯在 265nm 激发，会在 285nm 处发射荧光。请问在进行有机物的吸收光谱实验时，是否要考虑荧光发射对吸收光谱的影响？反之，若进行荧光实验，是否要考虑光的吸收对荧光发射的影响？

4. 通过本实验你有什么收获？你认为本实验有哪些地方需要改进？

实验 4-7　分子荧光法测定维生素 B_2 的含量

一、实验目的

1. 掌握分子荧光法的基本原理；
2. 了解荧光分光光度计的基本结构（与 UV-Vis 分光光度计的区别）和基本操作；
3. 了解维生素 B_2 的荧光分析特性。

二、实验原理

荧光属于光致发光，是分子吸收了一定波长的光被激发后以辐射形式释放能量返回基态时所发出的光，该过程存在能量损失，因此荧光的波长较激发光的波长红移。能够产生荧光的有机化合物通常具有较大的刚性共轭平面结构。荧光物质具有激发光谱和发射光谱（荧光光谱）两个特征光谱。激发光谱是指发射波长固定时，荧光强度随激发光波长变化的曲线，反映了不同波长光的激发效率；发射光谱是指激发光波长固定时，发射光强度随波长变化的曲线，反映了所发射荧光中各种波长光的相对强度。激发光谱和发射光谱与荧光物质结构有关，具有一定特征性，可用于鉴定荧光物质。激发和发射波长确定时，荧光物质的浓度在一定范围内与荧光强度成正比，可用于定量分析。

维生素 B_2 即核黄素，是一种典型的芳香族荧光物质，结构式见下图：

维生素 B_2 在 430nm 附近的蓝光照射下会产生绿色荧光，荧光发射峰在 530nm 附近，稀溶液中荧光强度和维生素 B_2 含量成正比。维生素 B_2 微溶于水，难溶于有机溶剂，在酸性溶液中稳定，热稳定，但光照易分解。

三、仪器与试剂

仪器：日立 F-7000 荧光分光光度计（配 1cm 荧光池）、100μL 微量取液器、10mL 具塞比色管、5mL 吸量管。

试剂：维生素 B_2 标准溶液（60mg·L^{-1}）、pH=4.6 HAc-NaAc 缓冲溶液、待测试液。

四、实验内容

1. 维生素 B_2 系列标准溶液及样品溶液配制

用微量取液器分别移取 0μL（空白溶液）、20μL、40μL、60μL、80μL、100μL 维生素 B_2 标准溶液和 50μL 待测试液于 7 支 10mL 具塞比色管中，加入 5.0mL HAc-NaAc 缓冲溶液，用水稀释至刻度摇匀。

2. 激发光谱和发射光谱的绘制

取任意一份标准溶液进行测定（通常选择浓度居中的溶液）。设置激发光带宽为 2.5nm，发射光带宽为 10nm[1]。固定激发波长为 430nm，在 430~700nm 的范围内扫描发射光谱，根据发射光谱确定最大发射波长 λ_{em}；再固定发射波长为 λ_{em}，在 200~530nm 的范围内扫描激发光谱，根据激光光谱确定最大激发波长 λ_{ex}[2]（文献参考值：λ_{ex}=430nm，λ_{em}=530nm）。

3. 标准系列及试样的测定

按以上的实验结果确定 λ_{ex} 和 λ_{em}，并设置激发光带宽为 2.5nm，发射光带宽为 10nm。先测定空白溶液，再按浓度由低到高的顺序测定系列标准溶液，然后将荧光池洗干净后测定样品，记录扣除空白后的相对荧光强度 I_F。

五、注意事项

[1]激发光和发射光波长确定后，带宽直接影响荧光强度。带宽越大，荧光强度也越

大,但干扰往往也增大,实验中应合理设置。本实验所用仪器有 1.0nm、2.5nm、5nm、10nm、20nm 五个档可选。维生素 B_2 光照下易分解,故激发带宽设为 2.5nm。

[2] 若 $\lambda_{ex} \neq 430nm$,应固定激发波长为 λ_{ex},再次扫描发射光谱,若最大荧光强度处的波长没有变化,扫描可终止;若有变化,应固定发射波长为变化后的数值,再次扫描激发光谱……直至激发光谱和发射光谱都不再变化为止。以最终所得光谱的峰值对应的波长为 λ_{em} 和 λ_{ex}。

六、数据记录与处理

1. 拷贝激发光谱和发射光谱的数据,合理设计表格记录其它实验数据。
2. 以波长 λ 为横坐标,相对荧光强度 I_F 为纵坐标,在同一坐标体系中绘制维生素 B_2 的激发光谱和发射光谱。
3. 以系列标准溶液中维生素 B_2 的浓度为横坐标,相对荧光强度 I_F 为纵坐标绘制标准曲线,需给出标准曲线的拟合方程、相关系数。根据拟合方程、待测液的相对荧光强度和稀释倍数计算待测液中维生素 B_2 的浓度 ($\mu g \cdot mL^{-1}$)。

七、思考题

1. 为什么荧光法的灵敏度比吸收光谱法高?
2. 绘制荧光分光光度计的结构示意图,并指出与 UV-Vis 分光光度计的区别。
3. 能够产生荧光的有机化合物在结构上一般具有哪些特点?
4. 若待测荧光物质的 λ_{ex} 和 λ_{em} 无法从文献获取,应如何测定?
5. 激发光带宽和发射光带宽直接影响荧光强度,设定时通常遵循的原则有哪些?本实验中激发光带宽设为 2.5nm,发射光带宽设为 10nm,为什么?可否反过来?

实验 4-8 有机化合物红外光谱的测定及结构解析

一、实验目的

1. 掌握 KBr 压片法制备固体样品和涂膜法制备液体样品的方法;
2. 学习并掌握 Bruker Tensor 27 型红外光谱仪的使用方法;
3. 初步学会对红外光谱图的解析。

二、实验原理

分子中的各种不同基团,可以选择性吸收不同波长的红外光,并引起不同振动能级之间的跃迁,形成与分子结构密切相关的红外吸收光谱。根据红外吸收光谱,可对物质进行定性、定量分析,特别是对化合物官能团的鉴定,具有很强的实用性。

基团的振动频率和吸收强度与组成基团的原子质量、化学键类型及分子的几何构型等密切相关。因此根据红外吸收光谱的峰位、峰强、峰形和峰数目,可以判断物质中可能存在的某些官能团,进而推断未知物的结构。如果分子比较复杂,还需结合紫外光谱、核磁共振谱和质谱等手段作综合判断。最后可通过与未知样品相同测定条件下得到的标准样品谱图或已发表的标准图谱(如 Sadtler 红外光谱图等)进行分析比较,作出进一步的证实。如果找不到标准样品或者标准谱图,则可根据所推测的某些官能团,用制备模型化合物的方法来核实。

红外光谱仪有色散型和傅里叶变换型两种，傅里叶变换型红外光谱仪具有信噪比高、波数准确度高、分辨率高和扫描速度快等诸多优点，目前已被广泛使用。测定红外光谱时，需根据样品性质的不同采用不同的制样方法。

三、仪器与试剂

仪器：Bruker Tensor 27 红外光谱仪、压片机（含模具）、红外线干燥器、玛瑙研钵、毛细管、小药勺。

试剂：聚苯乙烯薄膜、KBr（光谱纯）、苯甲酸、苯乙酮、未知有机物。

四、实验内容[1]

1. 波数检验（利用聚苯乙烯的吸收峰位置，判断仪器是否工作正常）

将聚苯乙烯薄膜放入测试光路，设置波数范围 4000～400cm^{-1}，分辨率 4cm^{-1}，扫描 32 次，得到红外吸收光谱。观察图谱，对 2850.7cm^{-1}、1601.4cm^{-1} 和 906.7cm^{-1} 的吸收峰进行检验，要求在 4000～2000cm^{-1} 范围内，波数误差不大于 ±10cm^{-1}；2000～400cm^{-1} 范围内，波数误差不大于 ±3cm^{-1}。

2. KBr 压片法测定苯甲酸的红外吸收光谱

取约 2mg 苯甲酸和 100mg KBr 粉末[2]，在玛瑙研钵中充分磨细（颗粒约 2μm）并混合均匀，然后在红外线干燥器中干燥 10min 左右，转移到压片机的模具中压成透明薄片[3]。将薄片装进样品架后放入测试光路[4]，设置波数范围 4000～400cm^{-1}，分辨率 4cm^{-1}，扫描 32 次，得到红外吸收光谱。

3. 涂膜法测定苯乙酮的红外吸收图谱

将 KBr 粉末在玛瑙研钵中充分磨细，然后在红外线干燥器中干燥 10min 左右，转移到压片机的模具中压成透明薄片。用毛细管蘸取少量苯乙酮液体涂在薄片上[5]，然后将薄片装进样品架后放入测试光路，设置波数范围 4000～400cm^{-1}，分辨率 4cm^{-1}，扫描 32 次，得到红外吸收光谱。

4. 未知有机物的结构分析：从教师处领取未知有机物样品，用 KBr 压片法或涂膜法制备样品，然后测定其红外吸收光谱。

五、注意事项

[1] 本实验中所有红外吸收光谱的测定均以空气做参比。

[2] 样品和 KBr 应预先干燥好；样品含量大致在 0.1%～3% 之间，测定时应根据谱图的情况适当进行调整（透光率不能过大或过小）。

[3] 为了获得高质量的红外吸收光谱，压制的 KBr 薄片应接近透明。

[4] 不要用手直接接触 KBr 薄片，也尽量不要对着 KBr 薄片呼吸。

[5] 测定液体样品的红外吸收光谱时，应根据其挥发性的大小选择涂膜、液膜或液体池法。

六、数据记录与处理

1. 拷贝苯甲酸、苯乙酮和未知有机物的红外吸收光谱数据。

2. 以波数为横坐标，透过率为纵坐标，分别绘制苯甲酸、苯乙酮和未知有机物的红外吸收光谱。对苯甲酸和苯乙酮的主要红外吸收峰进行归属；根据未知有机物的化学式和红外吸收光谱上的吸收峰位置,推断未知有机物可能的结构式。

七、思考题

1. 用压片法制样时为什么要将固体试样研磨到颗粒度在 $2\mu m$ 左右?为什么要求 KBr 粉末干燥,避免吸水受潮?
2. 对于高聚物固体材料,很难研磨成细小的颗粒,采用什么方法制样比较可行?
3. 芳香烃的红外特征吸收在谱图的什么位置?
4. 羰基化合物谱图的主要特征是什么?
5. 本实验在测定苯甲酸和苯乙酮的红外吸收光谱时,可以用纯 KBr 压制的薄片代替空气作为参比吗?
6. 可以采用涂膜法测定无水甲醇的红外吸收光谱吗?

实验 4-9　直接电位法测定含氟牙膏中游离氟的含量

一、实验目的

1. 掌握直接电位法的基本原理和基本操作;
2. 掌握标准曲线法和标准加入法这两种仪器分析中常用的定量方法;
3. 了解总离子强度调节缓冲溶液(TISAB)的组成及作用;
4. 了解测定氟含量的意义。

二、实验原理

氟是人体必需的微量元素之一,与钙、磷的代谢有密切关系。微量氟有促进儿童生长发育和预防龋齿的作用,但摄入过量氟则会导致氟斑牙、氟骨病甚至致癌。因此,饮用水中氟含量在 $1mg·L^{-1}$ 左右比较适宜。在饮用水含氟量较低的地区,可采用添加氟化物的牙膏来预防龋齿。国家标准 GB 8372—2008 规定含氟牙膏中可溶性或游离氟的含量应在 0.05%~0.15%之间(儿童牙膏在 0.05%~0.11%之间),含氟量不足起不到预防龋齿的作用,过高会导致氟中毒。氟含量的测定是含氟牙膏质量检测中的重要一项。

氟的测定可以采用离子色谱法、氟试剂分光光度法和氟离子选择电极法等,本实验采用国家标准 GB 8372—2008 中规定的氟离子选择电极法测定含氟牙膏中的游离氟含量,该法既简单方便,又能满足准确度的要求。

氟离子选择性电极(后面简称氟电极)法测定 F^- 含量属于直接电位法。氟电极的电极电位 φ_{F^-} 与待测液中 F^- 的活度 a_{F^-} 之间符合 Nernst 响应: $\varphi_{F^-} = 常数 - S\lg a_{F^-}$ (S 为氟电极的响应斜率,对于确定电极是固定值,25℃时的理论值为 59.0mV/pF,不同电极之间略有差异)。测定时,将氟电极(指示电极)、饱和甘汞电极 SCE(参比电极)和含 F^- 试液构成工作电池:

$$-)\text{SCE}|待测液|氟电极(+$$

电池电动势 $E = \varphi_{F^-} - \varphi_{SCE} = 常数 - S\lg a_{F^-}$。若能控制测定过程中离子强度 I 基本一致且抑制 F^- 的副反应发生,上式可进一步表示为 $E = 常数 - S\lg c_{F^-}$ (c 为 F^- 的分析浓度),即电池电动势 E 和 $\lg c_{F^-}$ 之间存在线性关系(c_{F^-} 浓度在 $10^{-6} \sim 10^{-2} mol·L^{-1}$ 范围内成立),借此可采用标准曲线法测定 F^- 浓度。

在系列标准溶液和待测试液中加入等量的总离子强度调节缓冲溶液（Total Ionic Strength Adjustment Buffer，TISAB）可控制离子强度 I 一致并抑制 F^- 的副反应发生。本实验所用的 TISAB 由 NaCl（控制总离子强度 I）、HAc-NaAc 缓冲溶液（pH=5.5～6.5，避免 F^- 形成 HF 以及 OH^- 对 F^- 的干扰）和柠檬酸（掩蔽可与 F^- 配位的 Fe^{3+}、Al^{3+} 等离子）组成。

试样基体比较复杂时，待测溶液和标准溶液的组成相差较大，可能会导致标准曲线法的测定结果产生较大误差，此时可采用标准加入法。要求较高时，可对试样进行多次加标，通过标准加入曲线来定量；要求不太高时，可加标一次，通过计算来定量。

牙膏中的含氟添加物通常是 NaF 和 Na_2PO_3F（单氟磷酸钠），两者可单独使用，也可配合使用。用水提取后加入 TISAB，NaF 中的氟以 F^- 形式存在，可被氟电极测定，称为游离氟；Na_2PO_3F 中的氟以 PO_3F^{2-} 形式存在，不能被氟电极直接测定，用 HCl 将其分解转化为 F^- 后才可被氟电极测定，NaF 和 Na_2PO_3F 中氟的总量称为可溶氟。总氟量还应包含牙膏中不溶于水的氟化物。

本实验分别采用标准曲线法和一次标准加入法测定含氟牙膏中的游离氟，所测牙膏中的含氟添加物为 NaF。

三、仪器与试剂

仪器：雷磁 pHS-3C 型 pH 计、氟离子选择电极、饱和甘汞电极 SCE、电磁搅拌器（配聚四氟乙烯搅拌子）、电子分析天平（0.1mg）、50mL 塑料烧杯、50mL 容量瓶、吸量管（20mL、10mL、1mL）。

试剂：

氟离子标准储备溶液：$1000mg \cdot L^{-1}$ [称取 NaF 基准试剂（已于 105～110℃ 干燥处理两小时，冷却）0.2210g 于小烧杯中，加入适量水溶解，定量转移至 100mL 容量瓶中，用水定容摇匀后，立即转移至聚乙烯瓶中储存]。

氟离子标准工作溶液：$100mg \cdot L^{-1}$（吸取 $1000mg \cdot L^{-1}$ 氟离子标准储备溶液 25.00mL 于 250mL 容量瓶中，用水定容后摇匀，立即转移至聚乙烯瓶中储存）。

总离子强度调节液（TISAB）：称取 58.0g NaCl、12g 柠檬酸于 1L 烧杯中，加入 500mL 水和 57mL 冰醋酸，搅拌至溶解，将烧杯放入冷水中，缓慢加入 $6mol \cdot L^{-1}$ NaOH 调节 pH=5.5～6.5，冷却至室温后，用水稀释至 1L。

待测牙膏（含氟添加物为 NaF）。

四、实验内容

1. 仪器的准备

将电极与仪器相连接（氟电极接测量电极，SCE 接参比电极），然后接通电源，按"mV/pH"键进入电位测量模式（mV），预热 15min 后即可测定。先测定本底值判断氟电极是否清洗干净，做法如下：在干净的烧杯中加入一定体积的水，加入搅拌子后插入冲洗干净后的电极，开动搅拌器使搅拌子缓慢而稳定的转动，读取平衡后的电位值。若电位值接近 300mV 可认为电极已清洗干净；若小于 280mV，应用洗瓶反复冲洗电极直至电位达到要求[1]。

2. 系列标准溶液的配制

分别移取 $100mg \cdot L^{-1}$ 的氟离子标准溶液 2.00mL、4.00mL、6.00mL、10.00mL、20.00mL 于 5 个 50mL 容量瓶中，各加入 10mL TISAB 溶液，用水定容后摇匀。

3. 牙膏样品的处理

称取 0.5~0.6g 待测牙膏（精确至 1mg）至干燥洁净的小烧杯中（平行做 2 份），加入 10mL TISAB，用玻璃棒搅拌至均匀分散后，加入搅拌子，开动搅拌器搅拌 10min，然后定量转移至 50mL 容量瓶中，用水定容后摇匀[2]。

4. 牙膏中游离氟含量的测定

将氟离子系列标准溶液按照浓度由低到高的顺序依次转入干燥塑料杯中，加入搅拌子并插入电极[3]，开动搅拌器使搅拌子缓慢而稳定的转动，读取平衡[4]后的电位值。

将处理好的牙膏试液全部[5]转移至干燥塑料烧杯中，按相同的方法测定平衡电位 E_1（mV），然后将电极提出液面，在烧杯中加入 0.50mL 1000mg·L^{-1} 的氟离子标准储备溶液[6]，开动搅拌器搅拌均匀，再把电极[7]插入溶液，读取加标后的平衡电位值 E_2（mV）。

5. 测定结束后，把电极清洗干净，将氟电极浸泡在水中，将 SCE 侧端的橡皮塞和底部的橡皮帽套好置于烧杯之外，关闭仪器。

五、注意事项

[1] 氟电极使用前，需在水中浸泡数小时或在 10^{-3} mol·L^{-1} NaF 溶液中浸泡 1~2h，再用水冲洗干净，直至其在水中的电极电位达到要求。若不能达到要求，可能是电极的敏感膜钝化，可用 M5（06#）金相砂纸轻轻擦拭电极，或将优质牙膏放在湿鹿皮上擦拭氟电极，然后清洗，以上两种方法都可以活化电极，使其恢复原来的性能。

[2] 处理牙膏的过程中动作要轻以避免出现大量泡沫影响定容。

[3] 用滤纸片将电极表面的水分吸干后方可插入待测液中；按浓度由低到高的顺序测定系列标准溶液时，可不必清洗电极，但必须用滤纸吸去附着液。

[4] 电位值波动不超过 1mV 即可认为平衡。

[5] 本实验中的待测液为标准曲线法和标准加入法所共用，标准加入法计算时需要待测液的准确体积，所以必须将待测液全部转移至干烧杯中，体积为 50.0mL

[6] 一次标准加入法要求所加标液的浓度要高，加标体积要小，既能使加标前后浓度有明显变化，又不会造成试液的组成和体积有明显变化。

[7] 测定样品前应用水充分清洗电极，必要时可再次测定本底值并使其达标。

六、数据记录与处理

1. 合理设计表格记录实验数据。

2. 标准曲线法：以系列标准溶液浓度（mg·L^{-1}）的对数值为横坐标，对应的电位值（mV）为纵坐标绘制标准曲线，需给出标准曲线的拟合方程、相关系数（**注**：拟合方程的斜率即为所用氟电极的实际响应斜率）。根据拟合方程、待测液的电位值 E_1 计算待测液中 F^- 的浓度（mg·L^{-1}）；再根据试液体积和试样质量，计算待测牙膏中游离氟的含量（%）。

3. 标准加入法：利用下面的公式计算待测液中 F^- 的浓度（mg·L^{-1}）；再根据试液体积和试样质量，计算牙膏中游离氟的含量（%）。

$$c_{F^-}(待测液) = \frac{c_s V_s}{V(待测液)} \times \left(10^{\left|\frac{E_2-E_1}{S}\right|} - 1\right)^{-1}$$

式中，c_s 和 V_s 分别为所加氟离子标准溶液的浓度和体积；E_1 和 E_2 分别为加标前后待测液的平衡电位；S 为所用氟离子电极的实际响应斜率（即标准曲线法中拟合方程的斜率）。

4. 根据测定结果判断所测牙膏是否符合国家标准。

七、思考题

1. 简述标准曲线法和标准加入法的特点和适用范围。
2. 根据自己的测定结果大致判断一下两种测定方法是否存在显著性差异。如何科学地判断两种测定方法之间是否存在显著性差异？请简单说明一下过程。
3. 为何本实验仅能测定牙膏中的游离氟？若想测定可溶氟和总氟量，应如何改进本实验的样品前处理方法？
4. 本实验中 TISAB 各组分的作用分别是什么？

实验 4-10　电位滴定法连续测定氯、碘离子

一、实验目的

1. 了解电位滴定法的原理及其在沉淀滴定中的应用；
2. 学习用 E-V 曲线，$\Delta E/\Delta V$-V 曲线和 $\Delta^2 E/\Delta V^2$-V 曲线确定滴定终点的方法及用二阶导数法计算滴定终点的方法。

二、实验原理

在滴定分析中遇到有色或浑浊溶液时，用指示剂法确定终点会比较困难，而电位滴定法则不受影响。此外，电位滴定法还具有准确度高、可连续和自动滴定等优点。

将指示电极和参比电极插入待测液中构成化学电池，根据滴定过程中电池电动势 E 随滴定体积 V 变化的曲线即可确定滴定终点。E-V 曲线、$\Delta E/\Delta V$-V 曲线（$\Delta E/\Delta V$ 指电池电动势对滴定体积的一阶导数）和 $\Delta^2 E/\Delta V^2$-V 曲线（$\Delta^2 E/\Delta V^2$ 指电池电动势对滴定体积的二阶导数）都可用来确定滴定终点，分别是斜率最大处对应的体积、最大值对应的体积和 0 值对应的体积。滴定突跃较小时，用 $\Delta E/\Delta V$-V 曲线和 $\Delta^2 E/\Delta V^2$-V 曲线确定终点准确度较高。此外，基于滴定终点时 $\Delta^2 E/\Delta V^2 = 0$，还可以利用测量数据直接计算得到滴定终点体积。

用 $AgNO_3$ 标准溶液滴定含有 Cl^-、I^- 的试液时，可以选择银电极为指示电极，双盐桥饱和甘汞电极作参比电极，与待测试液构成化学电池，电池电动势与试液中 $[Ag^+]$ 之间符合 Nernst 响应。由于 $K_{sp}(AgI)=1.5\times10^{-16}$、$K_{sp}(AgCl)=1.56\times10^{-10}$，滴定过程中先生成淡黄色的 AgI 沉淀，后生成白色 AgCl 沉淀，$[Ag^+]$ 由小变大，产生两次电位突跃，对应两个滴定终点。

卤化银沉淀对 Ag^+ 和卤离子的吸附很严重，可在试液中加入较高浓度的惰性电解质 KNO_3，使沉淀吸附 K^+ 或 NO_3^-，从而提高滴定结果的准确度。

三、仪器与试剂

仪器：雷磁 pHS-3C 型 pH 计、银电极、双盐桥饱和甘汞电极（内溶液为饱和 KCl 溶液，外溶液为 $100g\cdot L^{-1}$ KNO_3）、电磁搅拌器（配聚四氟乙烯搅拌子）、150mL 烧杯、10mL 吸量管、25mL 棕色酸式滴定管。

试剂：0.05mol·L^{-1} AgNO$_3$ 标准溶液（准确浓度由实验室提供）、6mol·L^{-1} HNO$_3$、KNO$_3$ 固体、待测试液（由 KI 和 KCl 配制，含 Cl$^-$、I$^-$ 总浓度为 0.05～0.075mol·L^{-1}）。

四、实验内容

1. 仪器的准备

将电极与仪器相连接（银电极接测量电极，双盐桥饱和甘汞电极接参比电极），然后接通电源，按"mV/pH"键进入电位测量模式（mV），预热 15min 后即可测定。

2. 预滴定[1]

移取 10.00mL 待测试液于 150mL 烧杯中，加入 2g KNO$_3$ 和 3 滴 6mol·L^{-1} HNO$_3$，用水稀释至约 60mL。将搅拌子放入试液，电极洗净擦干后浸入试液，开动磁力搅拌器[2]，待电位稳定后，记录初始电动势。

将 AgNO$_3$ 标准溶液装入棕色酸式滴定管中，调节刻度线至"0.00" mL[3] 后开始滴定。每次加入 1.00mL AgNO$_3$ 溶液，记录消耗 AgNO$_3$ 溶液的总体积和平衡电动势。当出现第二次电位突跃后，继续加入 AgNO$_3$ 溶液数毫升，即可停止滴定。将电极移出试液，洗净擦干。根据预滴定数据确定两次滴定突跃出现的体积区间。

3. 正式滴定

重新移取 10.00mL 待测试液于 150mL 烧杯中，按和预滴定相同的步骤进行滴定。距滴定突跃较远时，每次加入 0.50mL AgNO$_3$ 溶液；在两个滴定突跃出现的体积区间附近，每次加入 0.10mL AgNO$_3$ 溶液。记录滴定过程中消耗 AgNO$_3$ 溶液的总体积和平衡电动势。

4. 将电极清洗干净，关闭仪器。

五、注意事项

[1] 突跃范围内的数据点应较为密集（间隔 0.10mL 或 0.05mL）才能得到准确的滴定结果，但突跃范围两侧的数据间隔应适当放大以加快滴定速度。预滴定的目的是快速确定突跃出现的体积区间，以便在正式滴定时做到心中有数。

[2] 搅拌时磁子不能触到电极。

[3] 滴定应从零点开始，滴定管读数即为消耗 AgNO$_3$ 标准溶液的总体积。

六、数据记录与处理

1. 合理设计表格记录实验数据。

2. 根据正式测定的数据，以滴定体积 V 为横坐标，E、$\Delta E/\Delta V$ 或 $\Delta^2 E/\Delta V^2$ 为纵坐标，绘制 E-V 曲线、$\Delta E/\Delta V$-V 曲线和 $\Delta^2 E/\Delta V^2$-V 曲线，确定滴定终点。

3. 根据正式测定时滴定突跃前后的数据，利用二阶导数法计算滴定终点。

4. 计算试液中 Cl$^-$ 和 I$^-$ 的含量（g·L^{-1}）。

七、思考题

1. 本实验为什么用双盐桥饱和甘汞电极作参比电极？若使用普通饱和甘汞电极，对测定结果有何影响？

2. 预滴定的作用是什么？能否用预滴定中的数据代替部分正式滴定中的数据？

3. 比较实验中几种方法所得的实验结果，你认为用哪种方法求终点比较合适？

4. 电位滴定法有什么优点？滴定操作时应注意什么问题？

实验 4-11 库仑滴定法测定维生素 C 药片中抗坏血酸的含量

一、实验目的

1. 学习和掌握库仑滴定法的基本原理；
2. 熟悉库仑滴定法的实验技术；
3. 了解双铂极电流法指示终点的原理。

二、实验原理

库仑滴定法是由电解产生的滴定剂来测定微量或痕量物质的一种分析方法。本实验是用恒电流电解 KBr 溶液产生滴定剂 Br_2 来测定维生素 C 药片中的抗坏血酸（VC）。在酸性介质中，电解池工作电极上发生如下反应

铂阳极：$\quad\quad\quad\quad\quad\quad 2Br^- - 2e^- \longrightarrow Br_2$

铂阴极：$\quad\quad\quad\quad\quad\quad 2H^+ + 2e^- \longrightarrow H_2$

阳极产生的 Br_2 可以快速且定量的氧化抗坏血酸生成脱氢抗坏血酸：

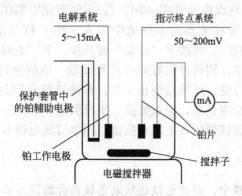

为保证电流效率 100%，防止阳极产生的 Br_2 到阴极上重新还原为 Br^-，库仑池必须附设一个盐桥把阴极和试液隔开。

滴定终点采用双铂极电流法指示，即在电解池中插入一对铂电极做指示电极，并施加一个很小的直流电压（几十毫伏至一二百毫伏）。滴定终点前，溶液中存在抗坏血酸/脱氢抗坏血酸电对，但该电对不可逆，不能在指示电极上反应产生电流，此时指示电极上仅有微小的残余电流通过；到达终点后，过量的 Br_2 与 Br^- 形成可逆电对，可在指示电极上反应而使电流明显增大，指示终点到达（图 1）。

图 1 采用双铂极电流法指示终点的库仑滴定法装置

试液中抗坏血酸的质量可根据法拉第定律计算：

$$m = QM/nF$$

式中，m 为抗坏血酸的质量，mg；Q 为工作电极反应所消耗的电量（本实验所用仪器显示的电量单位 mC）；M 为抗坏血酸摩尔质量，176.1 g·mol^{-1}；F 为法拉第常数，96485 C·mol^{-1}；n 为滴定反应的电子转移数，$n=2$。

三、仪器与试剂

仪器：KLT-1 型通用库仑仪、电解池装置（包括双铂工作电极和双铂指示电极）、电磁搅拌器（配磁子）、超声波清洗器、电子分析天平（0.1mg）、500μL 微量移液器、50mL 容量瓶、100mL 量筒。

试剂：电解液（冰醋酸和 0.3mol·L^{-1} KBr 溶液等体积混合）、维生素 C 药片。

四、实验内容

1. 样品溶液的配制

准确称取一片维生素 C 药片的质量，将其置于小烧杯中，用少量蒸馏水浸泡片刻，用玻璃棒小心捣碎，在超声波清洗器中助溶。药片充分溶解后（有少量辅料不溶），把溶液连同残渣定量转移至 50mL 容量瓶中，用水定容后摇匀。

2. 仪器调节与准备

(1) 仪器面板上所有键全部弹出[1]，"工作/停止"开关置于"停止"位置。

(2) "量程选择"旋至 10mA 挡，"补偿极化电位"逆时针旋至"0"，开启电源，预热 10min。

(3) 指示电极电压调节：按下"极化电位"键和"电流"、"上升"键，调节"补偿极化电位"，使表指针摆至 20（这时表示施加到指示电极上的电位为 200mV），然后使"极化电位"键复原弹出。

3. 测量

(1) 电解池准备：用量筒取 70mL 电解液加入电解池中，用滴管向电解阴极管填充足够的电解底液。连接好电极接线[2]，然后将电解池置于搅拌器上。

(2) 终点指示的底液条件预设："工作/停止"开关置于"工作"位置。向电解池中加几滴抗坏血酸样品溶液，开动搅拌器，按下"启动"键，再按一下"电解"按钮。这时即开始电解，在显示屏上显示出不断增加的毫库仑数，直至指示红灯亮，记数自动停止，表示滴定到达终点，可看到表的指针向右偏转，指示有电流通过，这时电解池内存在少许过量的 Br$_2$，形成 Br$_2$/Br$^-$ 可逆电对，这就是终点指示的基本条件（以后滴定完毕都存在同样过量的 Br$_2$）。

(3) 样品测定：用微量移液器向电解池中加入 500μL 样品溶液，令"启动"键弹出（这时数显表的读数自动回零），再按下"启动"键及按一下"电解"按键。这时指示灯灭并开始电解，即开始库仑滴定，同时计数器同步开始计数。电解至近终点时，指示电流上升，当上升到一定数值时指示灯亮，计数器停止工作，即滴定终点到达。此时显示表中的数值，即为滴定终点时所消耗的毫库仑数，记录数据。平行测定样品溶液三份。

(4) 测量完毕后，释放仪器面板上所有按键，用水清洗电极和电解池，关闭电源。

五、注意事项

[1] 库仑仪在使用过程中，断开电极连线或电极离开溶液时必须先释放"启动"键（处于弹出状态），以保证仪器的指示回路受到保护，以免损坏机内部件。

[2] 电极的极性切勿接错，若接错必须仔细清洗电极。

六、数据记录与处理

1. 合理设计表格记录实验数据。
2. 利用法拉第定律，根据电解过程消耗的电量、取样体积、维生素 C 药片的质量和定容后试液的体积计算待测维生素 C 药片中抗坏血酸含量（$mg \cdot g^{-1}$）。

七、思考题

1. 电解液中加入 KBr 和冰醋酸的作用是什么？
2. 若所用 KBr 部分被空气氧化，将对测定结果产生什么影响？
3. 为何电解电极的阴极要置于保护套中，而指示电极不需要？

实验 4-12　碳纳米管修饰玻碳电极的循环伏安分析

一、实验目的

1. 学习和掌握循环伏安法的原理和实验技术；
2. 了解可逆扩散波的循环伏安图特性以及测算电极有效面积的方法；
3. 学习化学修饰电极的制作方法，了解电极修饰前后的电化学性质变化。

二、实验原理

循环伏安法（CV）是最重要的电化学分析研究方法之一，在电化学、无机化学、有机化学、生物化学的研究领域应用广泛。循环伏安法除了作为定量分析方法外，更主要的是作为电化学研究的方法，可用于研究电极反应的性质、机理和电极过程动力学参数等。

循环伏安法是在固定面积的工作电极和参比电极之间加上对称的三角波扫描电压（图1），记录工作电极上得到的电流与施加电位的关系曲线，即循环伏安图（图2）。在三角波的前半部，电极上若发生还原反应（阴极过程），会记录得到一个峰形的阴极波；而在三角波的后半部，电极上则发生氧化反应（阳极过程），会记录得到一个峰形的阳极波。一次三角波电压扫描，电极上完成了一个氧化还原循环。从循环伏安图的波形、氧化还原峰电流的数值及其比值、峰电位等可以判断电极反应的可逆性。

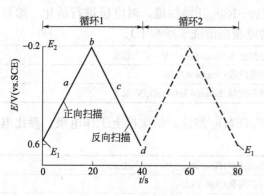

图 1　三角波扫描电压

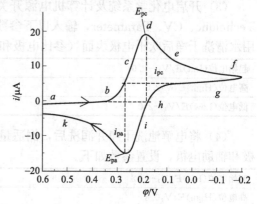

图 2　循环伏安图

可逆波的峰电流 i_p 大小和峰电位差值 $\Delta\varphi_p$ 应满足以下关系,且与电压扫描速度 v 无关。
$$i_{pa}/i_{pc}\approx 1; \Delta\varphi_p=\varphi_{pa}-\varphi_{pc}\approx 59\text{mV}/n(\text{实际测定在 }55\text{mV}/n\sim 65\text{mV}/n\text{ 之间})$$
式中,i_{pa} 为阳极峰电流;i_{pc} 为阴极峰电流;φ_{pa} 为阳极峰电位;φ_{pc} 为阳极峰电位。
对于可逆扩散波,在25℃时峰电流 i_p 符合 Randles-Sevcik 方程,具体表达式如下:
$$i_p=2.69\times 10^5 n^{3/2}AD_0^{1/2}v^{1/2}c_0$$
式中,i_p 为峰电流,A;n 为电极反应的电子转移数;A 为电极的有效面积,cm^2;D_0 为反应物的扩散系数,$\text{cm}^2\cdot\text{s}^{-1}$;$v$ 为扫描速度,$\text{V}\cdot\text{s}^{-1}$;$c_0$ 为反应物的浓度,$\text{mol}\cdot\text{L}^{-1}$。

电极反应可逆体系是由氧化还原体系、支持电解质和电极体系构成的,同一氧化还原体系和支持电解质,用不同的电极得到的循环伏安曲线不同。$[\text{Fe}(\text{CN})_6]^{3-}/[\text{Fe}(\text{CN})_6]^{4-}$ 是典型的可逆氧化还原体系,但若用来测定的电极没有处理好或自身性能不佳,也无法获得可逆的循环伏安谱图。因此,可以 $[\text{Fe}(\text{CN})_6]^{3-}/[\text{Fe}(\text{CN})_6]^{4-}$ 为探针,通过循环伏安测定,判断电极处理和修饰的效果。

本实验通过对裸玻碳电极和碳纳米管修饰玻碳电极的循环伏安曲线测定来评价修饰效果。碳纳米管是一种具有特殊结构的一维纳米材料,主要由呈六边形排列的碳原子构成数层到数十层的同轴圆管。碳纳米管的比表面积很大且有大量离域电子沿管壁游动,在电化学反应中对电子传递有良好的促进作用,因此修饰碳纳米管前后,玻碳电极的有效面积和电化学性质会有明显的变化。

三、仪器与试剂

仪器:瑞士万通 Autolab 电化学系统、玻碳电极（$d=5\text{mm}$）为工作电极、饱和甘汞电极为参比电极、铂丝电极为辅助电极、超声波清洗器、电吹风、20μL 移液枪。

试剂:$K_3\text{Fe}(\text{CN})_6$ 溶液（5mmol·L^{-1},含 0.5mol·L^{-1}KNO$_3$）、1mol·L^{-1}NaOH 溶液、碳纳米管、N,N-二甲基甲酰胺、α-Al$_2$O$_3$ 抛光粉（0.05μm 粒径）。

四、实验内容

1. 电极处理

（1）将玻碳电极在麂皮上用抛光粉抛光[1],抛光后先洗去表面污物,再移入超声波清洗器中清洗,每次 2s,重复 3 次。

（2）倒适量 1mol·L^{-1} NaOH 溶液至电解池中,依次接上表面处理好的玻碳电极（工作电极）、参比电极和辅助电极。

（3）开启电化学系统及计算机电源开关,启动电化学程序,在菜单中依次选择 Setup、Technique、CV、Parameter,输入以下参数,点击 Run 开始扫描,对电极进行活化,然后用水清洗干净后吹干电极表面（参比电极和辅助电极也清洗干净吹干）。

起始电位(Init)E/V:-2.0	扫描速率(Scan Rate)/V·s^{-1}:0.5
高电位(High)E/V:2.0	扫描段数(Segment):20
低电位(Low)E/V:-2.0	样品间隔(Sample Interval)/V:0.1

（4）将电解池洗干净并润洗后,倒适量 $K_3\text{Fe}(\text{CN})_6$ 溶液,依次接上工作电极、参比电极和辅助电极,设置参数如下

起始电位(Init)E/V:-0.2	扫描速率(Scan Rate)/V·s^{-1}:0.02
高电位(High)E/V:0.8	扫描段数(Segment):2
低电位(Low)E/V:-0.2	样品间隔(Sample Interval)/V:0.001

点击 Run 开始扫描，得循环伏安图。观察伏安曲线，若阴、阳极峰对称，两峰的电流值近似相等（$i_{pc}/i_{pa}\approx 1$），峰电位差 ΔE_p 约为 70mV（理论值约 59mV），即说明电极表面已处理好。若不满足可逆条件，需重新抛光，直至达到要求。

2.裸玻碳电极循环伏安曲线的测定

根据上表，改变扫速为 $0.02V\cdot s^{-1}$、$0.05V\cdot s^{-1}$、$0.1V\cdot s^{-1}$、$0.2V\cdot s^{-1}$ 和 $0.5V\cdot s^{-1}$，其它参数不变，依次测定循环伏安图，记录不同扫速下的氧化还原峰电位 E_{pc}、E_{pa} 及峰电流 i_{pc}、i_{pa}，并存储谱图。

3.碳纳米管修饰玻碳电极的制备及循环伏安曲线测定

(1) 取适量碳纳米管于 N,N-二甲基甲酰胺中，超声分散后得黑色悬液。用移液枪取 $20\mu L$ 悬液滴加在上述玻碳电极表面，晾干溶剂[2]，使碳纳米管均匀地分布在玻碳表面。

(2) 将制备好的碳纳米管修饰玻碳电极按 2 中相同的方法进行循环伏安扫描，记录不同扫速下的氧化还原峰电位 E_{pc}、E_{pa} 及峰电流 i_{pc}、i_{pa}，并存储谱图。

五、注意事项

[1] 若是新电极，应先用金相砂纸（分别用 $0^{\#}$、$2^{\#}$、$3^{\#}$）把未抛光过的电极表面磨平，然后用 α-Al_2O_3（依次用 $1\mu m$、$0.3\mu m$、$0.05\mu m$ 粒径）抛光粉抛光电极表面，直至电极表面显出镜面。

[2] 为加快实验进程，可用冷风吹干溶剂，吹干过程中尽量保证液面水平，气流尽可能小且垂直吹向电极表面。

六、数据处理

1.分别将修饰前后玻碳电极在 5 个扫速下的循环伏安图叠加在一起，打印。

2.合理设计表格，记录修饰前后玻碳电极在 5 个扫速下的 E_{pc}、E_{pa} 及 i_{pc}、i_{pa}。

3.分别以修饰前后玻碳电极的峰电流 i_{pc} 和 i_{pa} 为纵坐标，扫速平方根 $v^{1/2}$ 为横坐标进行线性拟合，给出拟合方程和相关系数。

4.根据拟合方程斜率计算修饰前后玻碳电极的有效电极面积［所用参数：电子转移数 $n=1$，$K_3Fe(CN)_6$ 的扩散系数 $D_0=1\times 10^{-5}cm^2\cdot s^{-1}$］。

七、思考题

1.如何理解电极过程的可逆性？

2.玻碳电极如何进行表面处理及判断表面处理的程度？电极修饰前后的电化学性质有什么变化？

实验 4-13　单扫描示波极谱法连续测定铅和镉

一、实验目的

1.学习极谱法定性分析和定量分析的原理；

2.了解单扫描示波极谱法的特点和连续测定金属离子的原理；

3.初步掌握 JP-2 型示波极谱仪的使用方法。

二、实验原理

以测定特殊电解过程中电流-电压曲线为基础的分析方法称为伏安法，以滴汞电极为极化电极的伏安法称为极谱法。

在极谱分析中，以滴汞电极为阴极，在溶液保持静止的状态下进行电解。滴汞电极上部为一贮汞瓶，其下端通过一段塑料管与一支长约 10cm、内径约 0.05cm 的玻璃毛细管连接，贮汞瓶中的汞每隔几秒逐滴滴落到电解池的溶液中。滴汞电极的面积很小，电解时电流密度很大，当外加电压达到被测离子的分解电压时，电极表面的金属离子迅速被还原成金属，并与汞生成汞齐，使电极表面的离子浓度与溶液主体的离子浓度产生浓度差，从而使溶液主体的离子向电极表面扩散。扩散到电极表面的离子又在电极上还原，形成持续不断的扩散电流，扩散电流 i_d 的大小与主体溶液浓度 c 和电极表面的浓度 c_0 之差成正比，即 $i_d = K(c - c_0)$。当外加电压继续增加，使滴汞电极电位变得更负时，电极表面被测离子的浓度将变得更小，扩散电流更大。当滴汞电极电位负到一定程度时，电极表面被测离子浓度 $c_0 \approx 0$，此时扩散电流达到极限值，即使以后的电位更负，电流也不再增加。

极限扩散电流的大小 i_d 与被测离子的浓度 c 成正比，即 $i_d = Kc$，这是极谱法进行定量分析的依据。电流到达极限扩散电流一半时滴汞电极的电位称为半波电位，在一定的条件下，半波电位只取决于被测物质的性质，与浓度无关，可作为定性分析的依据。

单扫描示波极谱的原理与经典极谱基本相同。不同之处是经典极谱法中施加在两个电极之间的电压扫描速度较慢（一般 $0.2V \cdot min^{-1}$），获得一个极谱波需近百滴汞，而单扫描示谱法是在一滴汞生长的后期，将一锯齿形脉冲电压加到电解池的电极上进行电解，电压扫描速度很快（一般 $0.25V \cdot s^{-1}$），一滴汞就可获得一个完整的极谱波。由于扫描电压变化速度很快，当达到被测物质的分解电压时，物质在电极上迅速还原，产生很大的电流，电极表面的待测离子浓度急速降低，而溶液主体中的待测离子又来不及扩散到电极表面，因此电流迅速下降，直到电极反应速度与扩散速度达到平衡，这样，在电流-电压曲线上出现了极谱峰，峰电流与被测物质的浓度成正比，这是定量的依据。由于单扫描极谱波呈峰状，一般两物质的峰值电位相差 0.1V 就可以分开，因此可用于多种物质的同时测定。

Pb^{2+}、Cd^{2+} 在 H_2SO_4-CH_3COONa 介质中，于示波极谱仪上，还原电位从 $-0.30 \sim -0.80V$ 范围内有良好的极谱波，浓度在 $1 \sim 100 mg \cdot L^{-1}$ 范围内与峰电流成线性关系，因此，可用于铅、镉连续测定。

三、仪器与试剂

仪器：JP-2 示波极谱仪、三电极体系（滴汞电极为工作电极、饱和甘汞电极为参比电极、金属铂为对电极）、氮气瓶、50mL 容量瓶、10mL 吸量管。

试剂：

铅和镉混合标准储备溶液：分别称取 1.000g 光谱纯金属铅和 1.000g 光谱纯金属镉于 50mL 烧杯中，加入 5mL(1+1)HNO_3 溶液，加热溶解，冷却后移入 1000mL 容量瓶中，用水定容。该混合标准溶液含铅和镉的浓度均为 $1000 mg \cdot L^{-1}$。

极谱底液：称取 50g CH_3COONa 于 1L 烧杯中，加入约 500mL 水，搅拌溶解后用 (1+1)H_2SO_4 调节溶液 pH=5.0，然后移入 1L 容量瓶中，用水定容。

含 Pb^{2+}、Cd^{2+} 的试液。

四、实验内容

1. 仪器调试

按照 JP-2 型示波极谱仪操作规范调试仪器。

2. 系列标准混合溶液的配制与测定

吸取铅和镉混合标准储备溶液 0mL、1.00mL、2.00mL、4.00mL、6.00mL、8.00mL、10.00mL 分别移入 50mL 容量瓶中,各加入 10mL 极谱底液,然后用水定容[1]。按浓度由低到高的顺序取上述溶液约 10mL 于小电解杯中,通 N_2 除氧 5min,在还原电位 $-0.30 \sim -0.80V$ 范围内测定 Pb^{2+} 和 Cd^{2+} 的峰高(Pb^{2+} 先于 Cd^{2+} 被还原)。

3. 试样分析

吸取 5.00mL[2] 含 Pb^{2+}、Cd^{2+} 的试液至 50mL 容量瓶中,加入 10mL 极谱底液,用水定容。取出约 10mL 于小电解杯中,通 N_2 除氧 5min,在还原电位 $-0.30 \sim -0.80V$ 范围内测定 Pb^{2+} 和 Cd^{2+} 的峰高。

五、注意事项

[1] 有时需加入适量明胶溶液消除极谱极大。
[2] 应根据待测液中 Pb^{2+}、Cd^{2+} 的浓度调整移取体积。

六、数据处理

1. 合理设计表格记录实验数据。
2. 以系列标准溶液中 Pb^{2+} 或 Cd^{2+} 的浓度为横坐标,对应的极谱峰高为纵坐标,进行线性拟合,需给出拟合方程、相关系数和标准曲线图。利用拟合方程,根据试样中 Pb^{2+} 或 Cd^{2+} 的极谱峰高和稀释倍数计算待测液中 Pb^{2+} 和 Cd^{2+} 的浓度($mg \cdot L^{-1}$)。

七、思考题

1. 极谱分析的定性和定量依据是什么?
2. 为什么单扫描示波极谱法可用于多种离子的同时测定?
3. 在何种情况下使用标准曲线法较为适宜?

实验 4-14 同位镀汞膜示差脉冲溶出伏安法同时测定饮用水中的铜、铅、镉

一、实验目的

1. 掌握示差脉冲溶出伏安法的原理和应用;
2. 学习同位镀汞膜用于阳极溶出分析的优点及对水中铜、铅、镉同时测定的操作。

二、实验原理

溶出伏安法又称反向溶出伏安法,是指先通过预电解将待测物质电沉积在电极上,再施加反向电压使富集在电极上的物质重新溶出,根据溶出过程的极化曲线进行分析的伏安方

法。溶出峰电位可作为定性分析的依据，溶出峰电流的大小可作为定量分析的依据。溶出伏安法分为阳极溶出法和阴极溶出法：阳极溶出法的电解富集过程为电还原，溶出测定过程为电氧化；阴极溶出法的电解富集过程是电氧化，溶出测定过程是电还原。

电解富集过程要求电极反应产物能够在电极表面形成汞齐或难溶物以达到富集的效果，因此溶出伏安法常采用悬汞或汞膜作为工作电极。悬汞电极重现性好，但灵敏度不太高；汞膜电极可保证相同电解时间内有更高的汞齐浓度，因此有更高的灵敏度。本实验采用同位镀汞的方法形成汞膜，在汞膜形成的同时达到富集的目的，在溶出的同时，汞膜也被洗脱。

溶出测定过程可采用直流极谱法、线性扫描伏安法、方波伏安法和示差脉冲伏安法等。其中示差脉冲伏安溶出法的灵敏度最高。汞膜电极上的示差脉冲溶出峰电流与膜内金属量 W 和脉冲持续时间 t 的关系为 $i_p = 0.138W/t$，因此短的脉冲有利于增大测量信号。当脉冲电压跃至发生溶出的电位时，被氧化出的物质来不及从电极表面扩散出去，持续时间很短的脉冲又被消除，电位恢复到还原时的电位。因此施加脉冲时的溶出物，只要在脉冲休止期间的电位仍为阴极还原电位，就能重新被还原，这就使电极表面有附加富集作用，可导致溶出电流急剧增加。因此示差脉冲溶出伏安法可将灵敏度提高1至几个数量级。

三、仪器与试剂

仪器：瑞士万通 Autolab 电化学工作站、三电极系统（玻碳圆盘电极为工作电极、饱和甘汞电极为参比电极、铂丝电极为对电极）、电解池、电磁搅拌器（含磁子）、氮气钢瓶、20μL 移液枪、100mL 烧杯、50mL 容量瓶、10mL 吸量管。

试剂：

Cu^{2+} 标准溶液（1000mg·L^{-1}）、Pb^{2+} 标准溶液（1000mg·L^{-1}）、Cd^{2+} 标准溶液（1000mg·L^{-1}）、硝酸汞溶液（0.001mol·L^{-1} 的稀 HNO_3 溶液）、（1+1）乙醇、（1+1）HNO_3、0.5mol·L^{-1} H_2SO_4 溶液、待测水样。

HAc-NaAc 缓冲溶液：pH=4.5（称取 50g 无水 NaAc 溶于水，加入 60mL 冰醋酸，稀释至1L）。

四、实验内容

1. 玻碳电极的预处理

用金相砂纸（分别用 0#、2#、3#）把未抛光过的新电极的电极表面磨平，然后用 $\alpha\text{-}Al_2O_3$（依次用 1μm、0.3μm、0.05μm 粒径）抛光粉抛光电极表面，直至电极表面显出镜面。最后分别在（1+1）乙醇、（1+1）HNO_3 和水中超声清洗（每次 5min）。取出，用水洗净后置于 0.5mol·L^{-1} H_2SO_4 溶液中，接通三电极系统，在 $-1.0 \sim 1.0V$ 电位范围内，以 1000mV·s^{-1} 的扫描速率进行循环扫描极化处理，直至 CV 曲线稳定为止。

2. 电解液的配制

在 50mL 容量瓶中，加入 5.0mL HAc-NaAc 缓冲溶液和 10.0mL 硝酸汞溶液，用水定容后摇匀备用。

3. 铜、铅、镉峰电位的测定

(1) 移取 10.00mL 电解液于电解池中，通氮气除氧 10min[1]，然后让溶液静置 30s。在电化学工作站的操作界面中选择示差脉冲溶出伏安法，设置条件如下：起始电位 $-1.2V$、终止电位 $-0.1V$、脉冲高度 50mV、脉冲宽度 40ms、脉冲间隔 200ms、富集电位 $-1.2V$、富集时间 120s、平衡时间 30s。然后开动搅拌器，运行程序开始电解富集；60s 后，停止搅拌，仪器将自动记录空白溶液的 i-E 曲线[2]。

（2）用移液枪在电解池中加入 1000mg·L^{-1}Cu^{2+}、Pb^{2+}、Cd^{2+} 的标准溶液各 5μL，重复上述操作[3]，可得混合标准溶液的 i-E 曲线。曲线上有三个溶出峰，峰电位大约在 −0.6V、−0.45V 和 −0.15V，依次为 Cd、Pb 和 Cu 的溶出峰（该操作可分步进行，即每次只加入一种离子，分三次加入三种离子，这样可确定各离子的溶出峰电位，以此作为定性分析的依据）。

4. 饮用水样测定

于 50mL 容量瓶中，加入 5.0mL HAc-NaAc 缓冲溶液和 10.0mL 硝酸汞溶液，用待测水样定容后摇匀，然后取 10.00mL 试液于电解池中，重复 3.(1) 中的操作测定试液的 i-E 曲线。再向电解池中分别加入 Cu、Pb、Cd 的标准溶液各 5μL[4]，搅拌均匀，再按 3.(1) 中的操作测定加标后的 i-E 曲线。根据加标前后峰高（峰电流）大小，按一次标准加入法计算饮用水样中 Cu、Pb、Cd 的含量。

五、注意事项

[1] 通氮气速度不宜过快，以能明显观察到氮气泡冒出为宜。

[2] 如果试剂空白值较大，计算含量时须扣除空白值，以免产生较大误差。

[3] 每次实验操作前，须将电极在 +0.5V 左右氧化极化 60s 以上，使电极表面得到更新，所得数据重现性较好。

[4] 可根据水样中被测离子含量调整加标量。

注意：所有测试液中均含有汞，注意回收，以免造成环境污染。

六、数据记录与处理

1. 由所得 i-E 曲线上溶出峰电位进行定性分析。

2. 根据 i-E 曲线上待测元素加标前后的峰高，按一次标准加入法计算饮用水样中 Cu、Pb、Cd 的含量（mg·L^{-1}），计算公式如下：

$$c_x = \frac{h}{H-h} \times \frac{c_s V_s}{V_x} \times \frac{50}{35}$$

式中，c_x 为饮用水中待测元素的浓度，mg·L^{-1}；c_s 为所加标准溶液的浓度，mg·L^{-1}；V_x 为待测溶液的体积，本实验中为 10.0mL；V_s 为所加标准溶液的体积，mL；h 为加标前测得的峰高，μA；H 为加标后测得的峰高，μA；50/35 是饮用水样的稀释倍数。忽略加标引起的体积变化。

七、思考题

1. 为什么示差脉冲溶出法能提高测定灵敏度？
2. 阳极溶出法测定的灵敏度与哪些条件有关？
3. 玻碳电极预处理的作用是什么？

实验 4-15　气相色谱柱温变化对峰分离的影响

一、实验目的

1. 掌握气相色谱仪的基本结构和工作原理；

2. 了解气相色谱仪的基本操作；
3. 理解气相色谱柱温对峰分离的影响。

二、实验原理

试样中各组分彼此完全分离，是色谱法定性、定量的基础。对于气相色谱而言，当色谱柱选定和柱流量确定后，柱温就成为影响分离最重要的因素。

柱温在气相色谱分离中扮演着双重角色，它既是热力学因素又是动力学因素。柱温作为热力学因素是非常明显的，因为它直接决定了组分在两相间分配系数的大小，从而决定了组分间选择性因子的大小。从增大选择性因子的角度来看，应该选择较低的柱温。柱温作为动力学因素在速率方程中虽未体现，但是柱温的变化却直接影响到组分在流动相和固定相中的扩散系数，进而影响到分子扩散项和传质阻力项的大小。柱温升高，扩散系数增大，分子扩散项系数增大，但是传质阻力项系数却减小。另外温度的变化还会使得固定压力下的载气流速发生变化。由此来看柱温对气相色谱分离的影响是复杂的，选择柱温的一般原则是：在使最难分离的组分有尽可能好的分离前提下，应采取适当低的柱温，但以保留时间适宜、峰形不脱尾为准；对于沸程宽的多组分混合物，为了获得好的分离效果，通常采用程序升温的方式。实际工作中，柱温的选择应根据实际情况确定。

本实验通过考察不同温度下酯类混合物的分离情况来了解气相色谱柱温对分离的影响。涉及的计算公式如下：

(1) 柱效 n（理论塔板数）

$$n = 5.54 \times (t_R/W_{1/2})^2$$

式中，t_R 为组分保留时间；$W_{1/2}$ 为组分半峰宽。

(2) 分离度 R

$$R = \frac{2[t_R(B) - t_R(A)]}{1.699[W_{1/2}(B) + W_{1/2}(A)]}$$

式中，$t_R(A)$ 和 $t_R(B)$ 为相邻组分 A 和 B 的保留时间；$W_{1/2}(A)$ 和 $W_{1/2}(B)$ 为相邻组分 A 和 B 的半峰宽。

三、仪器与试剂

仪器：天美 GC7900 型气相色谱仪（配热导检测器）、中惠普 SPH-300 型氢气发生器（提供载气）、色谱柱：10%PEG-20M/chromsorb WHP 3m×3mm 或 10% OV-101/chromsorb WHP 2m×3mm、1μL 微量注射器。

试剂：乙酸乙酯（色谱纯）、乙酸丁酯（色谱纯）、乙酸戊酯（色谱纯）、酯类混合标准样品（含乙酸乙酯、乙酸丁酯和乙酸戊酯，体积比为 1∶1∶1）。

四、实验内容

1. 先打开氢气发生器，待压力达到要求后，开启气相色谱仪主机和电脑，设置[1] 实验条件如下[2]：进样口温度 180℃；色谱柱温度 100℃；检测器温度 165℃；量程（桥电流）60mA。

2. 待色谱基线平直且准备灯亮后即可进样分析，进样量为 0.4μL[3]。依次注入[4] 乙酸乙酯、乙酸丁酯、乙酸戊酯和酯类混合标准样品进行分析，存储相应的色谱数据。

将柱温升至 110℃，待色谱基线平直且准备灯亮后注入酯类混合标准样品进行分析，存储相应的色谱数据。再将柱温升至 120℃，重复以上操作。

3. 实验完毕后[5]，首先将量程（桥电流）设置为 0mA，再将进样口、色谱柱、检测器温度都设为室温。当色谱柱温降至室温，进样口和检测器温度降至 80℃以下时，可关闭色谱仪，最后关闭氢气发生器。

五、注意事项

[1] 根据仪器情况，在主机的面板上或工作站操作界面中进行条件设置。

[2] 实验条件可根据实际情况适当调整。

[3] 用微量注射器吸取少量试样洗涤注射器至少三次以上，吸样过程中若注射器中有较大空气泡，可将注射器插入试液中，来回抽动注射器芯子，在吸取排除溶液的过程中将空气排除，然后缓慢吸取试液；若气泡较小，可将注射器针尖朝上，用手指轻轻弹动注射器，使小气泡上升，推动注射器芯将气泡排出。吸取试样量应比进样量多 3～5 倍，防止吸空或有气泡，进样前将多余试液排出至所需值。

[4] 进样时，左手扶注射器的针杆尾部，右手拿注射器，将针头垂直插入进样口（应插入针头长度的三分之二以上），用右手食指轻按注射器芯，将试液迅速推入，随后将注射器拔出，同时按开始键采集数据。整个操作要求稳当、连贯、瞬间完成。

[5] 实验结束后微量注射器应用合适溶剂如丙酮、乙醇清洗干净。

六、数据记录及处理

1. 根据乙酸乙酯、乙酸丁酯和乙酸戊酯纯物质的保留时间对酯类混合标准样品中各组分定性（即确定三种酯的出峰顺序）。

2. 将三个温度下，酯类混合标准样品中三个组分的保留时间、半峰宽和色谱峰面积填入表 1，计算 n 和 R。

表 1 气相色谱柱温变化对色谱峰分离的影响

柱温/℃	峰名	保留时间 (t_R)	峰面积 (A)	半峰宽 ($W_{1/2}$)	柱效 (n)	分离度 (R)
	乙酸乙酯					
	乙酸丁酯					
	乙酸戊酯					
	乙酸乙酯					
	乙酸丁酯					
	乙酸戊酯					
	乙酸乙酯					
	乙酸丁酯					
	乙酸戊酯					

3. 以柱温为横坐标，分别以保留时间、峰面积、半峰宽为纵坐标，绘制乙酸乙酯（乙酸丁酯和乙酸戊酯）的保留时间、峰面积和半峰宽随柱温的变化曲线，并对其趋势进行解释（必须能保证实验过程中载气流速不变，进样量准确）。

七、思考题

1. 请从热力学和动力学的角度讨论柱温对分离度的影响。

2. 气相色谱柱温的上下限由什么决定？由此可知气相色谱适合测定哪种类型的样品？

3. 本实验中进样口及检测器的温度是如何确定的？
4. 柱温选择的依据是什么？如果试样中各组分的沸程相差较大，应该如何选择柱温？
5. 载气流量的变化将如何影响峰分离？

实验 4-16　气相色谱定量分析方法——归一化法

一、实验目的

1. 掌握色谱法进行定量分析的基本原理；
2. 掌握归一化法定量测定试样中各组分含量的方法；
3. 进一步熟悉气相色谱仪的操作。

二、实验原理

色谱中常用的定量方法有外标法、内标法和归一化法。所谓归一化法就是把样品中所有组分的峰面积 A_i 乘以各自的校正因子 f_i 后求和，把总和当作 1（即全部样品的总量），每一组分的峰面积 A_i 与其校正因子 f_i 的乘积除以该总和即可得这一组分的百分含量，公式如下：

$$w_i = \frac{f_i A_i}{\sum_{i=1}^{n} f_i A_i} \times 100\%$$

校正因子 f_i 的定义是组分与标准物质（譬如，热导检测器以苯为标准物质）绝对校正因子 f_i' 的比值。（绝对校正因子 f_i' 的定义是产生单位峰面积的组分量，即 $f_i' = m_i / A_i$，该值不易准确测定，也易受色谱条件变化影响，难以直接应用。故实际工作中都采用相对校正因子，简称校正因子。标准物质确定时，组分的校正因子仅与检测器有关，可从手册上查到）组分量可以是质量、物质的量或体积，所以校正因子也有质量校正因子、摩尔校正因子和体积校正因子之分，若无说明通常是指质量校正因子，与色谱峰面积的乘积即为质量。

引入校正因子 f_i 是因为同一检测器对不同物质的响应不同，即对不同物质，检测器的灵敏度不同，相同进样量的不同物质得到的峰面积也不同，因此计算时需将组分峰面积 A_i 乘以校正因子 f_i，使其转化为相应物质的质量。

采用归一化法定量时要求试样中所有组分都能流出色谱柱并在检测器中响应，组分完全分离，且不能在色谱系统中发生分解。色谱条件如进样量、载气流速、柱温等的变化对归一化法的结果影响不大。

本实验利用气相色谱法分离乙酸乙酯、乙酸丁酯和乙酸戊酯的混合物，根据标准物质的保留时间定性，并采用归一化法求各组分的含量。本实验提供混合酯的标准样品，可根据三种酯的质量百分含量 w 和色谱峰面积 A 计算校正因子而无需查手册。可把乙酸乙酯作为标准物质，则 $f_{乙酸乙酯}=1$，其它两种酯的校正因子可由下式计算：

$$f_{乙酸丁酯} = \frac{w_{乙酸丁酯}/A_{乙酸丁酯}}{w_{乙酸乙酯}/A_{乙酸乙酯}}$$

$$f_{乙酸戊酯} = \frac{w_{乙酸戊酯}/A_{乙酸戊酯}}{w_{乙酸乙酯}/A_{乙酸乙酯}}$$

三、仪器与试剂

仪器：天美 GC 7900 型气相色谱仪（配热导检测器）、中惠普 SPH-300 型氢气发生器（提供载气）、色谱柱：10％ PEG-20M/chromsorb WHP 3m×3mm 或 10％ OV-101/chromsorb WHP 2m×3mm、1μL 微量注射器。

试剂：乙酸乙酯（色谱纯）、乙酸丁酯（色谱纯）、乙酸戊酯（色谱纯）、酯类混合标准样品（含乙酸乙酯、乙酸丁酯和乙酸戊酯，体积比为 1∶1∶1）、酯类混合未知样品（仅含乙酸乙酯、乙酸丁酯和乙酸戊酯）。

四、实验内容[1]

1. 先打开氢气发生器，待压力达到要求后，开启气相色谱仪主机和电脑，设置实验条件如下：进样口温度 180℃；色谱柱温度 120℃；检测器温度 165℃；量程（桥电流）60mA。

2. 待色谱基线平直且准备灯亮后即可进样分析，进样量为 0.4μL。依次注入乙酸乙酯、乙酸丁酯、乙酸戊酯、酯类混合标准样品和酯类混合未知样品进行分析，存储相应的色谱数据。

3. 实验完毕后，首先将量程（桥电流）设置为 0mA，再将进样口、色谱柱、检测器温度都设为室温。当色谱柱温降至室温，进样口和检测温度降至 80℃以下时，可关闭色谱仪，最后关闭氢气发生器。

五、注意事项

[1] 本实验通常和实验 3-15 一起完成。

六、数据记录与处理

1. 根据乙酸乙酯、乙酸丁酯和乙酸戊酯纯物质的保留时间对混合标样和未知样中的各组分进行定性分析（即确定三种酯的出峰顺序）。

2. 将混合标样和未知样中各组分的保留时间 t_R 和峰面积 A 填入表1，并完成计算。

表1　面积归一化法色谱数据记录及处理

混合标样				未知样			
峰名	t_R/min	A	w	峰名	t_R/min	A	w
乙酸乙酯				乙酸乙酯			
乙酸丁酯				乙酸丁酯			
乙酸戊酯				乙酸戊酯			

计算过程：①根据密度和体积比求出标样中三种酯的质量百分含量（乙酸乙酯、丁酯和戊酯的相对密度分别为 0.901、0.882 和 0.871）；②以乙酸乙酯为标准物（即 $f_{乙酸乙酯}=1$），利用标样中三种酯的质量百分含量和峰面积计算乙酸丁酯和戊酯的校正因子；③利用校正因子和未知样中三种酯的峰面积，根据归一化法的公式计算未知样中三种酯的质量百分含量。

七、思考题

1. 归一化法进行定量分析时，应满足的基本条件是什么？
2. 对色谱法常用的三种定量方法：归一化法、外标法和内标法的特点进行简单的讨论。

实验 4-17　气相色谱-质谱法对酯类混合试样的定性分析

一、实验目的

1. 了解 GC-MS 联用仪的基本结构和工作原理；
2. 初步掌握 GC-MS 联用仪的操作过程；
3. 掌握 GC-MS 法对未知化合物定性的分析方法。

二、基本原理

气相色谱（GC）-质谱（MS）联用仪是通过适当的接口将 GC 与 MS 有机结合起来实现在线联用，以便同时获得 GC 的高分离效能和 MS 的强定性能力，可在短时间内实现对多个组分的定性及定量分析（图1）。GC 的柱末端压力为一个大气压左右，MS 则需要在高真空下工作，因此接口技术是实现联用的关键一步。GC 采用内径很小（0.25mm 左右）的毛细管柱，且流量控制在 1mL·min^{-1} 以下时，可采用直连方式，即柱末端流出的成分（试样与载气）直接进入质谱电离室，在离子源的作用下，试样发生电离而载气不电离（要求载气的电离能要大），于是在电场力的作用下，带电粒子向质量分析器运动，载气由于不受电场力的作用而被真空泵抽走。适用于直连方式的载气只有氦气（贵）和氢气（便宜，但灵敏度较低）。

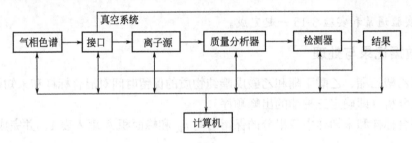

图 1　GC-MS 仪的基本结构示意

GC-MS 仪器及分析条件简介如下。

1. GC 部分

GC-MS 中的 GC 与普通 GC 区别不大，需要设定的参数如下：

（1）载气系统　通常选择 He（纯度 99.999% 以上），柱流速 1mL·min^{-1} 或以下；

（2）进样系统　进样口温度（目的是使样品瞬间气化但又不能被破坏），分流比（毛细管柱的允许进样量很少，采用微量注射器进样时需通过分流排除大部分样品）；

（3）分离系统　应选择与待分离试样性质相近的固定液，柱温是决定分离效果的主要因素，可根据实际情况选择恒温或者程序升温方式。

（4）接口　温度不低于色谱柱温，以防止样品凝结。

2. MS 部分

（1）离子源　GC-MS 中最常使用的是电子轰击源（Electron Impact，EI），即利用灯丝阴极向阳极所发射的热电子来轰击样品分子，可获得丢失一个电子的离子（分子离子或准分子离子），由于能量较高，会使得分子离子进一步碎裂成碎片离子，这些碎片离子的质量数和相对强度具有特征性，可反映分子结构的信息。GC-MS 仪几乎都配有由美国国家标准与技术研究院（NIST）提供的采用 EI 源获得的标准物质谱图（电子能量为 70eV），通过比对即可进行定性分析，选用 EI 源时通常需要设定电子能量为 70eV。

（2）质量分析器　GC-MS 测定的试样需要具有较好的挥发性，因此分子量较小（1000以内），通常采用四级杆或离子阱质量分析器，它们结构简单，体积小，质量轻，分析速度快，分辨率虽低但也满足一般测试需要，非常适合与 GC 联用。本机配制的是四级杆质量分析器，这种分析器对高质量离子有质量歧视，为保证检测结果准确，系统每次开机需用标准物全氟三丁胺进行校准，即所谓的调谐（Tune）。

3. 数据采集

GC-MS 的数据采集模式有两种：全扫描（Scan）和选择性离子扫描（SIM）。

（1）Scan　对指定质量范围内的离子全部扫描并记录，记录的信号强度既是时间（色谱信息）又是质量（质谱信息）的函数。色谱流出曲线上每一点都有一张完整的质谱图，与标准谱库比较即可知道该时刻流出的是什么物质。Scan 模式主要用于定性分析，亦可定量（灵敏度低）。

（2）SIM　仅对选定的个别离子进行测定，不能得到完整的质谱图，无法进行定性分析，但定量时灵敏度很高，以定量为目的时通常采用这种扫描模式。

本实验以酯类混合物为分析对象，利用 GC-MS 仪对其进行分离和鉴定。

三、仪器与试剂

仪器：气相色谱-质谱联用仪（Agilent 7890B GC/5977B MSD，配自动进样器）、毛细管色谱柱（Agilent HP-5ms Ultra Inert 30m×250μm×0.25μm）、氦气钢瓶（提供高纯氦做载气）。

试剂：酯类混合物（为乙酸乙酯、乙酸丁酯和乙酸戊酯的丙酮溶液）、丙酮（分析纯）。

四、实验内容

1. 仪器条件

色谱条件：载气（氦气，纯度≥99.999%）、载气流量 $1.0\text{mL} \cdot \text{min}^{-1}$、进样口温度 250℃、进样量 0.2μL、分流比 50∶1、色谱柱温 40℃（保持 1min）→以 $10℃ \cdot \text{min}^{-1}$ 升至 80℃（保持 2min）[1]、接口温度 250℃、溶剂延迟时间 1.5min[2]。

质谱条件：电离方式 EI、电子能量 70eV、离子源温度：230℃、扫描方式：全扫描、质量扫描范围为 25~450amu。

2. 按上述条件设置，待仪器稳定后，注入酯类混合物分析，存储分析数据[3]。

五、注意事项

[1] 柱温程序可根据实际测定情况调整，在保证组分完全分离且峰型良好、测定时间适宜的前提下尽量采用较低柱温。

[2] 溶剂延迟 1.5min 是指从进样开始的 1.5min 之内离子源的灯丝不打开，目的是防止大量溶剂气体对灯丝有不良影响。如果不设置溶剂延迟时间容易导致离子源积碳，影响灯丝寿命。具体时间设置可通过预做实验确定。

[3] 若时间充裕，可根据各组分的质谱图选择 1~2 个高丰度的特征离子，再采用 SIM 方式测定，比较两种扫描方式得到的色谱流出曲线的差异。

六、数据记录与处理

数据采集结束后，调取采集到的总离子色谱图及各色谱峰所对应的质谱图，利用仪器自带的 NIST 质谱库进行自动检索，再对所得检索结果进行人工核对和补充检索，即可得到酯类混合样品中所含的各种组分。打印总离子色谱图和每个组分的质谱图，尝试对各质谱图中主要碎片离子的碎裂机制进行解释。

七、思考题

1. 为什么说高真空系统是使质谱仪正常工作的保障？与 GC 联用时，MS 是如何保证高真空度的？
2. 在接通质谱仪电源之前时为什么一定要保证色谱柱有适当的柱流量？
3. MS 调谐的目的是什么？如何进行调谐？
4. GC 中分流比的设定有什么意义？是如何实现的？
5. MS 的全扫描模式和选择离子扫描模式有什么不同？测定时应如何选择？
6. 如何看待 GC-MS 给出的定性分析结果？
7. 如何根据质谱图确定化合物的分子量？若没有分子量信息，可采取什么办法获得？

实验 4-18　高效液相色谱柱性能参数的测定

一、实验目的

1. 了解高效液相色谱仪的基本结构和工作原理；
2. 学习评价液相色谱反相柱的方法。

二、实验原理

高效液相色谱（HPLC）是色谱法的一个重要分支。它采用高压输液泵和小颗粒的填料，与经典的液相色谱相比，具有很高的柱效和分离能力。

色谱柱是色谱仪的心脏，是需要选择和经常更换的部件，因此对色谱柱的评价十分重要。此外，通过色谱柱的评价也可以检查整台色谱仪的工作状况是否正常。评价色谱柱的性能参数主要有以下几个。

1. 柱效（理论塔板数）

$$n = 16 \times (t_R/W)^2$$

式中，t_R 为组分保留时间；W 为组分峰底宽度。

2. 容量因子

$$k = (t_R - t_0)/t_0$$

式中，t_R 为组分保留时间；t_0 为死时间（可用不被色谱柱保留但可被检测器响应的物质的保留时间表示）。

3. 选择因子（相对保留值）

$$\alpha = k_2/k_1$$

式中，k_1 和 k_2 为相邻两峰的容量因子，且规定峰 1 的保留时间小于峰 2，即 $\alpha \geq 1$。

4. 分离度

$$R = 2 \times (t_{R2} - t_{R1})/(W_1 + W_2)$$

式中，t_{R1}、t_{R2} 为相邻两峰的保留时间；W_1、W_2 为组分的峰底宽度。

较大的 n、α 值才能获得较好的分离效果（完全分离时 $R \geq 1.5$）。本实验采用多环芳烃为测试物，尿嘧啶为死时间标记物，评价反相色谱柱性能。

三、仪器与试剂

仪器：

Agilent 1260 高效液相色谱仪：由四元泵、在线脱气机、手动进样器、柱温箱、二极管阵列检测器和色谱数据处理工作站组成。

色谱柱：Agilent Zorbax Eclipse XDB-C18（150mm×4.6mm，5μm）。

50μL 微量进样针（HPLC 专用）。

试剂：

单标溶液：10.0mg·L^{-1} 尿嘧啶的甲醇溶液、10.0mg·L^{-1} 萘的甲醇溶液、10.0mg·L^{-1} 联苯的甲醇溶液和 6.0mg·L^{-1} 菲的甲醇溶液（已经通过 0.22μm 滤膜过滤）。

混标溶液：含 10.0mg·L^{-1} 尿嘧啶、10.0mg·L^{-1} 萘、10.0mg·L^{-1} 联苯和 6.0mg·L^{-1} 菲的甲醇混合溶液（已经通过 0.22μm 滤膜过滤）。

甲醇（色谱纯）、高纯水。

四、实验内容

1. 开机。按操作规程开机，并使仪器处于工作状态，色谱条件如下：

流动相：甲醇-水（85∶15，V/V）[1]；流速：1.0mL·min^{-1}；检测波长：254nm；柱温：30℃；进样量：20μL[2]。

2. 基线稳定后，依次测定单标溶液和混标溶液（重复测定 2 次）[3]，保存色谱数据。

3. 实验完毕后，清洗色谱柱、关机。

五、注意事项

[1] 因流动相比例恒定，可以提前配好，也可以在线配制。

[2] 定量环体积为 20μL，用微量进样针取样时应大于该值以保证进样量的重复性；所用微量进样针必须是 HPLC 专用的平头针。

[3] 样品溶液更换时应用甲醇将进样口、进样针清洗干净。

六、数据记录与处理

1. 根据单标溶液的保留时间对混标溶液中各组分定性。

2. 将混标溶液中各组分的保留时间和峰底宽填入表 1，计算相关参数。

表 1 色谱柱性能参数的测定

组分	t_R/min	$\bar{t}_R$/min	W/min	$\bar{W}$/min	n	k	α	R
尿嘧啶			/	/	/	/	/	/
萘								
联苯								
菲								

七、思考题

1. 高效液相色谱与气相色谱相比有什么相同点和不同点？
2. 影响高效液相色谱柱效的主要因素是什么？
3. 如何保护色谱柱，延长其使用寿命？

实验 4-19 固相萃取-HPLC 内标法测定水样中的多环芳烃

一、实验目的

1. 学习固相萃取处理样品的技术；
2. 学习内标法定量。

二、实验原理

固相萃取法是色谱法的一个重要应用。在此方法中，将一定体积的样品溶液通过装有固体吸附剂的小柱，样品中与吸附剂有强作用的组分被完全吸附；然后用强洗脱溶剂将被吸附的组分洗脱出来，定容成小体积被测样品溶液。使用固相萃取法，可以使样品中的组分得到浓缩，同时可初步除去对待测组分有干扰的成分，从而提高了灵敏度，降低了检出限。

固相萃取不仅可用于色谱分析中的样品预处理，还可用于红外光谱、质谱、核磁共振、紫外和原子吸收等多种分析方法的样品预处理。

C18 固相萃取小柱具有疏水性，可吸附非极性组分，因此可从水中将多环芳烃萃取出来，实现样品的浓缩。固相萃取小柱还有其它类型，如极性柱、离子交换柱等。

内标法是指在待测物质的标准溶液和样品溶液中分别加入已知量的内标物质，然后进行定量的方法。该法可抵消实验条件和进样量变化带来的误差。其基本依据是待测物 i 和内标物 s 的校正因子比值 f_i/f_s 为常数，不随测定条件变化而改变。由 $\dfrac{f_i}{f_s}=\dfrac{m_i/A_i}{m_s/A_s}=\dfrac{c_i/A_i}{c_s/A_s}$（因为待测物质 i 和内标物质 s 同属一份溶液，体积相同，可约去）可推出待测物质浓度的计算公式：

$$c_i = \frac{f_i}{f_s} \cdot \frac{A_i}{A_s} \cdot c_s$$

式中，A_i、A_s 为对应色谱峰面积；c_s 为所加内标物质浓度；f_i/f_s 可根据公式 $\dfrac{f_i}{f_s}=\dfrac{c_i/A_i}{c_s/A_s}$ 由含内标物的标准溶液测出（c_i 和 c_s 都已知的溶液）。本实验以联苯为内标，测定水样中微量萘和菲的含量。

三、仪器与试剂

仪器：

Agilent 1260 高效液相色谱仪：由四元泵、在线脱气机、手动进样器、柱温箱、二极管阵列检测器和色谱数据处理工作站组成。

色谱柱：Agilent Zorbax Eclipse XDB-C18（150mm×4.6mm，5μm）。

Supelco 真空固相萃取装置、C18 固相萃取小柱（500mg/3mL）、50μL 微量进样针（HPLC 专用）；1mL 注射器（一次性）、0.22μm 针筒式滤膜过滤器（有机相）、液相色谱标准针头、25mL 移液管、2mL 容量瓶、小烧杯。

试剂：

单标溶液：$10.0\text{mg}\cdot\text{L}^{-1}$ 萘的甲醇溶液、$10.0\text{mg}\cdot\text{L}^{-1}$ 联苯的甲醇溶液和 $6.0\text{mg}\cdot\text{L}^{-1}$ 菲的甲醇溶液（已经通过 0.22μm 滤膜过滤）。

混标溶液：含 $10.0\text{mg}\cdot\text{L}^{-1}$ 萘、$10.0\text{mg}\cdot\text{L}^{-1}$ 联苯和 $6.0\text{mg}\cdot\text{L}^{-1}$ 菲的甲醇混合溶液（已经通过 0.22μm 滤膜过滤）。

内标溶液：$100\text{mg}\cdot\text{L}^{-1}$ 联苯的甲醇溶液。

甲醇（色谱纯）、高纯水、丙酮、待测水样。

四、实验内容

1. 固相萃取小柱的预处理

在固相萃取装置的辅助下，依次用 3mL 丙酮、5mL 水清洗 C18 小柱，流速控制在 $3\sim 5\text{mL}\cdot\text{min}^{-1}$。

2. 待测水样的处理[1]

移取 25.00mL 水样，在固相萃取装置的辅助下，使其通过 C18 小柱（水样中的萘和菲被吸附在小柱上）。然后在小柱下端承接一个 2mL 的容量瓶，用约 1.5mL 丙酮洗脱，在洗脱液中加入 100μL 内标溶液（$100\text{mg}\cdot\text{L}^{-1}$ 联苯的甲醇溶液），用丙酮定容后摇匀，得到加标的浓缩试液。

3. HPLC 测定

（1）开机。按操作规程开机，并使仪器处于工作状态，色谱条件如下：

流动相：甲醇-水（85∶15，V/V）；流速：$1.0\text{mL}\cdot\text{min}^{-1}$；检测波长：254nm；柱温：30℃；进样量：20μL。

（2）基线稳定后，依次测定单标溶液、混标溶液（重复测定 2 次）和浓缩试液[2]（重复测定 2 次），保存色谱数据。

（3）实验完毕后，清洗色谱柱、关机。

五、注意事项

[1] 水样通过 C18 小柱的流速控制在 $2.5\text{mL}\cdot\text{min}^{-1}$ 左右，丙酮洗脱时的流速控制在 $1\text{mL}\cdot\text{min}^{-1}$ 左右，以保证待测组分被充分吸附和洗脱。

[2] 浓缩试液用 1mL 注射器吸取，依次通过 0.22μm 针筒式滤膜过滤器和标准针头注入液相色谱。

六、数据记录与处理

1. 根据单标溶液的保留时间对混标溶液和浓缩试液中各组分定性。

2. 将混标溶液和浓缩试液中各组分的色谱峰面积填入表 1，根据各组分的色谱峰面积、混标溶液中各组分的浓度和浓缩试液中内标物的浓度计算 f_i/f_s 和浓缩试样萘、菲的浓度，再根据浓缩倍数计算待测水样中萘和菲的浓度（$\text{mg}\cdot\text{L}^{-1}$）。

表 1 固相萃取-HPLC 内标法测定水样中的多环芳烃

物质	标准溶液中各组分峰面积			浓缩试液中各组分峰面积		
	A_1	A_2	$\overline{A}$	A_1	A_2	$\overline{A}$
萘						
联苯						
菲						

水样中萘的含量	$c_{联苯(浓缩试液)}$ /mg·L^{-1}	=100×0.10/2.0=5.0
	$f_{萘}/f_{联苯}$	
	$c_{萘(浓缩试液)}$ /mg·L^{-1}	
	$c_{萘(待测水样)}$ /mg·L^{-1}	
水样中菲的含量	$c_{联苯(浓缩试液)}$ /mg·L^{-1}	=100×0.10/2.0=5.0
	$f_{菲}/f_{联苯}$	
	$c_{菲(浓缩试液)}$ /mg·L^{-1}	
	$c_{菲(待测水样)}$ /mg·L^{-1}	

七、思考题

1. 为什么要对色谱分析中的样品进行预处理？简单列出三个以上的原因。
2. 内标法与外标法各有哪些特点？

实验 4-20 核磁共振氢谱和碳谱的测定

一、实验目的

1. 了解核磁共振波谱法的基本原理和 ^{1}H 谱、^{13}C 谱的测定方法；
2. 了解 Bruker Avance-Ⅲ 400 核磁共振波谱仪的结构并初步掌握其使用方法；
3. 掌握简单 ^{1}H 谱和 ^{13}C 谱的解析技能。

二、实验原理

核磁共振波谱法（NMR）是研究分子中各磁性核（具有 NMR 性质的原子核）在强磁场中吸收射频（4～900MHz）辐射能量的作用下发生能级跃迁现象的一种波谱法。NMR 谱中共振吸收峰的位置反映了样品分子的局部结构（如特征官能团、分子构型和构象等），而信号强度则与相关原子核在样品中存在的量有关。NMR 是表征、分析和鉴定有机化合物结构最有效的手段之一。

核磁共振波谱仪有连续波核磁共振波谱仪（CW-NMR）和脉冲傅里叶变换核磁共振波谱仪（PFT-MMR）两种，后者灵敏度高、分辨率高、样品用量少、测试时间短，是现代

NMR 仪的主流。NMR 仪在空间上由两部分组成：磁体（内含探头）和谱仪主体。磁体的作用是产生强的静磁场以满足产生核磁共振的要求，200MHz 以上的高频谱仪采用超导磁体；探头固定于磁体中心，作用是发射产生核磁共振的射频波脉冲并检测核磁共振的信号，探头中心放置盛装样品溶液的样品管；谱仪主体包括射频发生器、前置放大器、接收器等以及计算机和相应工作站等。

根据量子力学原理，原子核具有自旋角动量，其自旋角动量的具体数值由原子核的自旋量子数 I 决定。实验结果显示，不同类型的原子核自旋量子数也不同：①质量数和质子数均为偶数的原子核，自旋量子数 $I=0$，如 ^{12}C 和 ^{16}O；②质量数为奇数的原子核，自旋量子数 I 为半整数，如 ^1H、^{13}C 和 ^{17}O；③质量数为偶数，质子数为奇数的原子核，自旋量子数 I 为整数，如 ^2H 和 ^{14}N。$I \neq 0$ 称为磁性核，磁性核都可以产生 NMR 信号，但目前有实用价值的仅限于 ^1H、^{13}C、^{19}F、^{31}P 和 ^{15}N 等核磁共振信号，其中 ^1H 谱和 ^{13}C 谱应用最广。

磁性核作自旋运动时产生的磁矩 μ 在外磁场 B_0 中有 $2I+1$ 个不同的空间取向，分别对应于 $2I+1$ 个能级，即核磁矩 μ 在外磁场 B_0 中的能量也是量子化的，这些能级的能量为

$$E = -\mu_z B_0 = -\gamma \cdot \frac{h}{2\pi} \cdot m \cdot B_0$$

式中，μ_z 为核磁矩 μ 在外磁场 B_0 方向上的取值；γ 为磁性核的磁旋比；m 为磁量子数，有 $2I+1$ 个取值。根据跃迁旋律，跃迁只能发生在 $\Delta m = \pm 1$ 的相邻能级之间，对应的能级间隔为

$$\Delta E = \gamma \cdot \frac{h}{2\pi} \cdot B_0$$

当射频辐射的能量 $h\nu = \Delta E$ 时就会发生共振跃迁，这是裸核在磁场中的行为。

实际上，原子核外有电子绕核运动，电子的屏蔽作用抵消了一部分外加磁场，因此原子核实际感受到的磁场强度为 $(1-\sigma) \cdot B_0$，产生核磁共振的条件为：

$$\Delta E = \gamma \cdot \frac{h}{2\pi} \cdot (1-\sigma) B_0$$

式中，σ 为屏蔽常数。

处于有机化合物不同化学环境中的同一种磁性核，周围电子云密度不同，所产生的屏蔽效应也不同，因此产生共振吸收的频率也会稍有不同，这种现象称为化学位移，据此可进行化合物的结构解析。

为了准确测定并消除不同外加磁场强度（或入射频率）对化学位移的影响，需引入标准物质（核），将其化学位移定为 0，其它磁性核的相对化学位移可表示为

$$\delta = \frac{\nu_{待测核} - \nu_{标准核}}{\nu_{标准核}} \times 10^6$$

δ 为无量纲常数，是一个与所用 NMR 仪无关的数据。常用标准物质是四甲基硅烷（TMS），在 ^1H 谱和 ^{13}C 谱中，它的 ^1H 核和 ^{13}C 核的 $\delta=0$，处于图谱右端，大多数有机化合物中 ^1H 核和 ^{13}C 核的吸收信号都位于它的左边。

磁性核之间的相互作用可使共振吸收峰分裂成多重线，这一现象称为自旋-自旋耦合。耦合强度 J 用多重谱线的间隔表示（单位为 Hz）。多重谱线的数目为 $2nI+1$，n 为与被讨

论核相邻的磁性核的数目，I 为相邻磁性核的核自旋量子数。^{1}H 核的 $I=1/2$，故谱线数目等于 $n+1$，多重线内各峰的强度与二项展开式的系数成比例。即一个邻近质子使被讨论核的共振峰分裂成双线（1∶1），两个邻近质子则产生三重线（1∶2∶1）；三个邻近质子则产生四重线（1∶3∶3∶1）等。例如 CH_3CH_2I 的 ^{1}HNMR 图中 $\delta=1.6\sim2.0$ 处的—CH_3 峰是三重峰，$\delta=3.0\sim3.4$ 处的—CH_2 峰是四重峰。

三、仪器与试剂

仪器：Bruker Avance-Ⅲ 400 NMR；NMR 样品管（Φ5mm）；移液枪（1mL 和 100μL）。

试剂：乙酸乙酯、正丁醇、苯甲酸、氘代氯仿（99.8%氘化度，含 0.03%TMS）、氘代丙酮（99.8%氘化度，含 0.03%TMS）。

四、实验内容

1. 样品制备[1~3]

（1）液体试样：用移液枪移取 10μL 乙酸乙酯（或正丁醇）于 2mL 离心管中，加入 600μL 氘代氯仿溶解，然后用移液枪转移至 NMR 样品管中。

（2）固体试样：用药匙取 5~10mg 苯甲酸于 2mL 离心管中，加入 600μL 氘代丙酮溶解，溶解后用移液枪转移至 NMR 样品管中。

2. ^{1}H 谱及 ^{13}C 谱的测定

将核磁管用样品规量好位置后[4]，打开 ICON-NMR 登录界面，具体操作如下：

a. 登录测试账号；

b. 从上而下开始点击 Insert new sample，当听到气流声后[5] 放入样品；

c. 设置实验文件名；

d. 选择溶剂和实验方法（氢谱选择 Protom ns=16；碳谱选择 C13CPD[6] ns=1024）；如需修改其它参数［如谱宽（sw），扫描次数（ns），中心照射频率（O1P）等］可通过 Parameter 菜单下拉选择 User specific command 进行修改；

e. 点击"start"，开始测试。

测试进程：先 ATM 调谐→LOCK 锁场→SHIM 匀场→RGA 调节增益→ACQ 采样→Proce 处理数据。

3. 数据处理

拷贝原始数据（FID 文件），使用 Mestrenova 软件或 Topspin 软件处理数据。处理过程包括将 FID 信号通过傅立叶变换得到常规 NMR 图，然后调整相位、校准基线、图谱定位、手动标峰以及积分等，将处理好的数据编辑，保存即可。经过数据处理后，乙酸乙酯的 ^{1}H 和 ^{13}C 谱如图 1 和图 2 所示：

五、注意事项

特别提醒：由于核磁共振实验室是强磁场环境（9.6T），机械表、磁卡、含铁的工具、装有心脏起搏器和人工假肢等的人不可靠近磁体，以防发生意外。

[1] 绝大多数的 NMR 测定要求样品是溶液状态，因此应选择合适的氘代溶剂溶解样

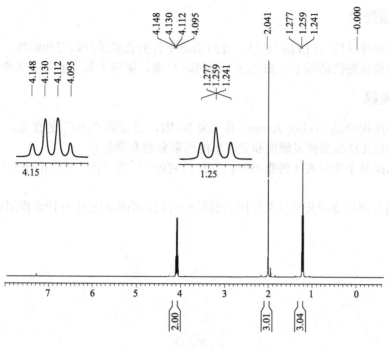

图 1　乙酸乙酯的 ^{1}H NMR 谱

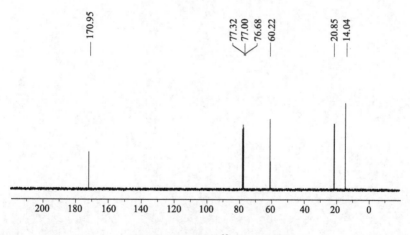

图 2　乙酸乙酯的 ^{13}C NMR 谱

品。常用的氘代试剂有 $CDCl_3$、D_2O、DMSO、C_6D_6、CD_3OD、CD_3COCD_3、C_5D_5N 等。

［2］待测液应为均匀澄清溶液，必要时可采用涡旋混合器或超声波清洗器促溶。

［3］NMR 对取样量没有太严格要求，在能达到分析要求的情况下，较少的样品量有利于测定。^{1}H 谱测定时，固体样品取 5mg，液体取 5μL，溶剂量为 0.5mL 就基本可以；^{13}C 谱测定时可适当增加样品量。

［4］NMR 样品管的定位非常重要，若插入转子过深，即样品管底部实际已超出样品规，样品送入腔内后将触及探头，导致碎裂，会引起严重后果！

［5］气阀未打开，一定不能放入样品管，以防样品管碎裂！

［6］该种模式所测的 ^{13}C 谱为最常规谱图，属于全去耦方式，仅能提供化合物中碳原子的种类这一个信息。若有其它要求，应根据所用仪器选择其它测量模式。

六、数据处理

1. 打印所测样品的 ^{1}H 谱和 ^{13}C 谱，并对谱图中各吸收峰进行归属和解释。
2. 根据实验室提供的若干未知物的 ^{1}H 谱和 ^{13}C 谱，解析未知物的可能结构。

七、思考题

1. 本实验所用的是 Bruker Avance-Ⅲ 400 NMR，请说明"400"的含义。
2. 影响 NMR 样品测试灵敏度和分辨率的因素分别有哪些？
3. 乙酸乙酯分子中仅有 4 种碳原子，为什么它的 ^{13}C 谱（图 2）中出现 5 种碳原子的吸收峰？
4. 自旋耦合和自旋裂分是什么原因引起的？它们在结构解析中有什么作用？

第5章 综合及设计性实验

实验5-1 水泥熟料中 SiO_2、Fe_2O_3、Al_2O_3、CaO、MgO 含量测定

一、实验目的

1. 以水泥熟料为例，学习实际样品的处理及分析方法；
2. 学习和掌握重量法测定水泥熟料中 SiO_2 含量的原理和基本操作；
3. 学习和掌握综合利用配位滴定法中多种滴定方式分析水泥熟料中 Fe_2O_3、Al_2O_3、CaO、MgO 等组分含量的原理、方法和操作技术。

二、实验原理

水泥是粉末状水硬性的无机胶凝材料，品种很多，最主要的是硅酸盐水泥。硅酸盐水泥是由熟料（由石灰石、黏土、铁矿粉按比例磨细混合得到的生料在1450℃左右煅烧制得）和一定比例的不同添加物混匀磨细制成，优质熟料是确保水泥质量的前提。水泥熟料的主要成分为：SiO_2（19%～24%）、Fe_2O_3（3%～6%）、Al_2O_3（4%～7%）、CaO（60%～66%）、MgO（<4.5%）。通过成分分析可检验水泥熟料的质量和烧成情况，以便及时调控原料配比。本实验将对 Si、Fe、Al、Ca、Mg 等五个常规项目进行分析。

分析硅酸盐试样时通常需要通过碱熔融法将其中不溶于水或酸的成分转化为可溶性的，但水泥熟料中碱性氧化物占60%以上，可直接被强酸分解，不必做碱熔融处理。

SiO_2 的测定可采用重量法和容量法（氟硅酸钾法），重量法又因使硅酸凝聚所用的物质不同分为盐酸干涸法、动物胶法和 NH_4Cl 法等。本实验采用 NH_4Cl 重量法，具体做法如下：将试样与6～8倍的 NH_4Cl 固体混匀，加入浓 HCl 分解试样，试样分解产生的 H_2SiO_3 脱水凝聚形成 $SiO_2 \cdot xH_2O$ 胶状沉淀（NH_4Cl 可促进该过程定量进行），再加适量稀 HCl 溶解可溶性盐类，然后经过滤（滤液用容量瓶收集，定容后备用）、洗涤，将所得 $SiO_2 \cdot xH_2O$ 沉淀置于瓷坩埚中于950℃马弗炉内灼烧至恒重，称量后即可计算出待测试样中 SiO_2 的含量。

滤液中的 Fe^{3+}、Al^{3+}、Ca^{2+}、Mg^{2+} 等离子均能与 EDTA 生成稳定配合物，但稳定性有显著差异，其中 $\lg K_{FeY}=25.1$，$\lg K_{AlY}=16.1$，$\lg K_{CaY}=10.69$，$\lg K_{MgY}=8.69$，可采用不同方式的配位滴定法分别对其进行测定。

由于 $\lg K_{FeY} - \lg K_{AlY} = 25.1 - 16.1 = 9.0 > 5$ 和 $\lg K_{AlY} - \lg K_{CaY} = 16.1 - 10.69 = 5.41 > 5$，可采用控制酸度法依次测定 Fe^{3+} 和 Al^{3+} 的含量，试液中的 Ca^{2+}、Mg^{2+} 不干扰测定。首先控制 pH 在 1.8～2.2 之间（EDTA 滴定 Fe^{3+} 的最大允许酸度为 pH=1.2 左右，但该 pH 下没有合适指示剂），以磺基水杨酸为指示剂，在试液温度60～70℃时，用 EDTA 标准溶液滴定 Fe^{3+}，终点颜色由紫红色变为亮黄色（Fe^{3+} 含量很低时无色）；在测定完

Fe^{3+} 的试液中继续加入定量且过量的 EDTA 标准溶液，调节试液 pH≈4.2，再加热至沸使 Al^{3+} 与 EDTA 定量配位（Al^{3+} 与 EDTA 的反应速率较慢，通常采用返滴定方式测定），然后加入 PAN 指示剂，用 $CuSO_4$ 标准溶液返滴过量 EDTA，终点颜色为紫红色。根据相关数据可计算出 Fe^{3+}、Al^{3+} 的含量，通常以它们氧化物的质量百分数表示结果。

用 EDTA 配位滴定法测定 Ca^{2+}、Mg^{2+} 时，Fe^{3+}、Al^{3+} 等离子将产生干扰，可加入掩蔽剂如三乙醇胺、酒石酸钾等将其掩蔽；亦可加入 $NH_3 \cdot H_2O$，使 Fe^{3+}、Al^{3+} 生成沉淀后经过滤去除。$\lg K_{CaY} - \lg K_{MgY} = 10.69 - 8.69 = 2 < 5$，故无法采用控制酸度法分别测定 Ca^{2+}、Mg^{2+}，但可采用差减法予以实现。首先取一份试液在 pH=10 的条件下测定 Ca^{2+}、Mg^{2+} 总量；然后另取一份相同体积的试液调节至 pH≥12 测定 Ca^{2+} 的量〔此时 Mg^{2+} 生成 $Mg(OH)_2$ 沉淀而不影响 Ca^{2+} 的测定〕；Ca^{2+}、Mg^{2+} 总量减去 Ca^{2+} 的量就可得到 Mg^{2+} 的量，通常以它们氧化物的质量百分数表示结果。

三、仪器与试剂

仪器：常用滴定分析仪器一套、电子分析天平（0.1mg）、电子台秤（0.1g）、表面皿、漏斗、漏斗架、中速定量滤纸、恒温水浴锅、电炉、马弗炉、电加热板、瓷坩埚（已恒重）、坩埚钳、干燥器。

试剂：

EDTA 标准溶液：$0.015 mol \cdot L^{-1}$（配制与标定方法参见实验 3-9，以 ZnO 为基准物质，EBT 为指示剂，于 pH=10 的氨性缓冲介质中标定。由实验室提供）。

$CuSO_4$ 溶液：$0.15 mol \cdot L^{-1}$。

NH_4Cl 固体。

浓 HCl。

浓 HNO_3。

氨水：约 $7 mol \cdot L^{-1}$（1+1）。

NaOH 溶液：$200 g \cdot L^{-1}$。

稀 HCl 溶液：约 $0.4 mol \cdot L^{-1}$（3+97）。

磺基水杨酸（SS）指示剂：$100 g \cdot L^{-1}$（使用前配制）。

1-(2-吡啶偶氮)-2-萘酚指示剂（PAN）：$3 g \cdot L^{-1}$（95%的乙醇溶液）。

铬黑 T 指示剂（EBT）：EBT 与 NaCl 的固体混合物（配制方法见实验 3-9）。

钙指示剂（NN）：钙指示剂与 NaCl 的固体混合物（配制方法见实验 3-9）。

三乙醇胺溶液：1+2。

酒石酸钾钠溶液：$100 g \cdot L^{-1}$。

HAc-NaAc 缓冲溶液：pH=4.2（将 32g 无水 NaAc 溶于适量的水中，加 80mL 冰醋酸，用水稀释至 1L）。

NH_3-NH_4Cl 缓冲溶液：pH=10〔将 67g NH_4Cl 溶于适量的水中，加入 570mL 浓氨水（$\rho = 0.88 g \cdot mL^{-1}$），混匀后稀释至 1L〕。

$AgNO_3$ 溶液：$0.1 mol \cdot L^{-1}$（用于检验滤液中的 Cl^-）。

待测水泥熟料。

四、实验内容

1. 试样的处理

(1) 用减量法称取 (0.5±0.01)g 水泥熟料试样（精确至 0.1mg）置于干燥的 100mL 烧杯中，加入 3～4g 固体 NH_4Cl，用玻璃棒混合均匀，盖上表面皿，沿烧杯口滴加 3mL 浓 HCl 至试样全部润湿，再滴加 2 滴浓 HNO_3，用玻璃棒仔细搅匀，小心压碎块状物，使试样充分分解[1]。

(2) 将烧杯置于沸水浴上加热，蒸发至近干。

(3) 加入 20mL 热的稀 HCl 溶液（3+97），充分搅拌使可溶性盐类溶解，用中速定量滤纸，采用倾注法过滤。继续用热的稀 HCl 溶液洗涤沉淀、玻璃棒及烧杯 3～4 次，然后用热水充分洗涤沉淀，直至检验无 Cl^- 为止（在黑色点滴板中加入 1 滴 $AgNO_3$ 溶液和 1 滴洗涤液，若不产生白色浑浊，即可认为洗涤液中无 Cl^-）。滤液和洗涤液收集在 250mL 容量瓶中[2]，用水定容后摇匀，以供测定 Fe^{3+}、Al^{3+}、Ca^{2+}、Mg^{2+}。

2. SiO_2 的测定[3]

将过滤所得的沉淀叠成沉淀包后置于已恒重的瓷坩埚中，用电炉干燥、炭化和灰化后，置于马弗炉中，于 950℃ 灼烧至恒重。准确称取沉淀质量，计算试样中 SiO_2 的百分含量。

3. Fe_2O_3、Al_2O_3 含量的测定

(1) 量取 30mL 0.15mol·L^{-1} $CuSO_4$ 溶液至 500mL 烧杯中，用水稀释到 300mL，搅拌均匀，得到 0.015mol·L^{-1} $CuSO_4$ 溶液。

(2) 0.015mol·L^{-1} $CuSO_4$ 溶液与 EDTA 标准溶液体积比的测定 移取 25.00mL EDTA 标准溶液置于 250mL 锥形瓶中，加入 10mL pH=4.2 的 HAc-NaAc 缓冲溶液和 75mL 水，加热至 80～85℃ 后滴加 4 滴 PAN 指示剂，用 0.015mol·L^{-1} $CuSO_4$ 溶液滴定至稳定的紫红色即为终点。记录消耗 $CuSO_4$ 溶液的体积并计算每毫升 $CuSO_4$ 溶液相当于 EDTA 标准溶液的体积。

(3) Fe_2O_3 的测定 移取上述制备的试液 50.00mL 于 250mL 锥形瓶中，加入 6 滴磺基水杨酸指示剂（SS），边摇动边滴加 (1+1) 氨水至溶液呈现不透光的深紫红色[4]（此时试液的 pH≈2；若不确定可用精密 pH 试纸检验）。将试液加热至 60～70℃（锥形瓶口较热但不很烫手），立即用 EDTA 标准溶液滴定至紫红色变为淡黄色即为终点[5]，记录消耗 EDTA 标准溶液的体积，计算试样中 Fe_2O_3 的百分含量（保留锥形瓶中溶液用于 Al^{3+} 含量的测定）。

(4) Al_2O_3 的测定 在测完 Fe^{3+} 后的溶液中准确加入 20.00mL EDTA 标准溶液和 15mL pH=4.2 的 HAc-NaAc 缓冲溶液，煮沸 1min，取下稍冷后补加上述缓冲溶液 10～15mL[6]，PAN 指示剂 6 滴，立即用 0.015mol·L^{-1} $CuSO_4$ 溶液滴定至试液呈紫红色即为终点[7]。记录消耗 $CuSO_4$ 溶液的体积，根据相关数据计算试样中 Al_2O_3 的百分含量。

4. CaO、MgO 含量的测定

(1) CaO 含量的测定[8] 移取上述制备的试液 25.00mL 于 250mL 锥形瓶中，加水稀释至 100mL，再加入 5mL (1+2) 的三乙醇胺溶液摇匀，接着加入 4mL 200g·L^{-1} 的 NaOH 溶液（试样中镁含量很低，通常看不到明显的沉淀），然后加入适量的钙指示剂，摇匀后溶液呈现酒红色。用 0.015mol·L^{-1} EDTA 标准溶液滴定至溶液呈纯蓝色即为滴定终点，记录消耗 EDTA 标准溶液的体积，根据相关数据计算试样中 CaO 的百分含量。

(2) CaO、MgO 总量的测定[9] 移取上述制备的试液 25.00mL 于 250mL 锥形瓶中，加水稀释至 100mL，加入 1mL 酒石酸钾钠溶液、5mL 三乙醇胺溶液，充分摇匀后，再加入 25mL pH≈10 的 NH_3-NH_4Cl 缓冲溶液及适量的 EBT 指示剂，用 EDTA 标准溶液滴定至试液由红色变为纯蓝色即为终点。记录消耗 EDTA 标准溶液的体积，根据测定 CaO 时消耗

EDTA 标准溶液的体积及相关数据计算试样中 MgO 的百分含量。

五、注意事项

[1] 硅酸盐水泥熟料用 HCl 分解后，硅酸一部分以溶胶状态存在，一部分以无定形沉淀析出，且有严重吸附。为此，应先将试样与足量的固体 NH_4Cl 混合，再用少量浓 HCl 在沸水浴中加热分解。因为沉淀反应是在含有大量电解质的小体积溶液中进行的，硅酸可以迅速脱水凝聚析出，较少吸附，沉淀比较纯净和完全。加入 2 滴浓 HNO_3 的目的是将试样中可能存在 Fe^{2+} 氧化为 Fe^{3+}，为后续测定做好准备。

[2] 后续测定中若 Fe^{3+}、Al^{3+}、Ca^{2+}、Mg^{2+} 均需平行测定三次，所得的 250mL 试液略显不足，可称取 1.0g 水泥熟料，制备出 500mL 待测液。

[3] 测定 SiO_2 时若改用铂坩埚在 1100℃ 灼烧至恒重，并用氢氟酸处理，可将测定误差控制在 0.1% 以内。本实验所选方法的测定误差将偏高 0.2% 左右。

[4] EDTA 测定 Fe^{3+} 的理论 pH 在 1.2~2.5 之间。pH<1.2 时，Fe^{3+} 与 EDTA 配位不完全，测定结果偏低；pH>2.5 时，Fe^{3+} 发生水解，Al^{3+} 亦有所干扰。实际测定中是根据 Fe^{3+}-SS 配合物在不同 pH 值时的显色情况来控制 pH：pH<1.8 时为黄色，1.8<pH<2.2 时为深紫红色，pH>2.2 时为橙色 [过高则出现褐色 $Fe(OH)_3$ 沉淀]。若 $NH_3 \cdot H_2O$ 不小心滴加过量，可用 (1+1)HCl 回滴。

[5] EDTA 与 Fe^{3+} 的反应较慢，尤其是近终点时与 Fe^{3+}-SS 的置换反应存在僵化现象，因此需要加热来提高反应速率。滴定开始时可按正常速度滴定，待试液呈现淡红色时，滴定速度调整至 3s 一滴且充分摇动，必要时还需再次加热。

[6] Al^{3+} 与 EDTA 反应的速度较慢，通常采用返滴定方式测定。先加入过量而且定量的 EDTA 与大部分 Al^{3+} 配位以降低 Al^{3+} 的浓度，避免其在加入 pH≈4.2 的缓冲溶液时生成 $Al(OH)_3$；煮沸是为加快 Al^{3+} 与 EDTA 的反应，使其在短时间内反应完全；滴定前补加缓冲溶液是补充煮沸时的损失，以保证滴定时介质的 pH≈4.2。

[7] 以 PAN 为指示剂，用 Cu^{2+} 标准溶液返滴法测定 Al^{3+} 是几十种测定 Al^{3+} 的方法中较常采用的一种。返滴定过程中，游离的 PAN 呈黄色，生成的 Cu-EDTA 呈蓝色，而终点时稍过量的 Cu^{2+} 与 PAN 生成红色的 Cu-PAN，因此滴定过程中溶液的颜色变化与过剩的 EDTA 量和 PAN 指示剂的用量有关。如果 EDTA 过量太多或者 PAN 指示剂的量较少，则因存在大量蓝色的 Cu-EDTA 而使终点呈蓝紫色或蓝色；如果 EDTA 过量太少，则 EDTA 与 Al^{3+} 的配位可能不完全而使误差增大。实验表明：若 EDTA 与 Cu^{2+} 的浓度为 0.015~0.020mol·L^{-1}，EDTA 过量 10~15mL 较为适宜。若 PAN 指示剂的用量适当，终点呈紫红色，否则有可能出现茶红色。返滴定过程中溶液颜色变化如下：黄→绿→灰绿→紫红（终点为蓝、黄、红的混合颜色）。由于 PAN 指示剂和 Cu-PAN 在水中的溶解度均很小，为增大其溶解度以获得明显的终点，滴定温度控制在 80~85℃ 为宜，温度太高，终点不稳定。亦可适量加入乙醇来改善终点的颜色变化。

[8] 测定 Ca^{2+} 时，为了减少 $Mg(OH)_2$ 沉淀对钙指示剂的吸附，可先将溶液稀释，降低溶液中 Mg^{2+} 的浓度，然后加入三乙醇胺掩蔽 Fe^{3+}、Al^{3+} 等干扰离子（三乙醇胺应在 NaOH 之前加入，否则影响其掩蔽效果），因为酒石酸钾钠与 Mg^{2+} 发生配位，故此处不加。当溶液 pH 调至 12~13 后应立即滴定，以防止溶液吸收 CO_2 生成 $CaCO_3$ 沉淀。

[9] 测定 Ca^{2+}、Mg^{2+} 总量时，用酒石酸钾钠和三乙醇胺联合掩蔽 Fe^{3+}、Al^{3+} 等干扰离子效果更好，使用时应先在酸性条件下加入酒石酸钾钠，再加入三乙醇胺，最后加入氨性缓冲溶液。

六、数据记录与处理

合理设计表格，记录实验数据，计算水泥熟料中 SiO_2、Fe_2O_3、Al_2O_3、CaO、MgO 的质量百分含量（%）。

七、思考与讨论

1. 为什么采用氟硅酸钾法和重量法测定水泥熟料中 SiO_2 含量时分别采用 HNO_3 和 HCl 分解试样？重量法分解试样时加入 NH_4Cl 固体的目的是什么？
2. 本实验选择 pH1.8～2.2 条件下测定 Fe^{3+} 是基于哪些方面的考虑？如何判断试液 pH 值达到预期的范围？
3. 本实验为什么采用返滴定法测定 Al^{3+} 的含量？
4. 本实验测定 Fe^{3+}、Al^{3+} 含量时为什么都需要加热到一定温度？若温度较低或较高，会有什么现象发生？对测定结果有什么影响？
5. 本实验测定 Fe^{3+} 过程中溶液的颜色是如何变化的？如何防止滴入的 EDTA 过量？
6. 本实验测定 Al^{3+} 过程中溶液的颜色是如何变化的？终点颜色与哪些因素有关？
7. 测定 Ca^{2+}、Mg^{2+} 含量时，若溶液 pH>10，对 Mg^{2+} 的测定结果会有什么影响？
8. 测定 Ca^{2+}、Mg^{2+} 含量时，对掩蔽剂三乙醇胺的加入顺序是否有要求？

实验 5-2　凯氏定氮法测定蛋白粉中蛋白质含量

一、实验目的

1. 掌握凯氏定氮法的原理和实验操作；
2. 了解蛋白质系数在蛋白质含量测定中的应用；
3. 明确凯氏定氮法测定蛋白质含量的优点及局限性。

二、实验原理

蛋白质是复杂的含氮有机化合物。将蛋白粉与浓硫酸和催化剂 $CuSO_4$ 一同加热消解，使蛋白质分解，产生的氨与硫酸结合生成硫酸铵，留在消解液中。然后碱化蒸馏使氨游离，用 H_3BO_3 吸收后，再用 HCl 标准溶液滴定。根据 HCl 的消耗量计算出蛋白粉的含氮量，再乘以相应的蛋白质换算系数（豆类 6.25，乳类 6.38 等），即为蛋白粉中蛋白质含量。反应过程如下：

$$蛋白质 + 浓 H_2SO_4 \xrightarrow[\triangle]{CuSO_4} (NH_4)_2SO_4$$

$$(NH_4)_2SO_4 + 2NaOH = 2NH_3 \uparrow + Na_2SO_4 + 2H_2O$$

$$NH_3 + H_3BO_3 = NH_4^+ + H_2BO_3^-$$

$$H_2BO_3^- + H^+ = H_3BO_3$$

用凯氏定氮法测定蛋白质总量既简单方便，又有足够的精确度，但无法区分所测的氮是否真正全部来源于蛋白质。

三、仪器与试剂

仪器：常用滴定分析仪器一套、10mL移液管、电子分析天平（0.1mg）、电子台秤（0.1g）、电炉、凯氏烧瓶、小漏斗、定氮蒸馏装置（图1）。

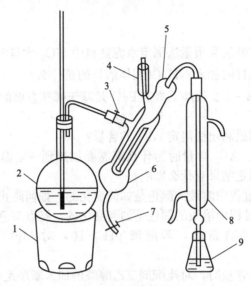

图1　定氮蒸馏装置
1—电炉；2—水蒸气发生器（2L圆底烧瓶）；3—螺旋夹；4—小漏斗及棒状玻璃塞；
5—反应室；6—反应室外层；7—橡皮管及螺旋夹；8—冷凝管；9—蒸馏液接收瓶

试剂：市售蛋白粉（纽崔莱蛋白粉，豆类蛋白）、硼砂基准试剂（保存于含氯化钠和蔗糖饱和溶液的干燥器中）、$CuSO_4·5H_2O$ 固体、K_2SO_4 固体、浓硫酸、$6mol·L^{-1}$ HCl溶液（1+1）、$500g·L^{-1}$ NaOH溶液、30% H_2O_2 溶液、$20g·L^{-1}$ H_3BO_3 溶液、甲基红-亚甲基蓝混合指示剂（0.2g甲基红和0.1g亚甲基蓝溶于100mL乙醇中）、$2g·L^{-1}$ 甲基红的乙醇溶液。

四、实验步骤

1. 蛋白粉消解

准确称取蛋白粉样品0.5g（精确至0.1mg），置于凯氏烧瓶内，加入0.5g $CuSO_4·5H_2O$、4~5g K_2SO_4[1]、10mL浓硫酸和2~3粒玻璃珠，稍摇匀后在凯氏烧瓶的瓶口放一小漏斗，将瓶以45°斜支于电炉上，小心加热至内容物全部炭化，泡沫完全停止后，加强火力并保持瓶内液体微沸，至瓶内溶液呈透明蓝绿色后，继续加热0.5h。取下凯氏烧瓶冷却数分钟后加2~3mL 30% H_2O_2 溶液[2]，将管壁上的炭化颗粒冲到凯氏烧瓶底部，继续加热15min。冷却至室温，加入20~30mL水溶解盐类[3]，放冷后，定量转移至100mL容量瓶中，用水定容后摇匀。

相同条件下做一空白试验[4]。

2. HCl标准溶液（$0.05mol·L^{-1}$）的配制和标定

量取2.5mL $6mol·L^{-1}$ HCl至试剂瓶中，加水稀释到300mL后摇匀。

用减量法称取0.2~0.3g（精确至0.1mg）$Na_2B_4O_7·10H_2O$ 三份，分别置于三个编好号的锥形瓶中，各加30mL水，加热溶解后冷却至室温，加入2滴甲基红-亚甲基蓝混合指示剂，用HCl溶液滴定至由绿色变为灰蓝色即为终点，记录所消耗NaOH的体积。计算所配 HCl 溶液的准确浓度，要求三次标定浓度的相对平均偏差≤0.2%。

3. 蛋白质含量的测定

按图 1 搭建定氮蒸馏装置[5]，向水蒸气发生器内装水至 2/3 处，加入数粒玻璃珠，加甲基红乙醇溶液数滴和数毫升硫酸以保持水呈酸性[6]。

向接收瓶内加入 20mL H_3BO_3 溶液和 2 滴混合指示剂，将冷凝管下端插入液面以下。

准确移取 10.00mL 蛋白粉消解液，从进样口（图 1 中 4 的位置）注入反应室，用少量水冲洗进样口，随后加入 10mL 500g·L^{-1} NaOH 溶液，立即盖紧塞子，以防 NH_3 逸出。

加热煮沸水蒸气发生器内的水并保持沸腾[7]，从开始回流计时，蒸馏 10min 后移动冷凝管下端使其脱离吸收液，再蒸馏 1min，用少量水冲洗冷凝管下口，洗液流入收集瓶内。

用 HCl 标准滴定溶液滴定至由绿色变为灰蓝色即为终点，记录所消耗 NaOH 的体积，平行测定 3 次。

以相同操作测试空白溶液。若空白溶液消耗 HCl 标准滴定溶液很少，可忽略不计。

五、注意事项

[1] 加入 K_2SO_4 可提高溶液的沸点，加速消解。

[2] 30% H_2O_2 只能在消解接近尾声时加入，切不可在消解起始阶段加入。

[3] 溶液中含有浓硫酸，在加水时应该分几次加入，且加入水后应立即摇动凯氏烧瓶，避免烧瓶局部过热。加水过程中切记瓶口不可对人！

[4] 空白试验仅不加入蛋白粉样品，其它加入试剂及操作与样品消解过程完全相同。

[5] 定氮蒸馏装置搭建好后应仔细检查和洗涤。

[6] 蒸馏过程中蒸气发生器内的溶液应保持橙红色，避免有碱性气体被蒸出干扰测定。

[7] 蒸馏过程中火力要均匀，不得中途停火。

六、数据记录与处理

合理设计表格，记录实验数据，计算蛋白粉中蛋白质的质量百分含量（%）。

七、思考题

1. 消化时加入 K_2SO_4 和 $CuSO_4·5H_2O$ 的作用是什么？K_2SO_4 加入量是否越多越好？
2. 为什么用 H_3BO_3 溶液作为吸收液？它的用量对后面的测定有无影响？可否用 HAc 代替？
3. 通过本次实验，谈谈凯氏定氮法测定蛋白质含量的优缺点。
4. 你还知道哪些测定蛋白质的方法，请举例说明，并谈一谈该方法的优缺点。

实验 5-3　全自动快速溶剂萃取技术用于提取芝麻中的植物油

一、实验目的

1. 了解全自动快速溶剂萃取仪（吉天 APLE-1000）的基本结构和工作原理；
2. 初步掌握全自动快速溶剂萃取仪及旋转蒸发仪的操作过程；

3. 掌握全自动快速溶剂萃取技术提取芝麻中植物油的方法。

二、基本原理

快速溶剂萃取技术是近年来发展起来的一种在高温（室温～200℃）、高压（大气压～20MPa）条件下快速提取固体或半固体样品中可溶成分的样品前处理方法，与常规的萃取法相比，可大大缩短萃取时间，提高萃取效率，减少萃取剂用量，显著降低了单个样品的提取费用，具有节省溶剂、快速、健康环保、自动化程度高等优点。快速溶剂萃取技术已广泛用于环境、药物、食品和聚合物工业等领域。

萃取中高温的作用：加快解吸动力学过程，降低溶剂的黏度并克服基体效应，增加被测物溶解度，花费更少的溶剂和时间。

萃取中加压的作用：加压使高温下溶剂保持液态，可迫使溶剂进入在低压下受阻的样品孔隙中，因此可提高萃取效率。

三、仪器与试剂

仪器：吉天 APLE-1000 全自动快速溶剂萃取剂（配有 33mL 样品萃取池和 60mL 收集瓶）、旋转蒸发仪、循环水真空泵、恒温水浴锅、恒温烘箱、电子分析天平（0.1mg）、电子台秤（0.1g）、陶瓷研钵和研杵、100mL 圆底烧瓶（植物油收集瓶）、干燥器。

试剂：硅藻土、正己烷（60～90℃沸程）、黑芝麻。

四、实验内容

1. 植物油收集瓶的准备

将洗干净的 100mL 圆底烧瓶置于（102±2）℃的烘箱中干燥 1h，然后在干燥器中冷却至室温，准确称量其质量（精确至 0.1mg）。

2. 样品处理

称取 3g（精确到 0.1mg）黑芝麻和 3g 硅藻土，置于陶瓷研钵中充分研磨并混合均匀，然后将其全部装入 33mL 萃取池中，空隙处用硅藻土尽量填满。

3. 样品萃取

萃取条件如下所示。

萃取溶剂:100%正己烷	加热温度:110℃	萃取压力:10MPa
加热时间:5min	静态时间:5min	淋洗体积:40%
吹扫时间:60s	循环次数:2次	清洗:On
预热温度:110℃	总萃取时间:14min	溶剂总量:约30mL

在处理样品前预先开机，按照上述萃取条件设置萃取参数，保存方法文件，准备萃取溶剂，并使仪器开始预热。待样品全部填充完毕后，将萃取池放在仪器样品盘上，调出方法文件，依次进行萃取[1]。

4. 溶剂蒸发

萃取完成后，将收集瓶中的萃取液小心转移至已干燥称重的 100mL 圆底烧瓶中，再用萃取溶剂小心冲洗收集瓶内壁，冲洗液也收集到圆底烧瓶中[2]。

将圆底烧瓶连接到旋转蒸发仪上，打开循环水真空泵，然后开动电机转动圆底烧瓶，在 35～40℃的水浴中加热使溶剂环己烷蒸发完全[3]。

5. 烘干称重

将上述圆底烧瓶置于（102±2）℃的烘箱中干燥 1h，然后在干燥器中冷却至室温，准确称量其质量（精确至 0.1mg）。

五、注意事项

［1］如果之前仪器使用的溶剂与现用溶剂不同，应单独运行"清洗"操作 3 遍，以消除溶剂及其它可能发生的干扰。

［2］要小心操作，以防溶剂溅到圆底烧瓶外壁。

［3］溶剂蒸发完成后，应先停止旋转，再通大气，以防烧瓶在转动中脱落。

六、数据记录与处理

根据收集植物油前后 100mL 圆底烧瓶的准确质量和所称取芝麻样品的质量计算芝麻中植物油的质量百分含量（％）。

七、思考题

1. 使用全自动快速溶剂萃取仪为什么要在高温高压的条件下进行？
2. 若样品处于半干状态，可以采用什么办法进行实验？
3. 自动萃取过程含有哪八个步骤？
4. 萃取完成后，取出萃取池时需要注意什么？
5. 为了使旋转蒸发仪的使用效果更好，可以采取什么方法？

实验 5-4　ICP-AES 法测定皮革中 5 种重金属元素含量

一、实验目的

1. 学习干法消解处理实际皮革样品；
2. 学习多元素混合标准样品的配制。

二、实验原理

传统鞣制工艺及加工过程中使用的鞣剂、染料、颜料和助剂，会使皮革和毛皮中含有一定量的重金属元素。这些重金属元素可通过汗液的浸渍经皮肤侵入人体，危害人体健康。因此，欧盟等国家对皮革制品中的重金属含量进行了严格控制，并制定了相关法规、指令。中国国家标准 GB/T 18885—2002 中规定了生态纺织品的分类、要求及检测方法，并规定皮革制品参照执行。

皮革试样的分解可采用干法灰化法、湿法消解法和微波消解法。干法灰化法是利用空气中的 O_2 和高温（450~850℃）直接氧化破坏有机物。该法简便、方便，几乎不使用试剂，空白值很低，本实验即采用这种方法处理皮革试样。灰化法的高温易造成 Hg、As、Sb 等元素的挥发损失，因此本实验只对 Cu、Ni、Cr、Cd、Pb 等五种元素进行检测。

电感耦合等离子体原子发射光谱法（ICP-AES）可同时进行多元素的快速分析，具有灵敏度高、基体效应低、动态范围宽、精密度好等优点，是国家标准 GB/T 22930—2008 中规定的检测皮革和毛皮中重金属含量的方法。

三、仪器与试剂

仪器：Prodigy 全谱直读等离子体原子发射光谱仪（美国 Leeman 公司）、电子分析天平（0.1mg）、马弗炉、瓷坩埚、坩埚钳、小漏斗、漏斗架、快速定性滤纸、50mL 容量瓶、1mL 吸量管、10mL 吸量管。

试剂：

Cu、Ni、Cr、Cd、Pb 的单元素标准储备溶液（1000mg·L^{-1}，国家标准物质）。

5% HNO$_3$ 溶液（优级纯 HNO$_3$ 和超纯水按体积比 5∶95 混合）。

皮革试样（预先洗净、干燥、剪成大约 4mm×4mm 小片）。

四、实验内容

1. 样品的预处理

准确称取 1.0～1.2g 皮革试样，置于瓷坩埚中，于 800℃ 的马弗炉内高温消解 3.5h。冷却至室温后加入 10mL 5% HNO$_3$ 溶解，然后定量转移至 100mL 容量瓶中，用 5% HNO$_3$ 定容后摇匀[1]。

2. 配制待测元素的混合标准溶液

(1) 混合标准工作溶液的配制　分别移取 1000mg·L^{-1} 的 5 种元素标准储备溶液 1.00mL，置于同一个 50mL 容量瓶中，用 5% HNO$_3$ 定容后摇匀，可得 5 种元素的混合标准工作溶液，浓度均为 20mg·L^{-1}。

(2) 系列混合标准溶液的配制　分别移取上述混合标准工作溶液 0.25mL、1.25mL、2.50mL、5.00mL、10.00mL 至 5 个已编号的 50mL 容量瓶中，用 5% HNO$_3$ 定容后摇匀，可得 5 种元素的系列混合标准溶液，浓度依次为 0.10mg·L^{-1}、0.50mg·L^{-1}、1.00mg·L^{-1}、2.00mg·L^{-1} 和 4.00mg·L^{-1}。

3. 测定

(1) 做好准备工作后，开机。按以下测量条件建立分析方法，然后点燃 ICP 炬，等待约 10min 使炬焰稳定。

元素	Cu	Ni	Cr	Cd	Pb
λ/nm[2]	327.395	231.604	205.560	228.802	220.353
功率：1.0kW		频率：27±3MHz		辅助气：0.5L·min^{-1}	
冷却气：14L·min^{-1}		雾化压力：310.5kPa		样品提吸速率：1.1L·min^{-1}	
观测高度：14mm		积分时间：长波（>260nm）5s；短波（<260nm）10s			

(2) 喷入 5% HNO$_3$ 测定空白，然后按浓度由低到高的顺序依次测定系列混合标准溶液。

(3) 标准溶液测完后，用 5% HNO$_3$ 清洗矩管约 2min，然后测定试样溶液[3]。

(4) 测试完毕后依次用 5% HNO$_3$ 和高纯水清洗矩管各 10min，然后按程序关机。

五、注意事项

[1] 若有不溶物，可用双层滤纸过滤，用 5% HNO$_3$ 充分洗涤坩埚和滤纸，滤液和洗涤液收集到 100mL 容量瓶中，用 5% HNO$_3$ 定容后摇匀。

[2] 表中给出的是国家标准 GB/T 22930—2008 推荐的分析线。实际测定时，仪器软件

会提供若干条分析线以供选择,每种元素可选择 3~5 条分析线,最后根据测定结果以效果最佳的谱线定量。

[3] 若有多个样品,每次更换样品前应用稀 HNO_3 清洗矩管约 2min。

六、数据记录与处理

1. 合理设计表格,记录系列混合标准溶液和试样溶液中各元素的仪器响应值。

2. 以各元素的浓度为横坐标,仪器响应值为纵坐标,利用 Origin 等软件进行线性拟合,需给出拟合方程、相关系数和标准曲线图。

3. 利用拟合方程,根据试样溶液中各元素的仪器响应值、试样质量和试样溶液体积,计算皮革试样中各元素的含量($mg \cdot kg^{-1}$)。

七、思考题

1. 有机样品的消解通常可采用干法灰化法、湿法消解法和微波消解法,试比较三种消解方法的优劣。

2. AES、AAS、AFS 和 AMS 等原子光谱法均可用于无机元素的定量分析,在进行方法选择时应从哪些方面考虑?

实验 5-5 果蔬中维生素 C 含量的测定

一、实验目的

1. 了解果蔬样品的前处理和维生素 C 含量的测定方法;

2. 分别利用分光光度法和荧光光度法测定果蔬中维生素 C 的含量,根据测定结果评价两种仪器分析方法的优缺点,锻炼综合知识运用能力。

二、实验原理

维生素 C 又名抗坏血酸,是维持机体正常生理功能的一种重要的维生素,但人体不能自身合成,只能通过日常食物来摄取。维生素 C 主要来源于新鲜的水果和蔬菜,因此,分析果蔬中维生素 C 含量具有重要意义。不同果蔬中维生素 C 的含量不同,同一种果蔬中维生素 C 的含量因种植地域、种植条件的不同也会有很大差异。日常食用的果蔬中辣椒的维生素 C 含量最高,某些品种的红辣椒 100g 中维生素 C 的含量可高达 144mg;橙子中维生素 C 含量也很高,100g 橙子中维生素 C 的含量约为 70mg。测定维生素 C 含量的方法有很多,常用方法有滴定法、酶法、色谱法、荧光光度法、分光光度法、电化学法等。

本实验分别采用固蓝盐 B 分光光度法和荧光光度法测定果蔬(辣椒或橙子)中的维生素 C 含量,掌握同一样品的不同测定方法以及样品的前处理过程,根据实验结果,评判这两种方法的优劣性和适用性,并利用所学知识结合国标的分析方法进行讨论。

固蓝盐 B 分光光度法是根据维生素 C 在一定酸度介质中与固蓝盐 B 反应生成了稳定的黄色化合物——草酰肼-2-羟基丁酰内酯衍生物($\lambda_{max}=420nm$),利用分光光度计在 λ_{max} 处测定该化合物的吸光度,与标准系列比较定量,测定果蔬中维生素 C 的含量。

荧光光度法是利用氧化剂氧化维生素 C 为脱氢抗坏血酸,在苯甲酸和十六烷基三甲基溴化铵溶液中,脱氢抗坏血酸能够产生荧光协同增敏作用,在一定酸度下其荧光强度可达最大值,通过对该体系荧光强度的测定,利用标准曲线法可进行维生素 C 的定量分析。氧化维生素 C 的氧化剂常用活性炭或 Cu^{2+} 等,本实验选取 $CuSO_4$ 做氧化剂。

三、仪器与试剂

仪器:Unico 2100 分光光度计(配 1cm 玻璃吸收池)、日立 F-7000 荧光分光光度计(配 1cm 石英荧光池)、电子分析天平(0.1mg)、剪刀、榨汁机、纱布、中速定性滤纸、布氏漏斗、抽滤瓶、循环水真空泵、250mL 棕色容量瓶、50mL 棕色容量瓶、10mL 比色管、25mL 比色管、1mL 吸量管、2mL 吸量管、25mL 移液管、5mL 量筒。

试剂:

维生素 C 储备液:准确称取 0.2g 左右维生素 C 标准品,加适量水溶解后定量转移至 100mL 棕色容量瓶中,用水定容后摇匀,避光保存备用。

固蓝盐 B 溶液:称取 0.2g 固蓝盐 B,用 100mL 水完全溶解后转移至棕色玻璃试剂瓶中,保存于暗处(常温下可保存三天左右)。

2%乙酸溶液、$0.5 mol \cdot L^{-1}$ 乙酸溶液、$0.2 mol \cdot L^{-1}$ NaOH 溶液、$0.25 mol \cdot L^{-1}$ EDTA 溶液、$2.0 g \cdot L^{-1}$ $CuSO_4$ 溶液、$0.6 g \cdot L^{-1}$ 十六烷基三甲基溴化铵(CTMAB)溶液、$0.1 g \cdot L^{-1}$ 苯甲酸(BA)溶液、pH=6.0 的 HAc-NaAc 缓冲溶液。

四、实验内容

1. 果蔬试样的制备和处理[1]

取可食用部分的果蔬样品(辣椒或橙子),准确称取 50g 左右,剪碎后放入榨汁机中(榨汁机中预先加入 50mL 2%乙酸),搅成匀浆。匀浆液定量转移至 250mL 棕色容量瓶中,用水定容后摇匀。定容液先用纱布初滤,再用布氏漏斗抽滤,得到滤液约 100mL 左右,避光保存备用。

2. 样品待测液的配制

样品待测液(固蓝盐 B 分光光度法):移取 25.00mL 上述果蔬样品的滤液至 50mL 棕色容量瓶中,用水定容后摇匀,避光保存备用。

样品待测液(荧光光度法):移取 25.00mL 上述果蔬样品的滤液至 50mL 棕色容量瓶中,加入 8.0mL $0.2 mol \cdot L^{-1}$ NaOH 溶液,用水定容后摇匀,避光保存备用。

3. 标准溶液的配制

维生素 C 标准溶液(固蓝盐 B 分光光度法):移取 2.50mL 维生素 C 储备液于 50mL 棕色容量瓶中,加入 5.0mL 2%乙酸,用水定容后摇匀,避光保存备用。

维生素 C 标准溶液(荧光光度法):移取 2.50mL 维生素 C 储备液于 50mL 棕色容量瓶中,用水定容后摇匀,避光保存备用。

4. 果蔬样品中维生素 C 含量测定

(1) 固蓝盐 B 分光光度法 取一套 10mL 比色管,用吸量管分别加入固蓝盐 B 分光光度法的维生素 C 标准溶液 0mL、0.20mL、0.40mL、0.60mL、0.80mL、1.00mL 和样品待测液 1.00mL,然后再分别加入 0.5mL $0.25 mol \cdot L^{-1}$ EDTA 溶液、0.5mL $0.5 mol \cdot L^{-1}$ 乙酸溶液和 1.5mL 固蓝盐 B 溶液,用水定容至 10mL 后摇匀,室温放置 20min。用 1cm 比色皿、以试剂空白(即加 0mL 维生素 C 标准溶液)为参比,于 420nm 处用分光光度计测定标准系列和待测液的吸光度。

(2) 荧光光度法[2] 取一套 25mL 比色管,依次加入 0.6mL $2.0 g \cdot L^{-1}$ $CuSO_4$ 溶液、

2.0mL 0.6g·L^{-1} 十六烷基三甲基溴化铵溶液、2.0mL 0.1g·L^{-1} 苯甲酸溶液，再分别加入荧光光度法的维生素 C 标准溶液 0mL、0.30mL、0.60mL、0.90mL、1.20mL、1.50mL、1.80mL 和样品待测液 2.00mL，摇匀，再加入 5.0mL pH=6.0 的 HAc-NaAc 缓冲溶液，用水定容至 25mL 后摇匀，室温放置 30min。取任意一份标准溶液（通常选择浓度居中的溶液）测定激发光谱和发射光谱，在此基础上确定最佳激发波长 λ_{ex} 和最佳发射波长 λ_{em}（文献值：λ_{ex}=320nm，λ_{em}=450nm）。在所选 λ_{ex} 和 λ_{em} 下，依次测定标准系列和待测液的荧光强度。

五、注意事项

[1] 果蔬试样制备中的过滤要注意用干滤法，所用纱布、漏斗、滤纸、抽滤瓶等均要干燥，每次过滤前必须摇匀容量瓶内的溶液以保证溶液浓度均匀。

[2] 荧光光度法含量测定中溶液的配制要注意严格遵守试剂加入顺序。

六、数据记录与处理

1. 合理设计表格，记录有关实验数据。
2. 固蓝盐 B 分光光度法：以维生素 C 标准溶液浓度为横坐标，吸光度为纵坐标，利用 Origin 等软件进行线性拟合，需给出拟合方程、相关系数和标准曲线图。根据待测液吸光度、样品溶液体积、稀释倍数及样品质量，计算原果蔬样品中维生素 C 的含量（mg·100g^{-1}）。
3. 荧光光度法：以维生素 C 标准溶液浓度为横坐标，荧光强度为纵坐标，利用 Origin 等软件进行线性拟合，需给出拟合方程、相关系数和标准曲线图。根据待测液荧光强度、样品液稀释倍数及样品质量，计算原果蔬样品中维生素 C 的含量（mg·100g^{-1}）。
4. 根据测定结果，对两种方法进行评价，并结合国标分析方法进行讨论。

七、思考题

1. 维生素 C 极易受热、光、氧的破坏，在实验过程中应该注意什么？
2. 果蔬样品的前处理为什么用乙酸提取？用其它酸可以吗？
3. 分光光度法和荧光光度法的优缺点是什么？

实验 5-6 肉制品中亚硝酸盐含量的测定

一、实验目的

1. 掌握分光光度法测定肉制品中亚硝酸盐含量的原理及样品处理方法；
2. 掌握离子色谱法测定肉制品中亚硝酸盐含量的原理及样品处理方法；
3. 根据实验过程及测定结果评价两种方法的优劣，提高分析实际样品的能力。

二、实验原理

亚硝酸盐是良好的发色剂与防腐剂，价廉易得，常加入肉制品中以保持和增强肉的红色，并起着防腐、增味的作用。但过多摄入亚硝酸盐会引起正常血红蛋白（二价铁）转变成高铁血红蛋白（三价铁）而失去携氧功能，导致组织缺氧使人患高铁血红蛋白症；亚硝酸盐还可在体内与摄入的仲胺等结合，转化形成强致癌物——亚硝酸铵，从而诱发消化系统癌变。我国食品添加剂使用卫生标准（GB 2760—2007）规定在酱卤肉制品、肉灌肠类等食品加工中亚硝酸盐（以亚硝酸钠计）的最大使用限量为 150mg·kg^{-1}，加工后残留量不超过 30mg·kg^{-1}。

测定亚硝酸盐的方法有多种，本实验采用国家标准 GB 5009.33—2010 "食品中亚硝酸盐与硝酸盐的测定"中所规定的分光光度法和离子色谱法测定肉制品中的亚硝酸盐含量。

分光光度法：用硼砂溶液提取样品中的亚硝酸盐，并将蛋白和脂肪去除。在弱酸介质中，亚硝酸盐先与对氨基苯磺酸发生重氮化反应，生成的重氮盐再与盐酸萘乙二胺通过偶联反应生成紫红色的偶氮化合物。该物质在波长 538nm 有最大吸收，吸光度与溶液中亚硝酸盐含量成正比，据此可实现定量分析。相关反应如下：

$$2HCl + NaNO_2 + H_2N-\text{C}_6\text{H}_4-SO_3H \longrightarrow Cl^-N\equiv N^+-\text{C}_6\text{H}_4-SO_3H + NaCl + 2H_2O$$

$$2HCl\cdot NH_2CH_2CH_2NH-\text{C}_{10}\text{H}_7 + Cl^-N\equiv N^+-\text{C}_6\text{H}_4-SO_3H \longrightarrow$$

$$2HCl\cdot NH_2CH_2CH_2NH-\text{C}_{10}\text{H}_6-N=N-\text{C}_6\text{H}_4-SO_3H + HCl$$

离子色谱法：以超声辅助的方式，用纯水提取样品中的亚硝酸根，然后采用适当方式去除试液中的蛋白质和脂肪。以 Na_2CO_3-$NaHCO_3$ 溶液为淋洗液，用阴离子交换柱分离，电导检测器检测。以保留时间定性，外标法定量。

三、仪器与试剂

1. 共用仪器与试剂

电子分析天平（0.1mg）、料理机、恒温水浴、50mL 容量瓶、100mL 容量瓶、100mL 烧杯、5mL 吸量管、玻璃棒、胶头滴管、5.0mg·L^{-1} NaNO$_2$ 标准工作溶液。

2. 分光光度法

仪器：Unico 2100 分光光度计（配 1cm 玻璃吸收池）、玻璃漏斗、漏斗架、中速定量滤纸、25mL 移液管、2mL 吸量管、1mL 吸量管、10mL 量筒。

试剂：饱和硼砂溶液、300g·L^{-1} ZnSO$_4$ 溶液、4g·L^{-1} 对氨基苯磺酸溶液（称取 0.4g 对氨基苯磺酸，溶于 100mL 20% HCl 中，置于棕色瓶中避光保存）、2g·L^{-1} 盐酸萘乙二胺溶液（置于棕色瓶中避光保存）。

3. 离子色谱法

仪器：Dionex ICS-1000 离子色谱仪（抑制型电导检测器，20μL 定量环）、分析柱 Dionex IonPac AS23（4mm×250mm）、保护柱 Dionex IonPac AS23（4mm×50mm）、超声波清洗仪、离心机（12000r·min^{-1}，配 5mL 离心管）、Suoelco 真空固相萃取装置、真空循环水泵。

耗材：C18 柱（3mL）、Ag 柱（1mL）、Na 柱（1mL）、10mL 注射器（一次性）、1mL 注射器（1 次性）、0.22μm 针筒式滤膜过滤器、5mL 离心管、1mL 离心管。

试剂：甲醇、淋洗液（4.5mmol·L^{-1} Na$_2$CO$_3$ + 0.8mmol·L^{-1} NaHCO$_3$）。

四、实验内容

1. 样品的制备

本实验所测样品是购自超市的某品牌开袋即食型五香牛肉，实验前将牛肉切成小块，再用料理机充分粉碎以供测定。

2. 分光光度法

（1）样品处理（平行处理2份）：准确称取2g（精确至0.01g）粉碎后的肉制品试样于100mL烧杯中，加入10mL饱和硼砂溶液搅拌数分钟，用70mL水洗入100mL容量瓶中[1]，置于沸水浴中加热15min[2]。冷却至室温后边振荡边滴加10mL 300g·L^{-1} ZnSO$_4$，定容摇匀后静置一段时间（若液面上层有脂肪，可用小滴管吸去），然后采用倾注法干过滤。前20mL滤液弃去！再用洁净干燥的小烧杯收集后续滤液备用。

（2）亚硝酸盐的测定[3]

吸取25.00mL上述滤液于50mL容量瓶中，另吸取0mL、0.50mL、1.00mL、2.00mL、3.00mL、5.00mL 5.0mg·L^{-1} NaNO$_2$标准工作溶液分别置于50mL容量瓶中。在样品瓶和标样瓶中分别加入2mL 4g·L^{-1}对氨基苯磺酸，混匀，静置3～5min后各加入1mL 2g·L^{-1}盐酸萘乙二胺，用水定容后摇匀，静置15min。用1cm比色皿，以试剂空白为参比，于波长538nm处测定标准系列和样品溶液的吸光度。

3. 离子色谱法

（1）净化柱的活化：C18柱依次用10mL甲醇、15mL水通过，静置30min。Ag柱和Na柱分别用10mL水通过，静置30min。流速控制在3～5mL·min^{-1}。

（2）样品处理：准确称取5g（精确至0.01g）粉碎后的肉制品试样于100mL小烧杯中，用80mL水洗入100mL容量瓶中，超声提取30min（每5min振摇一次，保持固相完全分散）。再置于75℃水浴中，5min后取出放至室温，定容摇匀后静置一段时间（若液面上层有脂肪，可用小滴管吸去）。吸取上层溶液约20mL在12000r·min^{-1}的转速下离心15min，收集上层清液[4]。在真空固相萃取装置的辅助下，使所得清液依次通过C$_{18}$柱-Ag柱-Na柱，前面7mL弃去，收集1～2mL后面的洗脱液待测。

（3）亚硝酸盐的测定

吸取0.50mL、1.00mL、2.00mL、3.00mL和5.00mL 5.0mg·L^{-1} NaNO$_2$标准工作溶液分别置于50mL容量瓶中，用水定容后摇匀，得系列标准溶液。

做好准备工作后，按操作规程开机，并使仪器处于工作状态。设置色谱条件如下：流速1.0mL·min^{-1}，抑制电流25mA。待基线稳定后，按浓度由低到高的顺序依次测定系列标准溶液，然后测定试样溶液[5]，得对应色谱图。

五、注意事项

[1] 应小心操作，避免用水量过多！可借助无颈漏斗转移试样。

[2] 不要塞住瓶塞！容量瓶一定要放稳，以免滑到水浴中！

[3] 应根据所测样品中亚硝酸盐的含量适当调整系列标准溶液浓度范围及试样溶液用量，以确保样品溶液浓度落在系列标准溶液浓度范围之内。

[4] 若离心后的溶液不够澄清，可用0.45μm针筒式滤膜过滤器过滤。

[5] 样品用1mL注射器吸取，通过0.22μm针筒式滤膜过滤器过滤后再进样。

六、数据记录与处理

1. 合理设计表格，记录有关实验数据。

2. 以系列标准溶液中NaNO$_2$的浓度为横坐标，吸光度或色谱峰面积为纵坐标，利用Origin等软件进行线性拟合，需给出拟合方程、相关系数和标准曲线图。根据待测液吸光度或色谱峰面积、样品液稀释倍数、样品溶液体积和样品质量，计算肉制品中亚硝酸盐（以亚硝酸钠计）的含量（mg·kg^{-1}）。

3. 根据测定结果，结合测定过程，对两种方法进行评价。

七、思考题

1. 分光光度法的样品处理过程中，加入饱和硼砂溶液和硫酸锌溶液的作用分别是什么？为什么要在沸水浴中加热 15min？采用倾注法干纸过滤时，前 20mL 为什么要弃去？
2. 离子色谱法的样品处理过程中，超声提取液离心后要依次通过 C18 柱-Ag 柱-Na 柱，其目的分别是什么？为什么要弃去前 7mL 的洗脱液？
3. 分光光度法和离子色谱法的样品前处理方式为什么不同？
4. 若两种方法所得结果差异较大，你认为可能是哪些原因造成的？

实验 5-7　薰衣草挥发油化学成分的 GC-MS 分析

一、实验目的

1. 熟悉水蒸气蒸馏法提取薰衣草等天然产物中挥发性组分的方法；
2. 学习用 GC-MS 联用仪分析天然产物中挥发性（油）成分的方法。

二、实验原理

气相色谱（GC）-质谱（MS）联用仪可看做是以 MS 为检测器的 GC 或以 GC 为进样装置的 MS，因此同时具备 GC 对混合物的高效分离效能和 MS 对未知物的强定性能力，可在较短时间内实现对多组分混合物质的定性及定量分析。在所有联用技术中，GC-MS 的发展最为完善，广泛应用于天然产物、环保、食品、石油化工、轻工、农药、医药、法医毒品及兴奋剂检测等各个领域。

薰衣草亦称"拉文达"，属唇形科，是一种多年生香料植物，植株干后有浓郁香气，素有"香料之王"的称号，是当今重要的香精原料。薰衣草花穗提取出的精油清香扑鼻、浓郁芬芳，用途非常广泛，具有驱虫、除异味、抗菌、镇静、催眠、缓解精神压力等作用。薰衣草是兼有药用植物和香料植物共有属性的植物类群之一。

本实验采用水蒸气蒸馏法提取薰衣草干花中的挥发性成分，利用 GC-MS 联用技术鉴定其化学组成，并用面积归一化法测定各成分的相对百分含量。

三、仪器与试剂

仪器：气相色谱-质谱联用仪（Agilent 7890B GC/5977B MSD，配自动进样器）、毛细管色谱柱（Agilent HP-5ms Ultra Inert 30m × 250μm × 0.25μm）、粉碎机、电子台秤（0.1g）、水蒸气蒸馏设备一套（含 1L 圆底烧瓶、蒸馏头、球形冷凝管、锥形瓶、磁力搅拌电加热套、聚四氟乙烯搅拌子）、分液漏斗、5mL 锥形瓶。

试剂：薰衣草干花[1]、NaCl、无水 Na_2SO_4。

四、实验步骤

1. 挥发油的提取

将薰衣草干花充分粉碎，称取 30g 置于 1L 圆底烧瓶中，按料液比 1∶16 加入蒸馏水，浸泡 1h。加入搅拌子，连接好蒸馏装置，在搅拌状态，缓慢加热至沸腾[2]。保持微沸状态

1.5h（至精油量不再增加），停止加热。向油水混合物中加入适量 NaCl，出现明显分层现象后，用分液漏斗将两层分开[3]。油层用无水 Na_2SO_4 干燥0.5h[4]，滤除 Na_2SO_4 后，可得无色（或略带黄色）的透明液体，即薰衣草挥发油。

2. GC-MS 分析

（1）仪器条件

色谱条件[5]：载气（氦气，纯度≥99.999%）、载气流量 $1.0mL \cdot min^{-1}$、进样口温度 250℃、进样量 $0.2\mu L$、分流比 80：1、色谱柱温 60℃（保持2min）→以 $5℃ \cdot min^{-1}$ 升至 200℃（保持2min）、接口温度 250℃。

质谱条件：电离方式 EI、电子能量 70eV、离子源温度 230℃、扫描方式为全扫描、质量扫描范围为 25～450amu。

（2）按上述条件设置，待仪器稳定后，注入挥发油样品分析。

五、注意事项

[1] 亦可选择其它香料植物采用类似方法进行挥发油提取和成分分析。

[2] 水蒸气蒸馏法提取挥发油有水中蒸馏、水上蒸馏和水蒸气蒸馏3种，本实验采用装置最简单的水中蒸馏方式。搅拌可减轻因直接加热导致烧瓶底部植物原料焦糊的现象，也可促进精油提取。

[3] 精油产量很低，应小心操作。

[4] 若时间允许，最好放置过夜。

[5] 可根据实际情况适当调整以保证分离效果和分析速度。

六、数据处理

数据采集结束后，调取采集到的总离子色谱图及各色谱峰所对应的质谱图，利用仪器自带的 NIST 质谱库进行自动检索，再对所得检索结果进行人工核对和补充检索，即可得到薰衣草挥发油所含的主要化学成分，然后利用面积归一化法计算各成分的相对百分含量。

七、思考题

1. 除水蒸气蒸馏之外，还有什么方法可以获取香料植物中的挥发性成分？

2. 如何看待利用 GC-MS 自带的质谱数据库自动检索给出的定性分析结果？若想使测定结果更加可靠，你认为可以采取哪些措施？

3. 采用面积归一化法获得的相对百分含量是否代表挥发油中各组分的实际含量？

实验 5-8 纺织品中禁用偶氮染料的检测

一、实验目的

1. 掌握气相色谱-质谱联用技术测定纺织品中禁用偶氮染料的定性定量方法；

2. 了解样品处理、测定及数据处理的全过程，锻炼综合知识的运用能力。

二、实验原理

偶氮染料是指分子结构中含有偶氮基（—N═N—），且与其连接的部分含有1个及以上芳香族结构的染料。这类染料具有色谱齐全、颜色鲜艳、色牢度较高、成本低等优点，广泛应用在纺织品、皮革制品等的染色和印花工艺中。但部分偶氮染料染色的纺织品与人体皮肤长时间接触时，会与人体代谢物作用产生多种芳香胺类物质（如 2-萘胺、联苯胺、2,4-二氨基甲苯等）。这些物质被人体吸收，经一系列活化作用后会使细胞的 DNA 结构和功能发生改变，从而诱发细胞癌变或畸变。欧盟在 2003 年 9 月 11 日公布的第 2002/61 号令中规定：凡是在还原条件下释放出致癌芳香胺的偶氮染料都禁止使用。我国也将禁用偶氮染料的测试作为国家强制性标准《国家纺织产品基本安全技术规范》（GB 18401—2010）的重要检测项目，对于检测出超过限值的芳香胺类物质的产品，一律禁止生产和销售。

目前国际上规定纺织品中应检测的致癌芳香胺有 24 种（见本实验附）。《纺织品禁用偶氮染料的测定》（GB/T 17592—2011）中规定了纺织品中可分解出致癌芳香胺的禁用偶氮染料的检测方法。在该方法的检测中，4-氨基偶氮苯（24 种芳香胺之一）会分解为苯胺和/或 1,4-苯二胺。如检测到苯胺和/或 1,4-苯二胺，需重新按《纺织品 4-氨基偶氮苯的测定》（GB/T 23344—2009）进行检测确认。上述两种国标方法的测定低限均为 $5mg \cdot kg^{-1}$（当检测值$<5mg \cdot kg^{-1}$时，报告结果为未检出；当检测值$\geqslant 5mg \cdot kg^{-1}$时，报告实际检测结果）。纺织品中可分解芳香胺的限量值为 $20mg \cdot kg^{-1}$（当检测值$\leqslant 20mg \cdot kg^{-1}$时，判定为符合要求；检测值$>20mg \cdot kg^{-1}$时，判定为不符合要求）。

本实验选用涤纶织品，在柠檬酸盐缓冲溶液介质中用连二亚硫酸钠还原分解，用适当的液-液分配柱提取溶液中的芳香胺，浓缩后，用配有质量选择检测器的气相色谱-质谱联用仪（GC-MS）进行定性、定量分析。若结果检出苯胺和/或 1,4-苯二胺，需复检 4-氨基偶氮苯，即在碱性介质中用连二亚硫酸钠还原分解出 4-氨基偶氮苯，用适当的液液萃取方法提取，用 GC-MS 进行定性、定量分析。

三、仪器与试剂

仪器：

气相色谱-质谱联用仪：Trace GC ultra/Trace DSQ（美国 Finnigan 公司）。

微量注射器（$1\mu L$）、电子分析天平（0.1mg）。

样品预处理装置：包括冷凝管、圆底烧瓶和加热装置。

反应器：管状，具密闭塞，约 60mL，由硬质玻璃制成。

提取柱：20cm×2.5cm（内径）玻璃柱，能控制流速，填装时，先在底部垫少许玻璃棉，然后加入 20g 硅藻土，轻击提取柱，使填装结实。

旋转蒸发仪、循环水真空泵、恒温水浴、机械振荡器（振荡频率约 150 次$\cdot min^{-1}$）。

试剂：

芳香胺标准储备溶液：$1000mg \cdot L^{-1}$（用甲醇将附中所列的芳香胺标准物质分别配制成浓度为 $1000mg \cdot L^{-1}$ 的标准储备溶液，保存在棕色瓶中，可放入少量无水亚硫酸钠，置于冰箱冷藏室中，保存期一个月）。

芳香胺混合标准工作溶液：$10mg \cdot L^{-1}$［从各种芳香胺（4-氨基偶氮苯除外）标准储备溶液中准确移取 1mL 置于 100mL 容量瓶中，用甲醇定容］。

4-氨基偶氮苯标准工作溶液：$10mg \cdot L^{-1}$（从 4-氨基偶氮苯标准储备溶液中准确移取 1mL 置于 100mL 容量瓶中，用甲醇定容）。

柠檬酸盐缓冲液：$0.06mol \cdot L^{-1}$，pH=6.0（称取 12.5 柠檬酸和 6.3g NaOH，溶于水中后稀释到 1L）。

乙醚：如需要，使用前取 500mL 乙醚，用 100mL 硫酸亚铁溶液（5%水溶液）剧烈振摇，弃去水层，置于全玻璃装置中蒸馏，收集 33.5～34.5℃馏分。

二甲苯、甲醇、NaCl、叔丁基甲醚、20g·L^{-1} NaOH 溶液、200mg·mL^{-1} 连二亚硫酸钠溶液（新鲜配制）、多孔颗粒状硅藻土（于 600℃灼烧 4h，冷却后贮于干燥器内）、高纯 N_2。

四、实验步骤

1. 致癌芳香胺的检测

(1) 涤纶纺织品的预处理

取有代表性的织物，剪成约 5cm×5cm 小片，混合均匀。从混合样中称取 1.0g 试样（准确至 0.01g），用无色纱线扎紧，在萃取装置的蒸汽室内垂直放置，使冷凝溶剂可从样品上流过，在萃取装置中加入 25mL 二甲苯抽提 1h（如图 1 所示）。待抽提液冷却到室温后，在旋转蒸发仪上 60℃下蒸去溶剂，用 2mL 甲醇将剩余物完全转移到反应器中。处理后的织物同样转移入反应器中。

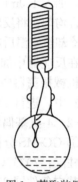

图 1 萃取装置

(2) 试样的制备

在反应器中加入 15mL 预热到 70℃的柠檬酸盐缓冲溶液，用力振摇，保证试样完全浸没在缓冲液中，然后加入 3.0mL 连二亚硫酸钠溶液，立即密闭振摇，放入 70℃水浴中保温反应 30min，取出后 2min 内冷却到室温。

用玻璃棒挤压反应器中试样，将反应液全部倒入提取柱内，任其吸附 15min，用 4×20mL 乙醚分四次洗提反应器中的试样，每次需混合乙醚和试样，然后将乙醚洗液注入提取柱中，控制流速，收集乙醚提取液于圆底烧瓶中。

将上述盛有乙醚提取液的圆底烧瓶连接在真空旋转蒸发器上，于 35℃左右的低真空下浓缩至近 1mL，再用缓氮气流驱除乙醚溶液，使其浓缩至近干，然后准确加入 1mL 甲醇，混匀后供测定使用。

(3) 试样的定性定量分析

① GC-MS 分析条件

毛细管色谱柱：DB-5MS 30m×0.25mm×0.25μm。

进样口温度：250℃。

柱温：60℃（保持 1min）→以 20℃·min^{-1} 升至 140℃（保持 2min）→以 10℃·min^{-1} 升至 160℃（保持 2min）→以 15℃·min^{-1} 升至 220℃（保持 15min）。

质谱接口温度：250℃。

质量扫描范围：35～450amu，特征检测离子见本实验后附。

进样方式：不分流进样；进样量：1μL。

载气：氦气（≥99.999%）；流量：1.0mL·min^{-1}。

电离方式：EI；离化电压：70eV；离子源温度：250℃。

② GC-MS 定性分析

分别取 1μL 混合标准工作溶液（各芳香胺的浓度为 10mg·L^{-1}）与试样溶液注入色谱仪，通过比较试样与标样的保留时间及特征离子进行定性。

③ GC-MS 定量分析

根据试液中所含芳香胺的种类，取适量相应芳香胺标准储备液混合后，用甲醇稀释定容，配制成系列混合标准工作液[1]。芳香胺浓度依次为 1.0mg·L^{-1}、2.0mg·L^{-1}、5.0mg·L^{-1}、10.0mg·L^{-1} 和 20.0mg·L^{-1}，现配现用。

依次取芳香胺系列混合标准工作液及试样溶液 1μL，分别注入 GC-MS 仪，记录各浓度工作液及试样溶液中各种芳香胺的峰面积[2]。

若在 GC-MS 定性分析中，检测出苯胺和/或 1,4-苯二胺，应按以下方法进行 4-氨基偶氮苯的复检确认。

2. 4-氨基偶氮苯的复检

(1) 试样的预处理和制备

涤纶试样的预处理方法同 [实验步骤 1.(1)]。在装有织物和处理液的反应器中，加入 9mL NaOH 水溶液（20g·L^{-1}），使反应器密闭，用力振摇，保证织物完全浸入溶液中。打开瓶塞，加入 1.0mL 连二亚硫酸钠溶液（200mg·mL^{-1}，新鲜配制），使反应器密闭，振摇使溶液混合均匀。将反应器置于 40℃ 恒温水浴中保温 30min。取出后 1min 内冷却到室温。注意：试液冷却至室温后应马上进行下一步的萃取处理，以防止过度反应，间隔时间不宜超过 5min。

在反应器中加入 7g NaCl，并准确加入 10mL 叔丁基甲醚，旋紧盖子，用力振摇均匀后置于机械振荡器中振摇 45min。静置，待两相分层后，取上层清液约 1mL 于试样瓶（具塞，5mL）中，进行 GC-MS 分析。

(2) 4-氨基偶氮苯的定性定量分析

① GC-MS 分析条件

柱温：70℃（保持 2min）→以 25℃·min^{-1} 升至 280℃（保持 5min）

其它条件同 23 种芳香胺的 GC-MS 分析条件。

② GC-MS 定性分析

取 1μL 4-氨基偶氮苯标准工作溶液（10mg·L^{-1}）与试样溶液分别注入色谱仪，通过比较试液与标液中 4-氨基偶氮苯的保留时间和特征离子进行定性分析。

③ GC-MS 定量分析

取适量 4-氨基偶氮苯标准储备液，用甲醇稀释定容，配制系列标准溶液。4-氨基偶氮苯的浓度依次为 1.0mg·L^{-1}、2.0mg·L^{-1}、5.0mg·L^{-1}、10.0mg·L^{-1} 和 20.0mg·L^{-1}，现配现用。

依次取 4-氨基偶氮苯系列标准溶液及试样溶液 1μL，分别注入色谱仪，记录各浓度工作液及试样溶液中 4-氨基偶氮苯的峰面积[3]。

五、注意事项

[1] 试样中通常仅含 24 种芳香胺中的几种，因此应根据定性分析结果现场配制所含芳香胺的系列混合标准溶液。

[2] 试液中所有芳香胺的浓度都应在标准曲线范围之内，若试液中某（几）种芳香胺的浓度大于 20mg·L^{-1}，应将试液用甲醇定量稀释后，再重新测定该（几）种芳香胺。

[3] 若试液中 4-氨基偶氮苯的浓度大于 20mg·L^{-1}，应将试液用甲醇定量稀释后，再重新测定。

六、数据处理

1. 合理设计表格，记录有关实验数据。

2. 分别以系列标准溶液中各种芳香胺的浓度为横坐标，对应色谱峰面积为纵坐标，利用 Origin 等软件进行线性拟合，需给出拟合方程、相关系数和标准曲线图。根据拟合方程、待测溶液中各种芳香胺的色谱峰面积、试样质量和试液体积等数据计算出所测纺织品中致癌芳香胺的释放量（以 mg·kg^{-1} 表示）。

七、思考题

1. 不同材质的样品，如棉布、染色皮革等，试样的前处理方法有什么不同？为什么？
2. 为什么可以通过测定偶氮染料分解后产生芳香胺的量来表示纺织品中禁用染料的含量？

附：禁用芳香胺名称及其标准物的 GC/MS 定性选择特征离子

序号	芳香胺名称	化学文摘编号（CAS No.）	特征离子/amu
1	4-氨基联苯（4-aminobiphenyl）	92-67-1	169
2	联苯胺（benzidine）	92-87-5	184
3	4-氯邻甲苯胺（4-chloro-o-toluidine）	95-69-2	141
4	2-萘胺（2-naphthylamine）	91-59-8	143
5	邻氨基偶氮甲苯（o-aminoazotoluene）	97-56-3	
6	对氯苯胺（p-chloroaniline）	106-47-8	127
7	2,4-二氨基苯甲醚（2,4-diaminoanisole）	615-05-4	138
8	4,4'-二氨基二苯甲烷（4,4'-diaminobiphenylmethane）	101-77-9	198
9	3,3'-二氯联苯胺（3,3'-dichlorobenzidine）	91-94-1	252
10	3,3'-二甲氧基联苯胺（3,3'-dimethoxybenzidine）	119-90-4	244
11	3,3'-二甲基联苯胺（3,3'-dimethylbenzidine）	119-93-7	212
12	3,3'-二甲基-4,4'-二氨基二苯甲烷（3,3'-dimethyl-4,4'-diaminobiphenylmethane）	838-88-0	226
13	2-甲氧基-5-甲基苯胺（p-cresidine）	120-71-8	137
14	4,4'-亚甲基-二-(2-氯苯胺)4,4'-methylene-bis-(2-chloroaniline)	101-14-4	266
15	4,4'-二氨基二苯醚（4,4'-oxydianiline）	101-80-4	200
16	4,4'-二氨基二苯硫醚（4,4'-thiodianiline）	139-65-1	216
17	邻甲苯胺（o-toluidine）	95-53-4	107
18	2,4-二氨基甲苯（2,4-toluylenediamine）	95-80-7	122
19	2,4,5-三甲基苯胺（2,4,5-trimethylaniline）	137-17-7	135
20	邻氨基苯甲醚（o-anisidine）	90-04-0	123
21	2,4-二甲基苯胺（2,4-xylidine）	95-68-1	121
22	2,6-二甲基苯胺（2,6-xylidine）	87-62-7	121
23	5-硝基-邻甲苯胺（5-nitro-o-toluidine）	99-55-8	
24	4-氨基偶氮苯（4-aminoazobenzene）	60-09-3	197

注：1. 经本方法检测，邻氨基偶氮甲苯（CAS No. 97-56-3）分解为邻甲苯胺，5-硝基-邻甲苯胺（CAS No. 99-55-8）分解为 2,4-二氨基甲苯。

2. 经本方法检测，4-氨基偶氮苯（CAS No. 60-09-3）分解为苯胺和/或 1,4-苯二胺，应重新进行复检，苯胺（CAS No. 62-53-3）特征离子为 93amu，1,4-苯二胺（CAS No. 106-50-3）特征离子为 108amu。

实验 5-9 奶粉中三聚氰胺含量的测定

一、实验目的

1. 掌握离子对-反相色谱法分离和测定奶制品中三聚氰胺的方法；
2. 了解样品处理、测定和数据处理的全过程，锻炼综合知识的运用能力。

二、实验原理

三聚氰胺（$C_3H_6N_6$）是一种用途广泛的有机化工中间产品，主要用于生产三聚氰胺-甲醛树脂（MF），同时广泛用于木材、塑料、涂料、造纸、纺织、皮革、电气、医药等行业。由于目前食品和饲料工业检测蛋白质含量方法的局限性（普遍采用凯氏定氮法，即通过测定氮含量来间接推算样品中蛋白质的含量），而三聚氰胺含氮量很高（达66.7%）且生产工艺简单、成本较低，使得一些不法分子在利益驱使下将其添加在食品或饲料中以提升检测结果中蛋白质含量的指标，即三聚氰胺实际上是被用作了食品中的"假蛋白"。含三聚氰胺的食物被人或动物长期食用后，会引发肾衰竭并导致死亡，因此绝对不能在食品或饲料中使用。检测食品及饲料中是否含有三聚氰胺对于保障人类身体健康有着非常重要的意义。

目前，食品及饲料中三聚氰胺的检测可采用 HPLC、HPLC-MS/MS、GC-MS、GC-MS/MS 和酶联免疫吸附测定法（ELISA）等。其中 HPLC 因仪器价格相对便宜、操作简单，因此在基层比较普及。本实验采用国标 GB/T 22388—2008 中的 HPLC 法对奶粉中的三聚氰胺进行检测，让学生认识和了解国标，学习国标的检测方法。

三聚氰胺的极性很强，在传统液相色谱反相柱上几乎没有保留，因此需添加离子对试剂如辛烷磺酸钠等改善其保留能力。

三、仪器与试剂

仪器：

Agilent1260 高效液相色谱仪（由四元泵、在线脱气机、手动进样器、柱温箱、二极管阵列检测器和色谱数据处理工作站组成）。

色谱柱：Agilent Zorbax Eclipse XDB-C18（250mm×4.6mm，5μm）。

阳离子交换固相萃取柱：混合型阳离子交换固相萃取柱，基质为苯磺酸化的聚苯乙烯-二乙烯基苯高聚物，60mg，3mL。使用前依次用 3mL 甲醇、5mL 水活化。

电子分析天平（0.1mg）、Supelco 真空固相萃取装置、循环水真空泵、涡旋混合器、超声波清洗仪、离心机（转速不低于 4000r·min^{-1}，配 50mL 具塞离心管）、氮气吹干仪、中速定性滤纸、0.22μm 针筒式滤膜过滤器（有机相）、1mL 注射器（一次性）、标准进样针头、50mL 容量瓶、5mL 吸量管。

试剂：

甲醇水溶液：色谱纯甲醇与水等比例混合。

三聚氰胺标准储备液：1000mg·L^{-1}［准确称取 100mg（精确到 0.1mg）三聚氰胺标准品于 100mL 容量瓶中，用甲醇水溶液溶解后定容，于 4℃避光保存］。

三氯乙酸溶液：10g·L^{-1}（准确称取 10g 三氯乙酸于 1L 容量瓶中，用水溶解后并定容，混匀后备用）。

氨化甲醇溶液：5%（准确量取 5mL 市售浓氨水和 95mL 色谱纯甲醇，混匀后备用）。

离子对试剂缓冲液：准确称取 2.10g 柠檬酸和 2.16g 色谱纯辛烷磺酸钠，加入约 980mL 水溶解，用 NaOH 溶液调节 pH 至 3.0 后，定容至 1L。

流动相：离子对试剂缓冲液-乙腈（90∶10，V/V）。

乙腈（色谱纯）、待测奶粉试样。

四、实验内容

1. 样品处理[1]

(1) 提取　称取 2g（精确至 0.01g）奶粉试样置于 50mL 具塞塑料离心管中，加入 15mL 三氯乙酸溶液和 5mL 乙腈，超声提取 10min，再振荡提取 10min，然后以 4000r·min^{-1} 以上的速度离心 10min。上清液经三氯乙酸溶液润湿的滤纸过滤后，用三氯乙酸溶液定容至 25mL，移取 5mL 滤液，加入 5mL 水混匀后做待净化液。

(2) 净化　在真空固相萃取仪的辅助下，使上述待净化液通过活化后的阳离子交换固相萃取柱，再依次用 3mL 水和 3mL 甲醇洗涤，抽至近干后，用 6mL 氨化甲醇溶液洗脱[2]。洗脱液于 50℃下用氮气吹干，残留物用 1mL 流动相溶解，涡旋混合 1min，过 0.22μm 微孔滤膜后，供 HPLC 测定。

2. HPCL 测定

(1) 按操作规程开机，并使仪器处于工作状态。色谱条件如下：流速 1.0mL·min^{-1}、检测波长 240nm、柱温 40℃、进样量 20μL。

(2) 用流动相将三聚氰胺标准储备液逐级稀释得到浓度为 0.8mg·L^{-1}、2mg·L^{-1}、20mg·L^{-1}、40mg·L^{-1}、80mg·L^{-1} 的系列标准溶液。

(3) 基线稳定后，按浓度由低到高的顺序测定系列标准溶液，然后测定试样溶液[3]。

(4) 实验完毕后，清洗色谱柱，关机。

五、注意事项

[1] 目前奶制品中三聚氰胺的检测很严格，获得可被检出三聚氰胺的试样较为困难，可采用测加标回收率的方式完成本实验，加标浓度应控制在 2～10mg·kg^{-1} 范围内。

[2] 整个固相萃取过程流速不能超过 1mL·min^{-1}，以确保三聚氰胺的吸附和洗脱。

[3] 试样溶液中三聚氰胺的色谱峰面积应在标准曲线线性范围内，超过线性范围则应稀释后再进样分析。重复性条件下获得的两次独立测定结果的绝对差值应小于等于算术平均值的 10%。

六、数据处理

1. 合理设计表格，记录有关实验数据。

2. 以系列标准溶液中三聚氰胺的浓度为横坐标，色谱峰面积为纵坐标，利用 Origin 等软件进行线性拟合，需给出拟合方程、相关系数和标准曲线图。根据待测溶液的色谱峰面积、浓缩倍数、试样质量和试液体积等数据计算待测奶粉中三聚氰胺的含量（以 mg·kg^{-1} 表示）。

七、思考题

1. 试样处理中三氯乙酸的作用是什么？
2. 固相萃取的目的是什么？为什么选择阳离子交换固相萃取柱？
3. 流动相中辛烷磺酸钠的作用是什么？该液相分离属于哪种分离模式？
4. 其它条件不变，若流动相中乙腈比例增高，三聚氰胺的保留时间会如何变化？

实验 5-10　设计性实验

一、实验目的

1. 培养学生灵活运用所学理论及实验知识，独立分析和解决实际问题的能力；

2. 提高学生对实验课的兴趣，激发学生的学习热情。

二、实验要求

设计性实验安排在基础实验之后，由教师给出若干选题（每个题目应限制选题人数为3～5 人），学生自由选择感兴趣的题目，运用所学的理论与实验知识，适当查阅有关的参考资料，独立设计实验方案，交由教师审阅并根据审阅意见修正后，独立完成实验及实验报告。实验结束后，教师应组织学生对实验现象及结果进行讨论与交流。

学生在实验设计时应注意以下几点要求：

（1）首先确定分析方法及滴定方式。虽然可能有很多方式可以完成实验，但应在达到要求的前提下，选择最为简便的方案。可以设计几个方案，具体操作中选择最简方案。

（2）液体试样中待测组分的大致浓度及溶液的酸度都是未知的，需设法进行预测定后再决定如何取样和处理；固体试样则有教师提供来源及待测组分的大致含量。

（3）要考虑到实验中的干扰因素及排除方法。

（4）在能满足测定准确度要求的情况下，要尽量节约使用试剂及样品。对所用标准溶液的浓度，一般不要高于以下限制：HCl、NaOH：$0.2 mol \cdot L^{-1}$；EDTA、Zn^{2+}：$0.02 mol \cdot L^{-1}$；$KMnO_4$：$0.02 mol \cdot L^{-1}$；$Na_2S_2O_3$：$0.1 mol \cdot L^{-1}$；$AgNO_3$：$0.05 mol \cdot L^{-1}$。

（5）初步确定实验方案后，写出实验设计报告，应包括以下内容：

① 分析方法及简单原理；
② 实验仪器及试剂；
③ 具体实验步骤，包括如何预测定样品；
④ 数据记录及处理的表格；
⑤ 实验结果的计算公式。

（6）教师审阅后应根据审阅意见修改实验方案，若改动较大，需重新写明操作步骤。

（7）实验结束后应完成整个实验报告，除预习报告内容外，还应包括：

① 实验原始数据；
② 实验数据的处理及实验结果；
③ 对实验方案和结果的评价及问题的讨论。

三、实验题目

1. $HCl-NH_4Cl$ 溶液中各组分浓度的测定
2. 磷酸-磷酸盐双组分混合溶液的组成及含量的测定
3. Mg^{2+}-EDTA 溶液中各组分浓度的测定
4. $HCl-FeCl_3$ 溶液中各组分浓度的测定
5. Cr^{3+}-Fe^{3+} 溶液中各组分浓度的测定
6. H_2SO_4-$H_2C_2O_4$ 溶液中各组分浓度的测定
7. $HCl-NaCl-MgCl_2$ 溶液中各组分浓度的测定
8. 福尔马林中甲醛含量的测定
9. 肉制品中 NaCl 含量的测定
10. 阿司匹林药片中乙酰水杨酸含量的测定
11. 鸡蛋壳中钙含量的测定
12. 洗衣膏中 EDTA 含量的测定
13. 胃舒平药片中 Al_2O_3 及 MgO 含量的测定

14. 保险丝中铅含量的测定
15. L-胱氨酸试剂纯度的测定
16. 黄铜中铜、锌含量的测定
17. 异辛酸铬中铬含量的测定
18. 软锰矿中 MnO_2 含量的测定
19. 铁矿石中 Fe_2O_3 和 FeO 含量的测定
20. 加碘食盐中含碘量的测定

四、仪器及试剂

提供以下实验仪器和试剂以供选用。

1. 实验仪器

除常用滴定分析仪器外，提供碘量瓶（250mL）、容量瓶（100mL）、移液管（10mL、20mL、50mL）、吸量管（1mL、5mL）、表面皿、称量瓶、瓷研钵和研杵、恒温水浴、数控电加热板、定性滤纸（中速、快速）、漏斗、漏斗架、广泛 pH 试纸、精密 pH 试纸等。

2. 基准试剂

邻苯二甲酸氢钾、Na_2CO_3、$CaCO_3$、ZnO、$Na_2C_2O_4$、$K_2Cr_2O_7$、$KBrO_3$、NaCl。

3. 指示剂

甲基橙、甲基红、甲基红-溴甲酚绿、酚酞、百里酚酞、百里酚蓝、茜素黄、酚红、甲酚红、溴百里酚蓝、二甲酚橙、铬黑T、钙指示剂、PAN、酸性铬蓝K、紫脲酸铵、磺基水杨酸、淀粉、铬酸钾、荧光黄、铁铵矾。

4. 固体试剂

$Na_2H_2Y \cdot 2H_2O$（乙二胺四乙酸二钠）、$CuSO_4 \cdot 5H_2O$、$Na_2S_2O_3 \cdot 5H_2O$、I_2、KI、$AgNO_3$、KSCN、KBr、$(CH_2)_6N_4$、NaAc、NH_4Cl、NH_4F、酒石酸钾钠。

5. 液体试剂

饱和 NaOH 溶液、$2mol \cdot L^{-1}$ KOH、$6mol \cdot L^{-1}$ HCl、$3mol \cdot L^{-1}$ H_2SO_4、$NH_3 \cdot H_2O$（1+1）、冰醋酸、$0.2mol \cdot L^{-1}$ $KMnO_4$、HCHO（1+1）、30% H_2O_2、三乙醇胺（1+2）、NH_4Cl-NH_3 缓冲溶液（pH=10）、醋酸缓冲溶液（pH=4.2）、Mg-EDTA、Cu-EDTA。

6. 其它

如果需要以上未列出的试剂和仪器，请预先向教师询问实验室是否能提供。凡是剧毒试剂一律不允许使用！

Chapter 6 Experiments of Chemical and Instrumental Analysis

Experiment 6-1 Analytical Balances and Weighing

1. Aim

(1) To understand the construction and main components of an electronic analytical balance;

(2) To know the operation of an electronic analytical balance;

(3) To learn the weighing methods for both solid powder and particle samples;

(4) To become familiar with the recording original experimental data in a normative manner.

2. Experimental Theory

Refer to the contents in Section 2.1, Chapter 2.

3. Instruments and Reagents

Instruments: Electronic analytical balance (Sartorius BSA 124S), glazed weighing paper, reagent bottles, weighing bottles, spatulas, beakers (as sample containers)

Reagents: the prepared dry potassium acid phthalate or Na_2CO_3.

4. Experiment

4.1 Direct weighing

Follow "2.1.3.1 operational procedure of weighing" shown in Chapter 2. Firstly, check the status of the analytical balance and then switch it on[1]. Carefully place a piece of glazed weighing paper (which may be folded to a weighing boat) at the center of the balance pan until the balance stabilized with the reading of 0.0000g on the screen[2]. Close the balance doors, record the weight of the paper when the displayed reading is stable. The weighing paper should be kept for the following experiment.

4.2 Adding weighing

Once again, place the weighing paper at the center of the balance pan[3], press the "TARE" key to eliminate the weight of the weighing paper when the reading stabilized and then the balance displays 0.0000g on the screen. By the method of adding weighing [Chapter 2, 2.1.4.2: weighing method (2)], measure the required amount of sample, 0.2034g, on the weighing paper using a spatula. Transfer the sample to a beaker after recording the data and then repeat the measurement for another two times[4].

4.3 Subtracting weighing

Press the "TARE" key to zero the balance, take the sampled weighing bottle from the desiccator and then place it at the center of the balance pan. When the reading fixed, zero the balance again, measure a sample, weighing between 0.2g and 0.3g from the weighing bottle by a subtracting weighing method [chapter 2, 2.1.4.2 weighing method (3)], record the reading and repeat the measurement for another two times[5,6].

5. Be Aware

[1] Analytical balances are maintained to the highest specifications and should need NO adjustments on your part.

[2] Make sure that the display should be lit and show "0.0000g" before weighing, otherwise pressing the "TARE" key to zero the balance.

[3] Weighing bottles or paper should be placed at the center of the balance pan to avoid the errors causing by the edges.

[4] Avoid any deposited samples within the weighing compartment of the balance. Report to the demonstrator and clean the deposit under the guidance of the demonstrator if it happens.

[5] Experimental data should be according to the facts of measurements and directly recorded on the laboratory note book or report.

[6] Switch off the analytical balance by pressing "ON/OFF" key and shield the balance with an anti-dust cover after measurements, then complete the laboratory registration book before your leaving.

6. Results

(1) Direct weighing: the mass of weighing paper, $m=$ _____ g

(2) Adding weighing: the mass of the target sample, m=0.2034g

Records: $m_I =$ _____ g; $m_{II} =$ _____ g; $m_{III} =$ _____ g

(3) Subtracting weighing: the mass of target sample, $m=0.2 \sim 0.3$g

Records: $m_I =$ _____ g; $m_{II} =$ _____ g; $m_{III} =$ _____ g

Experiment 6-2 Preparation and Standardization of a Standard Solution

1. Aim

(1) To prepare and standardize NaOH, EDTA and $KMnO_4$ standard solutions;

(2) To understand the theories of different titrimetic methods.

2. Experimental theory

2.1 NaOH standard solution

The alkaline standard solution of NaOH is commonly used in acid-base titrations to determine the amount of alkali which is proportionally equivalent to the amount of acid. However, NaOH is not satisfied by the requirements of a primary standard as the concentration of a NaOH solution is varied due to the absorption of H_2O and CO_2 from natural environment. The determination of actual concentration of a NaOH solution, namely standardization, is thus necessary to be performed before neutralization.

Usually, it causes titration errors and some negative effects on the observation of color change at the end point if even a small amount of Na_2CO_3 contained in a NaOH standard solution. In order to eliminate the introduced effects from Na_2CO_3, the common way is to initially prepare a saturated NaOH solution, in which Na_2CO_3 is not possible to dissolve or forms solid precipitate, and then to take certain amount of clear NaOH solution sample from the top of the saturated solution. Finally, the sample is approximately diluted to a desired concentration by CO_2 free water e.g., freshly cooled boiled-water.

The common primary standards for the standardization of a NaOH solution include potassium acid phthalate and oxalic acid. In particular, potassium acid phthalate ($KHC_8H_4O_4$, $M=204.2 g \cdot mol^{-1}$) is most frequently used due to its relatively larger molecular weight. The reaction equation between potassium acid phthalate and NaOH is illustrated below:

$$\text{C}_6\text{H}_4(\text{COOH})(\text{COOK}) + \text{NaOH} \longrightarrow \text{C}_6\text{H}_4(\text{COONa})(\text{COOK}) + \text{H}_2\text{O}$$

The color change of phenolphthalein occurs within a fairly narrow pH range from 8.0 (colorless) to 9.8 (red). At the equivalence point of the titration between potassium acid phthalate and NaOH, the pH value of the mixture is about 9.1, which makes phenolphthalein as an effective acid-base indicator by producing an obvious color change from colorless to light red (pH≈9.1).

2.2 EDTA standard solution

Ethylenediaminetetra-acetic acid, usually expressed as EDTA or H_4Y, is a most widely used standard complexometric titrant. Since an EDTA molecule can potentially provide six attaching sites (also known as a hexadentate ligand) for complexation with a metal ion, it forms complexes with most metal ions in a 1 : 1 ratio regardless of the charge on the cation. Duo to the poor solubility of H_4Y (0.02g/100mL in water at 22℃, $\sim 7 \times 10^{-4}$ mol·L^{-1}), commercially available EDTA in reagent quality is referred to the form of $Na_2H_2Y \cdot 2H_2O$ (11.1g/100mL in water at 22℃ with a pH of 4.7, ~ 0.3 mol·L^{-1}). $Na_2H_2Y \cdot 2H_2O$ can serve as a primary standard, but its complicated purification process limits this application. In practice, standardization is required for the preparation of an EDTA standard solution, where the solution is prepared from an analytical grade of EDTA and then the concentration of this EDTA solution is determined by a particular primary standard.

Some metal, metal oxides and salts can be utilized as primary standards for the standardization of EDTA solutions. For example, the common metal primary standards like Bi, Cd, Cu, Zn, Mg, Ni and Pb should be with a purity of at least 99.95%. But some pretreatments are needed if the metal surface has been oxidized before use. Generally, the metal surface is initially polished or treated by diluted H_2SO_4 to clean and then the resulted metal is rinsed with pure water and ethanol. Finally, the metal is dried at 105 ℃ for few minutes after washing by ethyl ether or acetone. By contrast, the primary standards of metal oxides and salts include Bi_2O_3, ZnO, $ZnSO_4 \cdot 7H_2O$, MgO, $MgSO_4 \cdot 7H_2O$, $Mg(IO_3)_2 \cdot 4H_2O$ and $CaCO_3$, in particular, Zn, ZnO and $CaCO_3$ are most commonly used.

Systematic errors encountered in the process of sample analysis can be efficiently eliminated if a selected primary standard substance, which consists of the same element to the analyte of a metal cation, and similar working conditions e. g. , type of titration, pH, temperature and metal ion indicator are applied to the standardization of EDTA solutions. For example, the primary standard of $CaCO_3$ is usually employed to determine the concentration of an EDTA standard solution when the qualitative measuring of Ca^{2+} is performed by complexometric titration with this standardized EDTA solution.

Standardization of EDTA solutions:

(1) Using primary standards of Zn and ZnO

① In a buffer solution with pH= 5~6, the concentration of the prepared EDTA solution is determined by complexometric titration with the primary standard using **Xylenol Orange (XO)** as the indicator. The end point of the titration is indicated by the specific color change from purple red to bright yellow.

② In an ammoniac buffer solution with pH≈10, the prepared EDTA solution is titrated to the primary standard using **Eriochrome Black T (EBT)** as the indicator. The end point of the titration is monitored by the specific color change from purple red to the color of blue.

(2) Using $CaCO_3$ as the primary standard

① In a buffer solution of pH≈10, the indicator of EBT is very unsatisfactory for the complexometric titration between EDTA and Ca^{2+}. In this case, a displacement method can be introduced basing on the difference in stability of EDTA metal complexes. Particularly, a small amount of MgY is often added to the analyte solution containing Ca^{2+} before the titration. As the formation constant of MgY is smaller than that of CaY, Mg^{2+} can be displaced from MgY by Ca^{2+} and be free to combine with EBT (the displacement equation shown below), resulting in a purple red color to the solution. With the titration of EDTA, free Ca^{2+} ions start to form CaY. When all of Ca^{2+} are complexed with EDTA, the excess EDTA can liberate Mg^{2+} and EBT from Mg-EBT by producing MgY. A blue color is thus observed to the solution and indicated as the end point of the titration when the EBT released. The adding of MgY does not affect on the titration results as the amount of added MgY is constant to that of produced MgY after titration.

$$Ca^{2+} + MgY(\text{minute quantity}) + EBT \longrightarrow Ca^{2+} + CaY(\text{minute quantity}) + Mg\text{-}EBT$$

② By adjustment of EDTA solution to pH = 12~13, the end point is observed with the color change of the solution from purple red to blue when the primary standard of $CaCO_3$ is titrated with the prepared EDTA solution using the calcium indicator.

2.3 KMnO$_4$ standard solution

The solution of potassium permanganate (KMnO$_4$) is a strong oxidizing agent and can be used to directly determine Fe^{II}, As^{III}, Sb^{III}, NO$_2^-$, C$_2$O$_4^{2-}$, H$_2$O$_2$ and other reducing substances by a redox titration method. It is also available to determine some non-redox substances such as Ca^{2+}, Ba^{2+}, Th^{4+} cations, which quantitatively react with C$_2$O$_4^{2-}$ to form oxalate precipitates by an indirect method.

Unfortunately, commercially available potassium permanganate is not in high enough purity (99.0%~99.5%). Moreover, it is easily to undergo decomposition not only triggered by some trace reducing substances from aqueous solutions or air but by exposure to sunlight, resulting in the variation in concentrations. All these factors make potassium permanganate not be used as a primary standard in redox titrations. Therefore, a KMnO$_4$ standard solution with a stable concentration should be prepared as followings:

① KMnO$_4$ taken to the aqueous solution in excess of the required amount;

② Keep the KMnO$_4$ solution boiling for 1h to fully oxidize reducing substances in water;

③ Store the cooled KMnO$_4$ solution in a brown glass reagent bottle and keep it in dark for a week. After which time, remove MnO(OH)$_2$ precipitate by a sintered-glass filter (no use of common filter paper because of the reducing ability);

④ The filtered KMnO$_4$ is only available for use in a short period after the standardization due to the stability and it should be stored in a brown glass reagent bottle avoiding direct exposure to sunlight. For a long-term application, the standardization should be performed regularly on the stored solution.

Primary standards including H$_2$C$_2$O$_4 \cdot$2H$_2$O, Na$_2$C$_2$O$_4$, As$_2$O$_3$ and pure iron wire are used for the standardization of a KMnO$_4$ solution. In particular, Na$_2$C$_2$O$_4$ is the most commonly used primary standard after dried at 105~110℃ for 2h, because Na$_2$C$_2$O$_4$ is stable, easy to be purified and without the water crystallized form. The reaction equilibrium between KMnO$_4$ and C$_2$O$_4^{2-}$ in 0.5~1mol·L^{-1} [H$^+$] of H$_2$SO$_4$ is established as below:

$$2MnO_4^- + 5C_2O_4^{2-} + 16H^+ \Longleftrightarrow 2Mn^{2+} + 10CO_2 \uparrow + 8H_2O$$

Working conditions for the titration:

① Temperature The titration should be performed at around 70~80℃, as the titration reaction proceeds slowly at the ambient temperature. However, H$_2$C$_2$O$_4$ starts to decompose when the temperature is higher than 80℃, causing the addition of positive errors on the volumetric result.

$$H_2C_2O_4 \Longleftrightarrow CO_2 + CO + H_2O$$

② Acidity MnO$_4^-$ can be partly reduced to MnO$_2$ when the acidity of the solution is low; by contrast, the decomposition of H$_2$C$_2$O$_4$ is triggered in a higher acidity solution. Therefore, the titration with KMnO$_4$ is usually started at [H$^+$] of 0.5~1mol·L^{-1} in H$_2$SO$_4$ meanwhile to avoid the induced oxidation of Cl$^-$ by using HCl.

③ Titration rate The titration reaction is an autocatalytic reaction where the product of Mn^{2+} catalyzes the reaction. This phenomenon results in the rate of the reaction to increase as the reaction proceeds. Thus, there is no immediate color change observed and several seconds are needed before the color of KMnO$_4$ disappears when the first few milliliters of standard KMnO$_4$ are added to the hot H$_2$C$_2$O$_4$. As the consequence, the initial titration rate must be slowed down to promote the reaction between MnO$_4^-$ and H$_2$C$_2$O$_4$ as well as to avoid the decomposition of MnO$_4^-$ in the hot acidic solution, which causes negative errors on the final volumetric result of a titration.

$$4MnO_4^- + 12H^+ \rightleftharpoons 4Mn^{2+} + 5O_2 + 6H_2O$$

The end point of the titration is determined by adding tiny excess of MnO$_4^-$, which shows the color of purple red, as the reduced product of Mn^{2+} is almost colorless. In practice, a light red color can be observed by eyes when a solution contains MnO$_4^-$, around 2×10^{-6} mol·L^{-1}.

3. Instruments and Reagents

3.1 NaOH Standard Solution

Instruments:
① Acidic burette and burette stand;
② Electronic analytical balance ($d = 0.1$mg);
③ 5mL measuring cylinder.

Reagents:
① KHC$_8$H$_4$O$_4$ primary standard;
② Saturated NaOH solution (~ 20 mol·L^{-1} at 20 ℃);
③ Phenolphthalein indicator (2g·L^{-1} in ethanol).

3.2 EDTA Standard Solution

Instruments:
① Acidic burette and burette stand;
② Electronic analytical balance ($d = 0.1$mg);
③ Single pan balance ($d = 0.1$g);
④ Hot plate.

Reagents:
① Na$_2$H$_2$Y·2H$_2$O;
② ZnO and CaCO$_3$ primary standards;
③ XO, EBT and calcium indicators;
④ Mg-EDTA solution;
⑤ Methyl red (1g·L^{-1} in ethanol);
⑥ Hexamethylenetetramine solution (200g·L^{-1});
⑦ Ammoniac buffer solution (pH≈10);
⑧ HCl (6 mol·L^{-1});
⑨ Ammonium hydroxide (~7 mol·L^{-1});
⑩ NaOH solution (100g·L^{-1});
⑪ Mg^{2+} solution (0.5g of MgSO$_4$·7H$_2$O dissolved in 100mL of pure water).

3.3 KMnO$_4$ Standard Solution

Instruments:

① Acidic burette and burette stand;
② Electronic analytical balance ($d = 0.1$mg);
③ Hot plate
④ 50mL dark color acidic burette;
⑤ 500mL dark color reagent bottle

Reagents:
① Stored $KMnO_4$ solution;
② $Na_2C_2O_4$ primary standard;
③ H_2SO_4 solution ($3mol \cdot L^{-1}$)

4. Experiment

4.1 Preparing $0.1mol \cdot L^{-1}$ of NaOH Solution

Sample 2.5mL of saturated NaOH solution by a 5mL measuring cylinder and then transfer the solution to a 500mL polyethylene reagent bottle; rinse the measuring cylinder with distilled water several times and collect all wash in the reagent bottle as well; dilute the solution with distilled water to 500mL and then stopper the bottle; shake the bottle to allow the solution and solvent properly mixed before use.

4.2 Standardizing the NaOH Solution

Weigh three $KHC_8H_4O_4$ primary standard samples by the subtracting weighing method between 0.4~0.6g (accuracy up to 0.1mg) and then place the samples to three labelled conical flasks, respectively; add 25mL distilled water measured by a cylinder to each sample to dissolve $KHC_8H_4O_4$ by proper swirling; finally, add 2~3 drops of the prepared phenolphthalein indicator solution to each sample. The standard $KHC_8H_4O_4$ is titrated by the above prepared NaOH solution and the titration end point is indicated when the appropriate color change (light red) takes place and stabilizes for at least 30s; record the consumed volume of the NaOH solution and calculate its concentration; repeat the titration for another two times and make the relative error of three determined concentrations not greater than 0.2% ($d_r \leqslant 0.2\%$).

4.3 Preparing $0.01mol \cdot L^{-1}$ of EDTA Solution

Place 1.5g of $Na_2H_2Y \cdot 2H_2O$ into a 500mL beaker, then add 400mL distilled water to the beaker to dissolve the salt under proper stir, finally transfer the solution into a 500mL polyethylene reagent bottle for further use.

4.4 Standardizing the EDTA Solution by ZnO Primary Standard

(1) The preparation of Zn^{2+} standard solution ($0.01000mol \cdot L^{-1}$)

Accurately weigh 0.2034g of ZnO by the adding weighing method and then transfer it into a 100mL beaker; add 2~3mL of $6mol \cdot L^{-1}$ HCl solution to the beaker and stir the mixture gently with a clean glass rod until all the solid has dissolved; carefully pour the solution into a 250mL volumetric flask and make the solution up to the mark using distilled water.

(2) Using **Xylenol Orange (XO)** as the indicator

Take 25.00mL of the prepared Zn^{2+} standard solution and transfer it into a 250mL conical flask; add two drops of XO indicator and then $200g \cdot L^{-1}$ of hexamethylenetetramine solution until the mixture indicating a color of purple red; adjust the pH value of the mixture to 5~6 with the extra 5mL hexamethylenetetramine solution; the end point is reached when the mixture shows a bright yellow color with the EDTA titrant and then record the consumed EDTA volume. It should be noted that three replicate titrations are needed and the volume for the used EDTA to the nearest is not greater than 0.05mL.

(3) Using **EBT** indicator

Transfer 25.00mL of Zn^{2+} standard solution into a 250mL conical flask; make the adding of ammonium hydroxide drop-wise to the beaker and simultaneously swirl the contents of the beaker until white precipitate formed; add 10mL of ammoniac buffer solution (pH≈10) and EBT indicator when the white precipitate disappears with extra ammonium hydroxide; titrate the mixture with the EDTA solution immediately and the end point indicated when the color change from purple red to blue takes place; record the consumed EDTA volume and repeat the titration for another two times, the volume for the used EDTA in three replicate titrations to the nearest should be not greater than 0.05mL.

4.5 Standardizing the EDTA Solution by $CaCO_3$ Primary Standard

(1) Ca^{2+} standard solution (~ 0.01mol·L^{-1})

Weigh 0.23~0.27g of $CaCO_3$ (accuracy up to 0.1mg) by the subtracting weighing method and place the sample in a 100mL beaker; rinse $CaCO_3$ with a small amount of distilled water and cover the beaker with a piece of watch glass to avoid the splash of $CaCO_3$; dropwisely add 10mL of 6 mol·L^{-1} HCl to the beaker from the lip and then heat the mixture to allow $CaCO_3$ completely dissolved; rinse the inside of the beaker and the surface of watch glass with distilled water when the mixture cooled down to room temperature; transfer all of the solution into a 250mL volumetric flask and then make the solution up to the mark using distilled water; stopper the flask and mix thoroughly by gentle inversion of the flask; finally, calculate the concentration of Ca^{2+} standard solution.

(2) Using EBT as the indicator

Place 25.00mL of Ca^{2+} standard solution into a 250mL conical flask with one drop of methyl red indicator; make the color of the solution change from red to yellow by adding ammonium hydroxide to neutralize the excess of HCl in the solution; add 20mL distilled water, 5mL Mg-EDTA solution, 10mL ammoniac buffer solution and EBT indicator into the mixture and titrate the mixture with the EDTA solution immediately; the end point indicated when the color change from wine red to blue takes place and then record the consumed EDTA volume; totally conduct three replicate titrations and the volume for the used EDTA to the nearest should be not greater than 0.05mL.

(3) By the NN indicator

Place 25.00mL of Ca^{2+} standard solution into a 250mL conical flask and then stepwise add 50mL of distilled water, 2mL of Mg^{2+} solution, 5mL of 100g·L^{-1} NaOH solution and NN indicator; after proper mix, the mixture is titrated with EDTA solution and the end point is indicated by a blue color; record the consumed EDTA volume and repeat the titration for another two times, the volume for the used EDTA in three replicate titrations to the nearest should be not greater than 0.05mL.

4.6 Preparing 0.02 mol·L^{-1} of KMnO$_4$ Solution

Sample 40mL of 0.2mol·L^{-1} KMnO$_4$ solution by a measuring cylinder in a 500mL dark glass reagent bottle; rinse the cylinder several times with distilled water and transfer all of the solution into the reagent bottle; dilute the solution to 400mL with distilled water and swirl it properly for further use.

4.7 Standardizing the KMnO$_4$ Solution

Measure 0.20 ~ 0.22g of Na$_2$C$_2$O$_4$ (accuracy up to 0.1mg) by the subtracting weighing method and place the sample in a 250 conical flask; add 30mL distilled water and 15mL of 3mol·L^{-1} H$_2$SO$_4$ in the flask and heat the mixed solution to 70 ~ 80℃; the titration is conducted in the hot solution, in particular, the next drop of permanganate is added when the red color of the previous permanganate ion disappears; as the concentration of manganese (Ⅱ) builds up, the titration can be proceeded more and more rapidly and the end point is indicated until a pink color persists for about 30 s; record the used volume of the KMnO$_4$ solution and calculate the concentration; three replicate titrations are needed and the relative average deviation of concentrations for the KMnO$_4$ solution should be not greater than 0.2%.

5. Results

(1) NaOH standard solution

Fill the experimental data in the table 1.

Table 1 Standardizing NaOH solution

Data \ Flask number	Ⅰ	Ⅱ	Ⅲ
$m_{\text{KHC}_8\text{C}_4\text{O}_4}$/g	$m_{\text{Ⅰ}} =$	$m_{\text{Ⅱ}} =$	$m_{\text{Ⅲ}} =$
V_{NaOH}/mL	$V_{\text{fin Ⅰ}} =$	$V_{\text{fin Ⅱ}} =$	$V_{\text{fin Ⅲ}} =$
	$V_{\text{ini Ⅰ}} =$	$V_{\text{ini Ⅱ}} =$	$V_{\text{ini Ⅲ}} =$
	$V_{\text{Ⅰ}} =$	$V_{\text{Ⅱ}} =$	$V_{\text{Ⅲ}} =$
c_{NaOH}/mol·L^{-1}			
$\bar{c}_{\text{NaOH}}$/mol·L^{-1}			
Relative deviation d_r/%			
Relative average deviation $\bar{d}_r$/%			

The concentration of the NaOH standard solution can be calculated using the formula below:

$$c_{\text{NaOH}} = \frac{1000 m_{\text{KHC}_8\text{H}_4\text{O}_4}}{M_{\text{KHC}_8\text{H}_4\text{O}_4} V_{\text{NaOH}}}$$

(2) EDTA standard solution

Design a table to record the experimental data and calculated EDTA solution concentration according to Appendix 11.

(3) KMnO$_4$ standard solution

Record the experimental data in a table designed upon Appendix 14 and the concentration of KMnO$_4$ solution is determined by using the following formula:

$$c_{KMnO_4} = \frac{2}{5} \times \frac{m_{Na_2C_2O_4}}{M_{Na_2C_2O_4}} \times \frac{1000}{V_{KMnO_4}}$$

Experiment 6-3 The Determination of Table Vinegar Total Acidity

1. Aim

(1) To better understand the use of burette, glass pipette and volumetric flask;

(2) To study the method of acidity determination of table vinegar;

(3) To learn the theories of the reaction between strong base and weak acid and the selection of pH indicators

2. Experimental theory

Commercial vinegar is a common cooking ingredient used in our daily life and mainly produced from fermentation processes. The main components of vinegar are acetic acid (HAc) and water and it also consists of other trace chemicals, weak organic acids and some flavorings. The acidic flavor of vinegar depends on the total acidity of HAc contained in vinegar, which can be determined by an acid-base titrimetric method from a NaOH standard solution. In particular, all weak acids ($K_a \geqslant 10^{-7}$) in vinegar expressed by HAc can be neutralized according to the following reactions:

$$NaOH + HAc \Longrightarrow NaAc + H_2O$$
$$nNaOH + H_nA \Longrightarrow Na_nA + H_2O$$

The transition range of this titration is in the alkaline region and the equivalence point pH is around 8.7, thus phenolphthalein can be used as the indicator.

3. Instruments and reagents

Instruments: Acidic burette and burette stand.

Reagents: NaOH standard solution (0.1mol·L^{-1}), Phenolphthalein indicator (2g·L^{-1} in ethanol) and commercial table vinegar.

4. Experiment

Sample 25.00mL of commercial vinegar to a 250mL volumetric flask and make the solution up to the mark using distilled water.

Transfer 25.00mL of the diluted vinegar solution into a 250mL conical flask and then add 25mL water and 2~3 drops of phenolphthalein indicator to the flask; titrate the vinegar sample with 0.1mol L^{-1} of NaOH standard solution and the end point is indicated until a light red color persists for about 30s; record the used volume of the NaOH standard solution; conduct three replicate measurements and the volume for the used NaOH to the nearest should be not greater than 0.04mL; basing on the recorded data and dilution, calculate the total acidity of the commercial vinegar sample, ρ_{HAc}, with the unit of $g \cdot 100mL^{-1}$.

5. Data

Record the experimental data and results in the table 1.

Table 1 Total acidity of commercial vinegar

Titration Data	I	II	III
$V_{\text{diluted vinegar}}/mL$			
V_{NaOH}/mL	$V_{\text{fin I}} =$ $V_{\text{ini I}} =$ $V_I =$	$V_{\text{fin II}} =$ $V_{\text{ini II}} =$ $V_{II} =$	$V_{\text{fin III}} =$ $V_{\text{ini III}} =$ $V_{III} =$
$c_{NaOH}/mol \cdot L^{-1}$			
$\rho_{HAc}/g \cdot 100mL^{-1}$			
$\bar{\rho}_{HAc}/g \cdot 100mL^{-1}$			
Relative deviation $d_r/\%$			
Relative average deviation $\bar{d}_r/\%$			

The total acidity of commercial vinegar is determined by using the following formula:

$$\rho_{HAc} = \frac{c_{NaOH} V_{NaOH}}{V_{\text{diluted vinegar}}} \times \frac{250}{25} \times M_{HAc} \times \frac{100}{1000}$$

Experiment 6-4 The Determination of Tap Water Hardness

1. Aim

(1) To determine the total hardness of tap water by a complexometric titration method with EDTA;

(2) To know the aim of water hardness test and the expression of water hardness.

2. Experiment Theory

Water hardness is referred to the capacity of other metal cations in water to replace Na^+ or K^+ to form sparingly soluble products, causing the formation of scum. As the concentrations of Ca^{2+} and Mg^{2+} ions in water are far more pronounced than those of any other metal ions, water harness can be assigned to the total concentration of Ca^{2+} and Mg^{2+} ions and usually expressed in terms of the concentration of calcium carbonate. The determination of water hardness is a useful analytical test for water quality control in household and industry. Hard water should be softened before use in particular, in industrial uses to avoid the form of calcium carbonate precipitate on being heated, which makes boilers and pipes clogged.

Water hardness is commonly determined by a complexometric titration method with

EDTA in a pH 10 buffer solution using EBT as the indicator. In order to sharpen the significance of color change at the titration end point, Mg-EDTA is usually added to the mixture before titration. Mg^{2+} is liberated by Ca^{2+} from the complex then to form Mg-EBT, resulting in a purple red color to the mixture. With the adding of EDTA titrant, complexation between EDTA and Ca^{2+} and Mg^{2+} ions is conducted and generates freed EBT at the end point with a blue color.

There is no unified expression for water hardness, but the units of $mg \cdot L^{-1}$ and $mmol \cdot L^{-1}$ (basing on $CaCO_3$) are currently accepted in national wide. We used to describe water hardness using a Germany standard, where 1° hardness is in terms of 10 mg·of CaO in 1 L of water (Mg^{2+} is also reflected by CaO). Water with less than 8° hardness is classified as soft water, hardness between 8°~16° is medium hard, 16°~30° water is hard water and water with more than 30° hardness is extra hard water. The total hardness for household tap water should be less than 25° in line with the $CaCO_3$ concentration below 450 $mg \cdot L^{-1}$.

3. Instruments and Reagents

Instruments: Burette and burette stand, a 100mL pipette;

Reagents: EDTA standard solution, EBT indicator, Mg-EDTA solution, ammoniac buffer solution (pH≈10), triethanolamine solution and tap water.

4. Experiment

Sample 100.0mL of clear tap water and transfer it into a 250mL conical flask; swirl the flask after adding 10mL of ammoniac buffer solution and the proper amount of EBT indicator; titrate the mixture immediately with the prepared EDTA standard solution; the additions of EDTA should be made drop-wise as the end point approaches; the end point is indicated until the color of the mixture changes from purple red to blue and then record the used volume of the EDTA standard solution; conduct three replicate measurements and the volume for the used EDTA to the nearest should be not greater than 0.05mL.

5. Data

Record the experimental data and results in a designed data table according to Appendix 11. The calculated tap water hardness is in terms of the concentration of $CaCO_3$ ($mg \cdot L^{-1}$).

The total hardness of tap water is determined by using the formula below:

$$\rho_{CaCO_3} = \frac{1000 c_{EDTA} V_{EDTA} M_{CaCO_3}}{V_{待测 water}}$$

Experiment 6-5 Purity Determination of Commercial H_2O_2

1. Aim

To understand the redox titration between $KMnO_4$ and H_2O_2.

2. Experimental Theory

Hydrogen peroxide (H_2O_2) shows attractive oxidizing and reducing properties and has been widely used in applications of industry, bio-science and pharmaceutical. Therefore, it is important to develop a reliable method for the determination of H_2O_2 in practice.

In acidic solutions, H_2O_2 commonly acts as a powerful oxidizer due to the —O—O— single bond. However, it is used as a reductant when H_2O_2 reacts with a much stronger oxidizer, $KMnO_4$. As the consequence (the reaction is shown as below), H_2O_2 concentration can be determined by a redox titrimetric method using a $KMnO_4$ standard solution in diluted H_2SO_4 at room temperature.

$$5H_2O_2 + 2MnO_4^- + 6H^+ = 2Mn^{2+} + 5O_2 \uparrow + 8H_2O$$

The titration reaction of $KMnO_4$ is autocatalytic due to the product of Mn^{2+}. It cause the reaction rate to increase as the reaction proceeds. As the consequence, the color of $KMnO_4$ used as a self-indicator remains for a while during the initial titration process. Finally, the end point is indicated by the slight excess of $KMnO_4$, which makes the mixture exhibit a light red color.

Commercial H_2O_2 solution is a 30% H_2O_2 aqueous solution, sample dilution should thus be performed before any measurements. Moreover, a small amount of organic compounds like acetanilide is usually used to stabilize H_2O_2 and these compounds also consume $KMnO_4$, causing titration errors on final results. Therefore, iodine or cerium (Ⅳ) solution can be applied in this case for more accurate titrimetric experiments.

3. Instruments and Reagents

Instruments: Burette and burette stand, a 1.00mL pipette and a 50mL dark color acidic burette.

Reagents: $KMnO_4$ standard solution ($0.02 mol \cdot L^{-1}$), H_2SO_4 solution ($3 mol \cdot L^{-1}$), commercial H_2O_2.

4. Experiment

Sample 1.00mL of commercial H_2O_2 to a 250mL volumetric flask and make the solution up to the mark using distilled water.

Transfer 25.00mL of the diluted H_2O_2 solution into a 250mL conical flask and then add 15mL of $3 mol \cdot L^{-1}$ H_2SO_4 solution; titrate the mixture with the $KMnO_4$ standard solution and the end point is indicated until a light red color from the slight excess of $KMnO_4$ persists for about 30 s; record the used volume of the $KMnO_4$ standard solution; conduct three replicate measurements and the volume for the used $KMNO_4$ to the nearest should be not greater than 0.04mL;

5. Data

Record the experimental data and results in a designed data table according to Appendix 11. The determination of commercial H_2O_2 ($g \cdot 100mL^{-1}$) is based on the provided formula below:

$$\rho_{H_2O_2} = \frac{5c_{KMnO_4} \cdot V_{KMnO_4} M_{H_2O_2}}{2 \times 25.00} \times \frac{100}{1000} \times \frac{250.0}{1.000}$$

Experiment 6-6　Trace Determination of Fe^{2+} in Water by Phenanthroline Using Spectrophotometry

1. Aim

(1) To understand the spectrophotometric method for iron (II) determination by phenanthroline;

(2) To know the components and operation of a spectrophotometer;

(3) To choose optimal working conditions for spectroscopic measurements.

2. Experimental theory

Metal cations such as Fe^{2+} or Fe^{3+} are with no or weak absorption in the UV-Vis region. For quantitative purposes, color-based complexations usually perform between inorganic metal cations and organic ligands to form transition metal complexes, which show strong charge transfer absorptions in the UV-Vis region. As the consequence, quantitative determination of a metal ion can be spectroscopically achieved.

The completion of the color-based complexation correlates with the accuracy of the experiment and is affected by some factors e.g., pH, ligand colorant, reaction temperature and time. Therefore, it is very necessary to optimize the conditions for the complexation reaction before any analytical measurements. For example, the proper acidic condition is determined from an absorption-pH curve, where color-based complexation is conducted at different pH by fixing other variables. Similarly, the effects of other factors can be also investigated in the same way. Furthermore, other effects such as the order of added reagents, ion charge and interferents should be considered as well to better develop and facilitate the experiment with high accuracy and reliability. Herein, we optimize the reaction conditions of the complexation between Fe^{2+} and 1,10-phenanthroline (phen) to improve the sensitivity of spectroscopic measurements.

The spectroscopic method basing on the complexation reaction is widely used to determine the trace iron content in chemical products with significantly high sensitivity and selectivity. In a pH = 2~9 solution, Fe^{2+} reacts with 1,10-phenanthroline in a 1:3 ratio to produce an orange solid complex with satisfied stability ($lg\beta_3 = 21.3$, $\varepsilon_{510} = 1.1 \times 10^4$ L·cm^{-1} mol^{-1}). By contrast, Fe^{3+} can also react with 1,10-phenanthroline in a 1:3 ratio but the complex product is less stable. Thus, some reductants such as hydroxylamine hydrochloride and ascorbic acid are added into the sample to completely convert Fe^{3+} to Fe^{2+}, giving the determined results in terms of the total iron content.

$$2Fe^{3+} + 2NH_2OH = 2Fe^{2+} + N_2 \uparrow + 2H^+ + 2H_2O$$

The complex $[Fe(phen)_3]^{3+}$ can be photochemically reduced to $[Fe(phen)_3]^{2+}$ under sun light. Thus, a masking agent is sometimes utilized to eliminate the effect of Fe^{3+} ions in a Fe^{3+} and Fe^{2+} ions mixed sample when the phenanthroline complexation based spectrophotometric method is employed. Other metal ions including Cu^{2+}, Co^{2+}, Ni^{2+}, Cd^{2+}, Hg^{2+}, Mn^{2+} and Zn^{2+} can also form complexes with 1,10-phenanthroline and they should be masked or separated if their concentrations are high enough.

3. Instruments and reagents

Instruments: Unico 2100 spectrophotometer (equipped with 1cm glass cuvettes), pH meter, 50mL volumetric flask, measuring pipettes (5mL, 2mL, and 1mL), 5mL measuring cylinder.

Reagent:

Fe^{2+} standard solution ($100mg \cdot L^{-1}$): accurately weigh 0.8634g of analytical grade $NH_4Fe(SO_4)_2 \cdot 12H_2O$ and place it in a small beaker; dissolve it with 20mL of $6mol \cdot L^{-1}$ HCl and the proper amount of distilled water; transfer the solution into a 1L volumetric flask and make the solution up to the mark using distilled water.

1,10-phenanthroline solution ($2g \cdot L^{-1}$): weigh 1g of 1,10-phenanthroline and dissolve it with 10mL of 95% ethanol, then dilute the solution to 500mL using distilled water. The solution should be freshly prepared before use.

Hydroxylamine hydrochloride solution ($10g \cdot L^{-1}$): the fresh hydroxylamine hydrochloride solution is prepared by dissolving 10g of hydroxylamine hydrochloride in 100mL distilled water.

HAc-NaAc buffer solution (pH = 4.6): 136g of $CH_3COONa \cdot 3H_2O$ dissolves in 60mL of acetic acid and then dilute the solution to 1 L using distilled water.

$1.0mol \cdot L^{-1}$ of HCl solution, $0.5mol \cdot L^{-1}$ of NaOH solution and water sample.

4. Experiment

4.1 Optimized experimental conditions

(1) Absorption curve

Sample 0 and 1.00mL of Fe^{2+} standard solution into two 50mL of volumetric flasks, respectively; stepwise add 1.0mL of hydroxylamine hydrochloride solution (swirl the solution properly after the addition), 1.5mL of 1,10-phenanthroline solution, 5mL of HAc-NaAc buffer solution to each flask and then dilute the solutions to the mark using distilled water; stabilize the solutions for 10 min before use. Fill 1cm glass cuvettes with these solutions, in particular, the blank solution (with 0mL Fe^{2+} standard solution) as the reference sample; measure the absorption of the sample cuvette (with 1.00mL Fe^{2+} standard solution) at 450, 470, 490, 500, 505, 510, 515, 520, 530, 550 and 570 nm, respectively.

(2) Effect of sample pH

Place 1.00mL of Fe^{2+} standard solution and 1.0mL of hydroxylamine hydrochloride solution to eight 50mL volumetric flasks, respectively (swirl the mixtures properly) and then add 1.5mL of 1,10-phenanthroline solution to each flasks (mix the solutions properly before use). Accurately transfer 5.00, 0.30, 0mL of $1.0mol \cdot L^{-1}$ HCl solution and 0.20,

0.50, 3.80, 3.90, 4.00mL of 0.5mol·L^{-1} NaOH solution to each labelled flask using measuring pipettes and then dilute the solutions to the mark using distilled water; the solutions are ready for use after stabilization for 10 min. Using distilled water as the reference, measure the absorptions of each solution at the selected wavelengths. Meanwhile, the pH value of each solution can be determined by the pH meter.

(3) Effect of colorant

Add 1.00mL of Fe^{2+} standard solution and 1.0mL of hydroxylamine hydrochloride solution to six 50mL volumetric flasks, respectively (swirl the mixtures properly) and then sequentially add 0.1, 0.5, 1.0, 1.5, 2.0 and 4.0mL of 1,10-phenanthroline solution to the labelled flasks; each solution is further mixed with another 5mL of HAc-NaAc buffer solution and then diluted to the mark using distilled water. Using distilled water as the reference, measure the absorptions of each solution at the selected wavelengths.

4.2 The determination of Fe^{2+}

(1) Preparation and measurements of Fe^{2+} standard solutions

Respectively add 0, 0.30, 0.60, 0.90, 1.20, and 1.50mL of Fe^{2+} standard solution to six 50mL volumetric flasks and then swirl the solutions after adding 1.0mL of hydroxylamine hydrochloride solution to each flask; mix the solutions with a proper volume of 1,10-phenanthroline solution (from the previous experiment above) and 5mL of HAc-NaAc buffer solution; dilute the solutions up to the mark using distilled water and stabilize for 10 min before use; finally, using distilled water as the reference, measure the absorptions of each solution at the selected wavelengths in an order of concentration (low → high).

(2) The determination of Fe^{2+} in an unknown water sample

Transfer 1.00mL of water sample into two 50mL volumetric flasks, respectively; measure the absorption of each sample after the same treatments to the standard solutions above.

5. Data

(1) Design a data table for experimental data and results

(2) Experimental conditions

① Prepare an absorbance curve between two variables of wavelength (λ) and absorbance (A) in particular, λ is used as the abscissa and A is in terms of the ordinate; the measuring wavelength is determined at the maximum absorbance (λ_{max}).

② Use pH values as the horizontal axis and absorbance A as the vertical axis to draw a curve describing the relationship between pH and A and finally determine the proper pH value from the curve.

③ Use the consumed volume of the colorant as the x-axis and absorbance A as the y-axis to prepare a curve, where the optimal volume of the colorant used in color-based complexation can be determined.

(3) The determination of Fe^{2+} in a water sample

A calibration curve is prepared by plotting the absorbance of each Fe^{2+} standard solution (concentration C as the x-axis and absorbance A as the y-axis) and then fitting them to a suitable linear equation. Thus, the Fe^{2+} content in the unknown water sample (mg·L^{-1}) can be determined from the linear equation and the absorbance.

6. Operation of Unico 2100 Spectrophotometry

(1) Switch on the power and allow the lamp to warm up and the instrument to stabilize before use until the screen displays 100.0 546nm;

(2) Press <MODE> key to select a measurement method: transmittance (T) or absorbance (A), concentration (C) or slope (F);

(3) Press wavelength key to set up wavelength, adjust back to 0A / 100%T when a new wavelength is selected;

(4) Position the reference and sample cuvettes correctly to the proper cell holders.

(5) Place the reference in the light path and then press "0 A / 100% T" to adjust transmittance or absorbance to 100% T or 0 A;

(6) place the sample cuvette to the light path when the display on the screen changes from 'BLA-' to '100.0' or '0.000' depending on the data mode" and the reading is in terms of the absorbance of the sample.

Experiment 6-7 The Determination of Fluoride in Toothpaste by Direct Potentiometry

1. Aim

(1) To know direct potentiometric measurements;

(2) To understand standard calibration curve and standard addition method for quantitative measurements;

(3) To understand the use of total ionic strength adjustment buffer (TISAB);

(4) To understand the applications of fluoride determination in practice.

2. Experimental Theory

Fluorine is one of necessary elements for human beings and closely correlates with the metabolism of calcium and phosphorus in daily life. Trace fluoride can also aid enamel hydroxyapatite to the more durable fluorapatite, reducing dental caries. However, the excess of fluoride supply would cause some diseases like dental fluorosis, osteoflurosis and even cancer. Thus, fluoride contained in drink water should be standardized around $1mg \cdot L^{-1}$. Fluoride contained toothpaste is applied to fight tooth decay if the fluoride content in drink water is less than the standard. Basing on the national standard GB 8372—2008, the soluble fluoride content should be between 0.05%~0.15% in fluoride contained toothpaste (0.05%~0.11% for children toothpaste). The inadequate would cause failure against tooth decay and the excess would be harmful for health. Therefore, it is a key step in quality control of toothpaste to determine the content of fluoride.

Some techniques including ion chromatography, spectroscopy and ion-selective electrode are available for the determination of fluoride. In this experiment, we will follow the national standard GB 8372—2008 using a convenient fluoride-selective electrode.

The determination of fluoride by a fluoride-selective electrode is a direct potentiometric method. The electrode potential of the fluoride-selective electrode (φ_{F^-}) and the activity of F^- (a_{F^-}) in the unknown sample take the general Nernst form: $\varphi_{F^-} = $ constant $-S\lg a_{F^-}$, in particular, S is the slope of the electrode responses and it is a constant for a certain electrode at 59.0mv/pF at 25℃. The cell for potentiometric measurements consists of a fluoride-selective electrode (indicator electrode) and a saturated calomel electrode (SCE, reference electrode) in a F^- contained electrolyte sample solution. The cell potential can be expressed as $E = \varphi_{F^-} - \varphi_{SCE} = $ constang $-S\lg a_{F^-}$.

(−) SEC | sample solution | fluoride-selective electrode (+)

Secondary reactions of F^- can be inhibited if the ionic strength of the sample solution remains same. In this case, the cell potential is thus expressed as $E = $ constant $-S\lg c_{F^-}$ (c is the analytical concentration of F^-), which exhibits a linear relationship between the cell potential, E and $\lg c_{F^-}$ when c_{F^-} varies from 10^{-6} to 10^{-2} mol·L^{-1}. The linearity makes c_{F^-} of a unknown sample be determined by a standard calibration curve method.

Herein, a total ionic strength adjustment buffer (TISAB) is added to standard and sample solutions to control the ionic strength and simultaneously to hinder the side reactions of F^-. In TISAB, NaCl is mainly used to adjust the ionic strength, HAc-NaAc buffer solution (pH=5.5~6.5) prevents the interference of H^+ and OH^- to F^- and citric acid can mask metal cations like Fe^{3+}, Al^{3+} to form complexes with F^-.

The standard addition method is employed when the composition of a sample is complicated and it is difficult to prepare standard solutions according to the components. The calibration curve is determined from cell potentials and a series of sample added standard solutions.

The fluoride contents in toothpaste include NaF, Na_2PO_3F or their mixture. In TISAB, fluorine in NaF is in the form of F^-, which can be directly determined by a fluoride-selective electrode. By contrast, the soluble form of Na_2PO_3F in TISAB is PO_3F^{2-}, which can be measured by a fluoride-selective electrode until converted to F^- by HCl. The total fluoride content in NaF and Na_2PO_3F is named as soluble fluoride content. However, insoluble fluoride should be accounted when measuring the total fluoride content in toothpaste.

In this experiment, standard calibration curve method and standard addition method are applied to determine soluble fluoride content in toothpaste, respectively and particularly, a series of standard solutions are prepared using NaF as the externally added standard.

3. Instruments and Reagents

Instruments: a pHS-3C pH meter, a fluoride-selective electrode, a saturated calomel electrode (SCE), a magnetic stirrer with a magnetic stirring bar, an analytical balance, a 50mL plastic beaker and measuring pipettes (20mL, 10mL, 1mL).

Reagents:

Stocked F^- solution (1000mg·L^{-1}): sample 0.2210g of dried NaF primary standard in a beaker and dissolve it with proper amount of distilled water; transfer the solution into a

100mL volumetric flask and make it to the mark using distilled water; finally stock the concentrated solution in a polyethylene reagent bottle.

F^- standard solution (100mg·L^{-1}): add 25.00mL of stocked F^- solution to a 250ml volumetric flask and dilute the solution to the mark using distilled water; the prepared solution is finally stocked in a polyethylene reagent bottle for further use.

TISAB: add 58.0g of NaCl and 12g of citric acid in a 1L beaker and then dissolve them with the addition of 500mL water and 57mL acetic acid under stirring; place the beaker in cold water and slowly add 6mol·L^{-1} of NaOH to the beaker to adjust the pH of the solution between 5.5~6.5; dilute the solution to 1 L using distilled water when the temperature of the solution returns to the room temperature.

Toothpaste (NaF as the additive).

4. Experiment

(1) Instrument preparation

Connect the electrodes to the potential meter and then switch on the device; select potential mode (mV) by pressing the "mV/pH" key then allow up to 15 min for the device to warm up before use; check the cleanliness of the fluoride indicator electrode by a blank sample: insert the fluoride indicator electrode into distilled water in a beaker; under stirring, the electrode is regarded to be clean if a stable potential reading closing to 300mV is observed; otherwise, the electrode needs to be cleaned again if the potential is less than 280mV.

(2) The preparation of a series of F^- standard solutions

Respectively transfer 2.00, 4.00, 6.00, 10.00 and 20.00mL of 100mg·L^{-1} F^- standard solutions into five 50mL volumetric flasks; add 10mL of TISAB to each flask then dilute the solution to the mark using distilled water.

(3) The preparation of toothpaste samples

Sample 0.5~0.6g (accuracy up to 1mg) of toothpaste in a dry and clean beaker (two replicate samples required) then add 10mL of TISAB; well distribute toothpaste in the solution by stirring using a glass rod and then add a magnetic stirring bar to the beaker; after stirred for 10 min by a a magnetic stirrer, the solution is transferred into a 50mL volumetric flask; the solution is finally made to the mark of the flask using distilled water for further use.

(4) The determination of F^- in toothpaste

Record the potentials of the prepared F^- standard solutions particularly, sequentially add the standard solutions in a dried plastic beaker in an order from a lower concentration to a higher concentration, put a magnetic stirring bar and insert the electrodes in the solution then switch on the stirrer; record the potential after the reading stabilized.

Use the same procedures to measure toothpaste sample and record the potential as E_1 (mV); then add extra 0.50mL of 1000mg·L^{-1} F^- stocked solution to the toothpaste sample and record the potential as E_2(mV).

(5) Clean the electrodes after measurements; stock the fluoride-selective electrode by immersing the electrode in distilled water and cap the SCE; switch off the device before leaving.

5. Data

(1) Design a data table for experimental data and results.

(2) Standard calibration curve method: a standard calibration curve is prepared by plotting the potentials of the series of F^- standard solutions (concentration/mg·L^{-1} as the x-axis and potential/mV as the y-axis) and then fitting them to a suitable linear equation (the slope is the electrode response slope, S). According to the linear equation and the measured potential of toothpaste sample, the F^- concentration of toothpaste sample is determined. Considering the conversion in volume, the F^- content (%) in the selected commercial toothpaste can be calculated.

(3) Standard addition method: use the following formula to calculate the F^- concentration of toothpaste sample and then determine the F^- content (%) in the selected commercial toothpaste basing on the conversion in volume.

$$c_{F^-}(\text{sample}) = \frac{c_s V_s}{V(\text{sample})} \times \left(10^{\left|\frac{E_2 - E_1}{S}\right|} - 1\right)^{-1}$$

where c_s and V_s are the concentration and used volume of the F^- standard solution; E_1 and E_2 are equilibrium potentials of toothpaste sample before and after adding F^- standard solution; S is the response slope of the fluoride-selective electrode.

(4) Compare the results with national standard for good quality control.

Experiment 6-8 The Effect of Column Temperature on Separation for Gas-Chromatography

1. Aim

(1) To know the instruments for gas-chromatography (GC);
(2) To carry out separation measurements by gas-chromatography;
(3) To understand the effect of column temperature on peak separation.

2. Experimental Theory

It is important to achieve proper separation of different components in a mixture sample for qualitative and quantitative measurements by gas-chromatography. In particular, column temperature becomes a key factor to influence the efficiency of separation when chromatographic column and the flow rate of mobile phase are decided.

Column temperature plays a duo-role in gas chromatographic separation by either acting a thermodynamic factor or a kinetic factor. However, the thermodynamic effect of column temperature is more significant on separation since it affects the distribution of a solute in both mobile and stationary phases, further results in the variation of selectivity factor (lower column temperature → larger selectivity factor). By contrast, the factor of column temperature does not show significant kinetic effect on separation from the Van Deemter equation, but the changes in diffusion coefficient between mobile and stationary phases caused by the variation of column temperature affect the terms of longitudinal diffusion and mass transfer. In particular, Diffusion coefficient becomes larger at a higher column temperature while longitudinal diffusion coefficient increased and mass transfer coefficient decreased. Moreover, the changes in column temperature also affect on the flow rate of mobile phase at certain column pressure. Thus, the effect of column temperature on separation is a complicated process. In general, a low column temperature is usually applied if a proper separation is achieved for the component the most difficult to be separated. For mixed components with significantly different boiling points, a programming temperature control is usually employed to improve the separation efficiency.

Herein, we investigate the separation of a mixed acetate sample at different column temperatures by gas-chromatography and further reveal the effect of column temperature on chromatographic separation efficiency. The formulas used for the evaluation are indicated below:

(1) Column efficiency n (the number of theoretical plates)

$$n = 5.54 \times \left(\frac{t_R}{W_{1/2}}\right)^2$$

where t_R is the retention time of a component peak and $W_{1/2}$ is the full width at half height of the peak.

(2) Column resolution R

$$R = \frac{2[t_R(B) - t_R(A)]}{1.699[W_{1/2}(B) + W_{1/2}(A)]}$$

where $t_{R(A)}$ and $t_{R(B)}$ are the retention time of two neighbored components A and B, and $W_{1/2(A)}$ and $W_{1/2(B)}$ are the full width at half height for peaks of A and B.

3. Instruments and Reagents

Instrument: GC 7900gas-chromatography (equipped with a thermal conductivity detector), HP SPH-300 H_2 generator (for carrier gas), 10% PEG-20M/chromsorb WHP 3m×3mm or 10% OV-101/chromsorb WHP 2m×3mm chromatographic column, 1μL micro-syringe.

Reagents: chromatography grade of ethyl acetate, butyl acetate, amyl acetate and their mixture with a volume ratio 1∶1∶1.

4. Experiment

Switch on the H_2 generator to allow the GC system to reach to a desired pressure and then turn on the instrument and computer; set up the instrument: injector temperature at 180℃, column temperature at 100℃, detector temperature at 165℃ and detector current at 60mA.

Inject 0.4μL of ethyl acetate to the GC column for analysis when a flat base line is shown on the screen and the sample injection light is on; conduct the same measurement on butyl acetate, amyl acetate and the mixed sample; repeat the measurements at column temperature of 110℃ and 120℃, respectively and save data to the computer after each measurement.

Set the detector current to 0mA after measurements and then set the temperatures of injector, column and detector to room temperature; shut down the instrument and then H_2 generator when the column temperature is down to room temperature and the temperatures of injector and detector is below 80℃.

5. Data

(1) Qualitatively analyze the components in the mixed sample basing on the retention time of ethyl acetate, butyl acetate and amyl acetate.

(2) Record the retention time, the full width at half height and peak area of three acetate components in the mixed sample when the column at three different temperatures and then calculate the column efficiency, n and resolution, R.

Table 1. The effect of column temperature on separation

Column T (℃)	Peak	t_R	Peak area	$W_{1/2}$	Column efficiency (n)	Resolution (R)
	ethyl acetate					
	butyl acetate					
	amyl acetate					
	ethyl acetate					
	butyl acetate					
	amyl acetate					
	ethyl acetate					
	butyl acetate					
	amyl acetate					

(3) Prepare variation curves between column temperature (x-axis) and retention time, peak area, the full width at half height (y-axis) for ethyl acetate, butyl acetate and amyl acetate, respectively; explain the effect of column temperature on these parameters using the curves (make sure the flow rate of carrier gas and injected sample volume remain same during the experiment).

附 录

附录1 常用滴定分析仪器

序号	仪器(用具)名称	规格	数量	备注
1	酸式滴定管	50mL	1支	聚四氟乙烯旋塞,可酸碱通用
2	碱式滴定管	50mL	1支	
3	移液管	25mL	1支	
4	容量瓶	250mL	1个	
5	锥形瓶	250mL	3个	
6	烧杯	500mL、250mL、100mL	各一个	
7	量筒(量杯)	100mL、50mL、10mL	各一个	
8	塑料试剂瓶	500mL	1个	
9	洗瓶	500mL	1个	
10	洗耳球		1个	
11	玻璃棒		1支	
12	胶头滴管		1支	
13	滴定台		1个	
14	蝴蝶夹		1个	

附录2 市售酸碱试剂的浓度和相对密度

试剂	相对密度	摩尔浓度/mol·L^{-1}	质量百分比浓度/%
乙酸	1.04	6.2～6.4	36.0～37.0
冰醋酸	1.05	17.4	99.5(AR)
氨水	0.88～0.90	12.9～14.8	25～28
盐酸	1.18	11.7～12.4	36～38
氢氟酸	1.14	27.4	40
硝酸	1.39～1.40	14.4～15.3	65～68
高氯酸	1.75	11.7～12.5	70.0～72.0
磷酸	1.71	14.6	85.0
硫酸	1.84	17.8～18.4	95～98
三乙醇胺	1.12	7.5	99

附录3　常用基准物质的干燥条件和应用

基准物质		干燥后组成	干燥条件/℃	标定对象
名　称	分子式			
碳酸氢钠	$NaHCO_3$	Na_2CO_3	270~300	酸
碳酸钠	$Na_2CO_3 \cdot 10H_2O$	Na_2CO_3	270~300	酸
碳酸氢钾	$KHCO_3$	K_2CO_3	270~300	酸
硼砂	$Na_2B_4O_7 \cdot 10H_2O$	$Na_2B_4O_7 \cdot 10H_2O$	含氯化钠和蔗糖饱和溶液的干燥器中	酸
草酸	$H_2C_2O_4 \cdot 2H_2O$	$H_2C_2O_4 \cdot 2H_2O$	室温空气干燥	碱或 $KMnO_4$
邻苯二甲酸氢钾	$KHC_8H_4O_4$	$KHC_8H_4O_4$	110~120	碱
重铬酸钾	$K_2Cr_2O_7$	$K_2Cr_2O_7$	140~150	还原剂
溴酸钾	$KBrO_3$	$KBrO_3$	130	还原剂
碘酸钾	KIO_3	KIO_3	130	还原剂
铜	Cu	Cu	室温干燥器中保存	还原剂
三氧化二砷	As_2O_3	As_2O_3	室温干燥器中保存	氧化剂
草酸钠	$Na_2C_2O_4$	$Na_2C_2O_4$	130	氧化剂
碳酸钙	$CaCO_3$	$CaCO_3$	110	EDTA
锌	Zn	Zn	室温干燥器中保存	EDTA
氧化锌	ZnO	ZnO	900~1000	EDTA
氯化钠	NaCl	NaCl	500~600	$AgNO_3$
氯化钾	KCl	KCl	500~600	$AgNO_3$
硝酸银	$AgNO_3$	$AgNO_3$	220~250	氯化物或硫氰酸盐

附录4　常用指示剂

1. 单一酸碱指示剂

指示剂	变色范围 pH值	颜色		pK_{HIn}	浓　度
		酸色	碱色		
百里酚蓝	1.2~2.8	红	黄	1.7	0.1%(20%乙醇溶液)
	8.0~9.6	黄	蓝	8.9	
甲基黄	2.9~4.0	红	黄	3.3	0.1%(90%乙醇溶液)
甲基橙	3.1~4.4	红	黄	3.4	0.1%水溶液
溴酚蓝	3.1~4.6	黄	蓝紫	4.1	0.1%(20%乙醇溶液)
溴甲酚绿	3.8~5.4	黄	蓝	4.9	0.1%(20%乙醇溶液)
甲基红	4.4~6.2	红	黄	5.2	0.1%(20%乙醇溶液)
溴百里酚蓝	6.0~7.6	黄	蓝	7.3	0.1%(20%乙醇溶液)
中性红	6.8~8.0	红	黄	7.4	0.1%(60%乙醇溶液)
酚红	6.7~8.4	黄	红	8.0	0.1%(60%乙醇溶液)
酚酞	8.0~9.6	无	红	9.1	0.1%(90%乙醇溶液)
百里酚酞	9.4~10.6	无	蓝	10.0	0.1%(90%乙醇溶液)

2. 混合酸碱指示剂

指示剂溶液组成	变色点 pH	颜色 酸色	颜色 碱色	备注
一份 0.1% 甲基黄乙醇溶液 一份 0.1% 亚甲基蓝乙醇溶液	3.25	蓝紫	绿	pH3.4 绿色 pH3.2 蓝紫
一份 0.1% 甲基橙水溶液 一份 0.25% 靛蓝(二磺酸)水溶液	4.1	紫	绿	
三份 0.1% 溴甲酚绿乙醇溶液 一份 0.2% 甲基红乙醇溶液	5.1	酒红	绿	
一份 0.1% 溴甲酚绿钠盐水溶液 一份 0.1% 氯酚红钠盐水溶液	6.1	黄绿	蓝紫	pH5.8 蓝色, pH6.0 蓝带紫, pH6.2 蓝紫
一份 0.1% 中性红乙醇溶液 一份 0.1% 亚甲基蓝乙醇溶液	7.0	紫蓝	绿	pH7.0 蓝紫
一份 0.1% 甲酚红钠盐水溶液 三份 0.1% 百里酚蓝钠盐水溶液	8.3	黄	紫	pH8.2 玫瑰色 pH8.4 清晰的紫色
一份 0.1% 百里酚蓝 50% 乙醇溶液 三份 0.1% 酚酞 50% 乙醇溶液	9.0	黄	紫	从黄到绿再到紫
二份 0.1% 百里酚酞乙醇溶液 一份 0.1% 茜素黄乙醇溶液	10.2	黄	紫	

3. 配位滴定指示剂（金属指示剂）

指示剂	配制	用于测定 元素	用于测定 颜色变化	用于测定 测定条件
酸性铬蓝 K	0.1% 乙醇溶液	Ca	红~蓝	pH=12
		Mg	红~蓝	pH=10(氨性缓冲溶液)
钙指示剂	与 NaCl 配成 1:100 的固体混合物	Ca	酒红~蓝	pH>12(KOH 或 NaOH)
铬黑 T	与 NaCl 配成 1:100 的固体混合物	Al	蓝~红	pH=7~8, 吡啶存在下, 以 Zn^{2+} 回滴
		Bi	蓝~红	pH=9~10, 以 Zn^{2+} 回滴
		Ca	红~蓝	pH=10, 加入 Mg-EDTA
		Cd	红~蓝	pH=10(氨性缓冲溶液)
		Mg	红~蓝	pH=10(氨性缓冲溶液)
		Mn	红~蓝	氨性缓冲溶液, 加羟胺
		Ni	红~蓝	氨性缓冲溶液
		Pb	红~蓝	氨性缓冲溶液, 加酒石酸钾
		Zn	红~蓝	pH=6.8~10(氨性缓冲溶液)
o-PAN	0.1% 乙醇溶液	Cd	红~黄	pH=6(醋酸缓冲溶液)
		Co	黄~红	醋酸缓冲溶液, 70~80℃, 以 Cu^{2+} 回滴
		Cu	紫~黄	pH=10(氨性缓冲溶液)
		Cu	红~黄	pH=6(醋酸缓冲溶液)
		Zn	粉红~黄	pH=5~7(醋酸缓冲溶液)
磺基水杨酸	1%~2% 水溶液	Fe(Ⅲ)	红紫~黄	pH=1.5~3
二甲酚橙	0.5% 乙醇(或水)溶液	Bi	红~黄	pH=1~2(HNO_3)
		Cd	粉红~黄	pH=5~6(六亚甲基四胺)
		Pb	红紫~黄	pH=5~6(醋酸缓冲溶液)
		Th(Ⅳ)	红~黄	pH=1.6~3.5(HNO_3)
		Zn	红~黄	pH=5~6(醋酸缓冲溶液)

4. 氧化还原指示剂

指示剂	配制	$\varphi^{\ominus}$(pH=0)	颜色变化	
			氧化形	还原形
二苯胺	1%浓硫酸溶液	+0.76	紫色	无色
二苯胺磺酸钠	0.2%水溶液	+0.85	红紫	无色
邻苯氨基苯甲酸	0.2%水溶液	+0.89	红紫	无色
邻二氮菲亚铁	1.485g 邻二氮菲加 0.695g $FeSO_4 \cdot 7H_2O$ 溶于100mL水	1.06	浅蓝	红

5. 吸附指示剂

指示剂	配制	用于测定			
		可测元素	滴定剂	颜色变化	测定条件
荧光黄	1%钠盐水溶液	Cl^-、Br^-、I^-、SCN^-	Ag^+	黄绿~粉红	中性或弱碱性
二氯荧光黄	1%乙醇水溶液	Cl^-、Br^-、I^-	Ag^+	黄绿~粉红	pH=4.4~7
四溴荧光黄（曙红）	1%钠盐水溶液	Br^-、I^-、SCN^-	Ag^+	粉红~红紫	pH=1~2

附录5　常用酸碱缓冲溶液

1. 常用酸碱缓冲溶液的配制

pH值	配制方法
0	1mol·L^{-1} HCl①
1	0.1mol·L^{-1} HCl①
2	0.01mol·L^{-1} HCl①
3.6	$NaAc \cdot 3H_2O$ 8g，溶于适量的水中，加 6mol·L^{-1}HAc134mL，稀释至500mL
4.0	$NaAc \cdot 3H_2O$ 20g，溶于适量的水中，加 6mol·L^{-1}HAc134mL，稀释至500mL
4.5	$NaAc \cdot 3H_2O$ 32g，溶于适量的水中，加 6mol·L^{-1}HAc68mL，稀释至500mL
5.0	$NaAc \cdot 3H_2O$ 50g，溶于适量的水中，加 6mol·L^{-1}HAc34mL，稀释至500mL
5.7	$NaAc \cdot 3H_2O$ 100g，溶于适量的水中，加 6mol·L^{-1}HAc13mL，稀释至500mL
7	NH_4Ac 77g，用水溶解后，稀释至500mL
7.5	NH_4Cl 60g，溶于适量的水中，加 15mol·L^{-1} 氨水 1.4mL，稀释至500mL
8.0	NH_4Cl 50g，溶于适量的水中，加 15mol·L^{-1} 氨水 3.5mL，稀释至500mL
8.5	NH_4Cl 40g，溶于适量的水中，加 15mol·L^{-1} 氨水 8.8mL，稀释至500mL
9.0	NH_4Cl 35g，溶于适量的水中，加 15mol·L^{-1} 氨水 24mL，稀释至500mL
9.5	NH_4Cl 30g，溶于适量的水中，加 15mol·L^{-1} 氨水 65mL，稀释至500mL
10.0	NH_4Cl 27g，溶于适量的水中，加 15mol·L^{-1} 氨水 197mL，稀释至500mL
10.5	NH_4Cl 8g，溶于适量的水中，加 15mol·L^{-1} 氨水 175mL，稀释至500mL
11	NH_4Cl 3g，溶于适量的水中，加 15mol·L^{-1} 氨水 207mL，稀释至500mL
12	0.01mol·L^{-1}NaOH②
13	0.1mol·L^{-1}NaOH②

① Cl^- 对测定有干扰时，用 HNO_3；
② Na^+ 对测定有干扰时，可用 KOH。

2. 不同温度下标准缓冲溶液的 pH 值

温度/℃	0.05mol·L^{-1} 草酸三氢钾	25℃饱和 酒石酸氢钾	0.05mol·L^{-1} 邻苯二甲酸氢钾	0.025mol·L^{-1} KH$_2$PO$_4$ + 0.025mol·L^{-1} Na$_2$HPO$_4$	0.0086955mol·L^{-1} KH$_2$PO$_4$ + 0.03043mol·L^{-1} Na$_2$HPO$_4$	0.05mol·L^{-1} 硼砂	25℃饱和 氢氧化钙
10	1.670	—	3.998	6.923	7.472	9.332	13.003
15	1.672	—	3.999	6.900	7.448	9.276	12.810
20	1.675	—	4.002	6.881	7.429	9.225	12.627
25	1.679	3.557	4.008	6.865	7.413	9.180	12.454
30	1.683	3.552	4.015	6.853	7.400	9.139	12.289
40	1.694	3.547	4.035	6.838	7.380	9.068	11.984
50	1.707	3.549	4.060	6.833	7.367	9.011	11.705
60	1.723	3.560	4.091	6.836	—	8.962	11.449

附录6 弱酸及其共轭碱在水中的离解常数（25℃，$I=0$）

弱 酸	分子式	K_a	pK_a	共轭碱 pK_b	共轭碱 K_b
砷酸	H$_3$AsO$_4$	6.3×10^{-3} (K_{a1})	2.20	11.80	1.6×10^{-12} (K_{b3})
		1.0×10^{-7} (K_{a2})	7.00	7.00	1.0×10^{-7} (K_{b2})
		3.2×10^{-12} (K_{a3})	11.50	2.50	3.1×10^{-3} (K_{b1})
亚砷酸	HAsO$_2$	6.0×10^{-10}	9.22	4.78	1.7×10^{-5}
硼酸	H$_3$BO$_3$	5.8×10^{-10}	9.24	4.76	1.7×10^{-5}
焦硼酸	H$_2$B$_4$O$_7$	1.0×10^{-4} (K_{a1})	4.00	10.00	1.0×10^{-10} (K_{b2})
		1.0×10^{-9} (K_{a2})	9.00	5.00	1.0×10^{-5} (K_{b1})
碳酸	H$_2$CO$_3$ (H$_2$O+CO$_2$)	4.2×10^{-7} (K_{a1})	6.38	7.62	2.4×10^{-8} (K_{b2})
		5.6×10^{-11} (K_{a2})	10.25	3.75	1.8×10^{-4} (K_{b1})
氢氰酸	HCN	6.2×10^{-10}	9.21	4.79	1.6×10^{-5}
铬酸	H$_2$CrO$_4$	1.8×10^{-1} (K_{a1})	0.74	13.26	5.6×10^{-14} (K_{b2})
		3.2×10^{-7} (K_{a2})	6.50	7.50	3.1×10^{-8} (K_{b1})
氢氟酸	HF	6.6×10^{-4}	3.18	10.82	1.5×10^{-11}
亚硝酸	HNO$_2$	5.1×10^{-4}	3.29	10.71	1.2×10^{-11}
过氧化氢	H$_2$O$_2$	1.8×10^{-12}	11.75	2.25	5.6×10^{-3}
磷酸	H$_3$PO$_4$	7.6×10^{-3} (K_{a1})	2.12	11.88	1.3×10^{-12} (K_{b3})
		6.3×10^{-8} (K_{a2})	7.20	6.80	1.6×10^{-7} (K_{b2})
		4.4×10^{-13} (K_{a3})	12.36	1.64	2.3×10^{-2} (K_{b1})
焦磷酸	H$_4$P$_2$O$_7$	3.0×10^{-2} (K_{a1})	1.52	12.48	3.3×10^{-13} (K_{b4})
		4.4×10^{-3} (K_{a2})	2.36	11.64	2.3×10^{-12} (K_{b3})
		2.5×10^{-7} (K_{a3})	6.60	7.40	4.0×10^{-8} (K_{b2})
		5.6×10^{-10} (K_{a4})	9.25	4.75	1.8×10^{-5} (K_{b1})
亚磷酸	H$_3$PO$_3$	5.0×10^{-2} (K_{a1})	1.30	12.70	2.0×10^{-13} (K_{b2})
		2.5×10^{-7} (K_{a2})	6.60	7.40	4.0×10^{-8} (K_{b1})
氢硫酸	H$_2$S	1.3×10^{-7} (K_{a1})	6.88	7.12	7.7×10^{-8} (K_{b2})
硫酸	H$_2$SO$_4$	1.0×10^{-2} (K_{a2})	1.99	12.01	1.0×10^{-12} (K_{b1})
亚硫酸	H$_2$SO$_3$ (SO$_2$+H$_2$O)	1.3×10^{-2} (K_{a1})	1.90	12.10	7.7×10^{-13} (K_{b2})
		6.3×10^{-8} (K_{a2})	7.20	6.80	1.6×10^{-7} (K_{b1})

续表

弱 酸	分子式	K_a	pK_a	共轭碱	
				pK_b	K_b
偏硅酸	H_2SiO_3	$1.7\times10^{-10}(K_{a1})$	9.77	4.23	$5.9\times10^{-5}(K_{a1})$
		$1.6\times10^{-12}(K_{a2})$	11.80	2.20	$6.2\times10^{-3}(K_{b1})$
甲酸	HCOOH	1.8×10^{-4}	3.74	10.26	5.5×10^{-11}
乙酸	CH_3COOH	1.8×10^{-5}	4.47	9.26	5.5×10^{-10}
一氯乙酸	$CH_2ClCOOH$	1.4×10^{-3}	2.86	11.14	6.9×10^{-12}
二氯乙酸	$CHCl_2COOH$	5.0×10^{-2}	1.30	12.70	2.0×10^{-13}
三氯乙酸	CCl_3COOH	0.23	0.64	13.36	4.3×10^{-14}
氨基乙酸盐	$^+NH_3CH_2COOH$	$4.5\times10^{-3}(K_{a1})$	2.35	11.65	$2.2\times10^{-12}(K_{b2})$
	$^+NH_3CH_2COO^-$	$2.5\times10^{-10}(K_{a2})$	9.60	4.40	$4.0\times10^{-5}(K_{b1})$
乳酸	$CH_3CHOHCOOH$	1.4×10^{-4}	3.86	10.14	7.2×10^{-11}
苯甲酸	C_6H_5COOH	6.2×10^{-5}	4.21	9.79	1.6×10^{-10}
草酸	$H_2C_2O_4$	$5.9\times10^{-2}(K_{a1})$	1.22	12.78	$1.7\times10^{-13}(K_{b2})$
		$6.4\times10^{-5}(K_{a2})$	4.19	9.81	$1.6\times10^{-10}(K_{b1})$
d-酒石酸	CH(OH)COOH | CH(OH)COOH	$9.1\times10^{-4}(K_{a1})$	3.04	10.96	$1.1\times10^{-11}(K_{b2})$
		$4.3\times10^{-5}(K_{a2})$	4.37	9.63	$2.3\times10^{-10}(K_{b1})$
邻苯二甲酸	C6H4(COOH)2	$1.1\times10^{-3}(K_{a1})$	2.59	11.05	$9.1\times10^{-12}(K_{b2})$
		$3.9\times10^{-5}(K_{a2})$	5.41	8.59	$2.6\times10^{-9}(K_{b1})$
柠檬酸	CH2COOH | C(OH)COOH | CH2COOH	$7.4\times10^{-4}(K_{a1})$	3.13	10.87	$1.4\times10^{-11}(K_{b3})$
		$1.7\times10^{-5}(K_{a2})$	4.76	9.26	$5.9\times10^{-10}(K_{b2})$
		$4.0\times10^{-7}(K_{a3})$	6.40	7.60	$2.5\times10^{-8}(K_{b1})$
苯酚	C_6H_5OH	1.1×10^{-10}	9.95	4.05	9.1×10^{-5}
乙二胺四乙酸	$H_6\text{-EDTA}^{2+}$	$0.13(K_{a1})$	0.90	13.10	$7.7\times10^{-14}(K_{b6})$
	$H_5\text{-EDTA}^+$	$3.0\times10^{-4}(K_{a2})$	1.60	12.40	$3.3\times10^{-13}(K_{b5})$
	$H_4\text{-EDTA}$	$1.0\times10^{-2}(K_{a3})$	2.00	12.00	$1.0\times10^{-12}(K_{b4})$
	$H_3\text{-EDTA}^-$	$2.1\times10^{-3}(K_{a4})$	2.67	11.33	$4.8\times10^{-12}(K_{b3})$
	$H_2\text{-EDTA}^{2-}$	$6.9\times10^{-7}(K_{a5})$	6.16	7.84	$1.4\times10^{-8}(K_{b2})$
	$H\text{-EDTA}^{3-}$	$5.5\times10^{-11}(K_{a6})$	10.26	3.74	$1.8\times10^{-4}(K_{b1})$
铵离子	NH_4^+	5.5×10^{-10}	9.26	4.74	1.8×10^{-5}
联氨离子	$^+H_3NNH_3^+$	3.3×10^{-9}	8.48	5.52	3.0×10^{-6}
羟胺离子	NH_3^+OH	1.1×10^{-6}	5.96	8.04	9.1×10^{-9}
甲胺离子	$CH_3NH_3^+$	2.4×10^{-11}	10.62	3.38	4.2×10^{-4}
乙胺离子	$C_2H_5NH_3^+$	1.8×10^{-11}	10.75	3.25	5.6×10^{-4}
二甲胺离子	$(CH_3)_2NH_2^+$	8.5×10^{-11}	10.07	3.93	1.2×10^{-4}
二乙胺离子	$(C_2H_5)_2NH_2^+$	7.8×10^{-12}	11.11	2.89	1.3×10^{-3}
乙醇胺离子	$HOCH_2CH_2NH_3^+$	3.2×10^{-10}	9.50	4.50	3.2×10^{-5}
三乙醇胺离子	$(HOCH_2CH_2)_3NH^+$	1.7×10^{-8}	7.76	6.24	5.8×10^{-7}
六亚甲基四胺离子	$(CH_2)_6N_4H^+$	7.1×10^{-6}	5.15	8.85	1.4×10^{-9}
乙二胺离子	$^+H_3NCH_2CH_2NH_3^+$	$1.4\times10^{-7}(K_{a1})$	6.85	7.15	$7.1\times10^{-8}(K_{b2})$
	$H_2NCH_2CH_2NH_3^+$	$1.2\times10^{-10}(K_{a2})$	9.93	4.07	$8.5\times10^{-5}(K_{b1})$
吡啶离子	$C_5H_5NH^+$	5.9×10^{-6}	5.23	8.77	1.7×10^{-9}

附录7 金属离子与氨羧配合剂配合物的稳定常数（18~25℃，$I=0.1$）

金属离子	lgK					NTA	
	EDTA	DCyTA	DTPA	EGTA	HEDTA	$\lg\beta_1$	$\lg\beta_2$
Ag^+	7.32			6.88	6.71	5.16	
Al^{3+}	16.3	19.5	18.6	13.9	14.3	11.4	
Ba^{2+}	7.86	8.69	8.87	8.41	6.3	4.82	
Be^{2+}	9.2	11.51				7.11	
Bi^{3+}	27.94	32.3	35.6		22.3	17.5	
Ca^{2+}	10.69	13.20	10.83	10.97	8.3	6.41	
Cd^{2+}	16.46	19.93	19.2	16.7	13.3	9.83	14.61
Co^{2+}	16.31	19.62	19.27	12.39	14.6	10.38	14.39
Co^{3+}	36				37.4	6.84	
Cr^{3+}	23.4					6.23	
Cu^{2+}	18.80	22.00	21.55	17.71	17.6	12.96	
Fe^{2+}	14.32	19.0	16.5	11.87	12.3	8.33	
Fe^{3+}	25.1	30.1	28.0	20.5	19.8	15.9	
Ga^{3+}	20.3	23.2	25.54		16.9	13.6	
Hg^{2+}	21.7	25.00	26.70	23.2	20.30	14.6	
In^{3+}	25.0	28.8	29.0		20.2	16.9	
Li^+	2.79					2.51	
Mg^{2+}	8.7	11.02	9.30	5.21	7.0	5.41	
Mn^{2+}	13.87	17.48	15.60	12.28	10.9	7.44	
Mo(V)	~28						
Na^+	1.66					1.22	
Ni^{2+}	18.62	20.3	20.32	13.55	17.3	11.53	16.42
Pb^{2+}	18.04	20.38	18.80	14.71	15.7	11.39	
Pd^{2+}	18.5						
Sc^{3+}	23.1	26.1	24.5	18.2			24.1
Sn^{2+}	22.11						
Sr^{2+}	8.73	10.59	9.77	8.50	6.9	4.98	
Th^{4+}	23.2	25.6	28.78				
TiO^{2+}	17.3						
Tl^{3+}	37.8	38.3				20.9	32.5
U^{4+}	25.8	27.6	7.69				
VO^{2+}	18.8	20.1					
Y^{3+}	18.09	19.85	22.13	17.16	14.78	11.41	20.43
Zn^{2+}	16.50	19.37	18.40	12.7	14.7	10.67	14.29
Zr^{4+}	29.5		35.8			20.8	
稀土元素	16~20	17~22	19		13~16	10~12	

注：EDTA：乙二胺四乙酸；DCyTA（或 DCTA，CyDTA）：1,2-二氨基环己烷四乙酸；DTPA：二乙基三胺五乙酸；EGTA：乙二醇二乙醚四乙酸；HEDTA：N-羟乙基乙二胺三乙酸；NTA：氨三乙酸。

附录8 难溶化合物的溶度积常数（18℃，$I=0.1$）

难溶化合物	化 学 式	溶度积 K_{sp}	备 注
氢氧化铝	$Al(OH)_3$	2×10^{-32}	
溴酸银	$AgBrO_3$	5.77×10^{-5}	25℃
溴化银	$AgBr$	4.1×10^{-13}	
碳酸银	Ag_2CO_3	6.15×10^{-12}	25℃
氯化银	$AgCl$	1.56×10^{-10}	25℃
铬酸银	Ag_2CrO_4	9×10^{-12}	25℃
氢氧化银	$AgOH$	1.52×10^{-8}	20℃
碘化银	AgI	1.5×10^{-16}	25℃
硫化银	Ag_2S	1.6×10^{-49}	
硫氰酸银	$AgSCN$	4.9×10^{-13}	
碳酸钡	$BaCO_3$	8.1×10^{-9}	25℃

续表

难溶化合物	化学式	溶度积 K_{sp}	备注
草酸钡	$BaC_2O_4 \cdot \frac{7}{2}H_2O$	1.62×10^{-7}	
铬酸钡	$BaCrO_4$	1.6×10^{-10}	
硫酸钡	$BaSO_4$	8.7×10^{-11}	
氢氧化铋	$Bi(OH)_3$	4.0×10^{-31}	
氢氧化铬	$Cr(OH)_3$	5.4×10^{-31}	
硫化镉	CdS	3.6×10^{-29}	
碳酸钙	$CaCO_3$	8.7×10^{-9}	25℃
氟化钙	CaF_2	3.4×10^{-11}	
草酸钙	$CaC_2O_4 \cdot H_2O$	1.78×10^{-9}	
硫酸钙	$CaSO_4$	2.45×10^{-5}	25℃
硫化钴	$\alpha\text{-}CoS$	4×10^{-21}	
	$\beta\text{-}CoS$	2×10^{-25}	
碘酸铜	$CuIO_3$	1.4×10^{-7}	25℃
草酸铜	CuC_2O_4	2.87×10^{-8}	25℃
硫化铜	CuS	8.5×10^{-45}	
溴化亚铜	$CuBr$	4.15×10^{-8}	18~20℃
氯化亚铜	$CuCl$	1.02×10^{-6}	18~20℃
碘化亚铜	CuI	1.1×10^{-12}	18~20℃
硫化亚铜	Cu_2S	2×10^{-47}	16~18℃
硫氰酸亚铜	$CuSCN$	4.8×10^{-15}	
氢氧化铁	$Fe(OH)_3$	3.5×10^{-38}	
氢氧化亚铁	$Fe(OH)_2$	1.0×10^{-15}	
草酸亚铁	FeC_2O_4	2.1×10^{-7}	25℃
硫化亚铁	FeS	3.7×10^{-19}	
硫化汞	HgS	$4 \times 10^{-53} \sim 2 \times 10^{-49}$	
溴化亚汞	$HgBr_2$	1.3×10^{-21}	25℃
氯化亚汞	Hg_2Cl_2	2×10^{-13}	25℃
碘化亚汞	Hg_2I_2	1.2×10^{-28}	
磷酸铵镁	$MgNH_4PO_4$	2.5×10^{-13}	25℃
碳酸镁	$MgCO_3$	2.6×10^{-5}	25℃
氟化镁	MgF_2	7.1×10^{-9}	
氢氧化镁	$Mg(OH)_2$	1.8×10^{-11}	
草酸镁	MgC_2O_4	8.57×10^{-5}	
氢氧化锰	$Mn(OH)_2$	4.5×10^{-13}	
硫化锰	MnS	1.4×10^{-15}	
氢氧化镍	$Ni(OH)_2$	6.5×10^{-18}	
碳酸铅	$PbCO_3$	3.3×10^{-14}	
铬酸铅	$PbCrO_4$	1.77×10^{-14}	
氟化铅	PbF_2	3.2×10^{-8}	
草酸铅	PbC_2O_4	2.74×10^{-11}	
氢氧化铅	$Pb(OH)_2$	1.2×10^{-15}	
硫酸铅	$PbSO_4$	1.06×10^{-8}	
硫化铅	PbS	3.4×10^{-28}	
碳酸锶	$SrCO_3$	1.6×10^{-9}	25℃
氟化锶	SrF_2	2.8×10^{-9}	
草酸锶	SrC_2O_4	5.61×10^{-8}	
硫酸锶	$SrSO_4$	3.81×10^{-7}	17.4℃
氢氧化锡	$Sn(OH)_4$	1×10^{-57}	
氢氧化亚锡	$Sn(OH)_2$	3×10^{-27}	
氢氧化钛	$Ti(OH)_2$	1×10^{-29}	
氢氧化锌	$Zn(OH)_2$	1.2×10^{-17}	18~20℃
草酸锌	ZnC_2O_4	1.35×10^{-9}	
硫化锌	ZnS	1.2×10^{-23}	

附录9 元素周期表

IUPAC 2011

原子量：以 $^{12}C=12$ 为基准。原子量的末位数的准确度加注在其后括号中。

注：[ ]中为半衰期最长的同位素的质量数。
† 为半衰期最长的同位素的原子量。
✦ 2009年后IUPAC改用区间标注法表示该元素的原子量。该法尚未普遍使用，本表仍采用IUPAC 2007年公布的国际原子量。

族周期	1 IA	2 IIA	3 IIIB	4 IVB	5 VB	6 VIB	7 VIIB	8	9 VIIIB	10	11 IB	12 IIB	13 IIIA	14 IVA	15 VA	16 VIA	17 VIIA	18 VIIIA	电子层
1	1 H 氢 1.00794(7)†																	2 He 氦 4.002602(2)	K
2	3 Li 锂 6.941(2)†	4 Be 铍 9.012182(5)											5 B 硼 10.811(7)†	6 C 碳 12.0107(8)†	7 N 氮 14.0067(2)†	8 O 氧 15.9994(3)†	9 F 氟 18.9984032(5)	10 Ne 氖 20.1797(6)	L K
3	11 Na 钠 22.98976928(2)	12 Mg 镁 24.3050(6)†											13 Al 铝 26.9815386(8)	14 Si 硅 28.0855(3)†	15 P 磷 30.973762(2)	16 S 硫 32.065(5)†	17 Cl 氯 35.453(2)†	18 Ar 氩 39.948(1)	M L K
4	19 K 钾 39.0983(1)	20 Ca 钙 40.078(4)	21 Sc 钪 44.955912(6)	22 Ti 钛 47.867(1)	23 V 钒 50.9415(1)	24 Cr 铬 51.9961(6)	25 Mn 锰 54.938045(5)	26 Fe 铁 55.845(2)	27 Co 钴 58.933195(5)	28 Ni 镍 58.6934(4)	29 Cu 铜 63.546(3)†	30 Zn 锌 65.38(2)	31 Ga 镓 69.723(1)	32 Ge 锗 72.630(8)	33 As 砷 74.92160(2)	34 Se 硒 78.96(3)	35 Br 溴 79.904(1)†	36 Kr 氪 83.798(2)	N M L K
5	37 Rb 铷 85.4678(3)	38 Sr 锶 87.62(1)	39 Y 钇 88.90585(2)	40 Zr 锆 91.224(2)	41 Nb 铌 92.90638(2)	42 Mo 钼 95.96(2)	43 Tc 锝 * 96.906	44 Ru 钌 101.07(2)	45 Rh 铑 102.90550(2)	46 Pd 钯 106.42(1)	47 Ag 银 107.8682(2)	48 Cd 镉 112.411(8)	49 In 铟 114.818(1)	50 Sn 锡 118.710(7)	51 Sb 锑 121.760(1)	52 Te 碲 127.60(3)	53 I 碘 126.90447(3)	54 Xe 氙 131.293(6)	O N M L K
6	55 Cs 铯 132.9054519(2)	56 Ba 钡 137.327(7)	57—71 La—Lu 镧系	72 Hf 铪 178.49(2)	73 Ta 钽 180.94788(2)	74 W 钨 183.84(1)	75 Re 铼 186.207(1)	76 Os 锇 190.23(3)	77 Ir 铱 192.217(3)	78 Pt 铂 195.084(9)	79 Au 金 196.966569(4)	80 Hg 汞 200.592(3)	81 Tl 铊 204.3833(2)	82 Pb 铅 207.2(1)	83 Bi 铋 208.98040(1)	84 Po 钋 * 208.98	85 At 砹 * 209.99	86 Rn 氡 * 222.02	P O N M L K
7	87 Fr 钫 * 223.02	88 Ra 镭 * 226.03	89—103 Ac—Lr 锕系	104 Rf 𬬻 * 267.12	105 Db 𬭊 * 268.13	106 Sg 𬭳 * 271.13	107 Bh 𬭛 * 270.13	108 Hs 𬭶 * 277.15	109 Mt 鿏 * 276.15	110 Ds 𫟼 * 281.17	111 Rg 𬬭 * 282.17	112 Cn 鎶 * 285.18	113 Nh 鉨 * [285]	114 Fl 𫓧 * 289.19	115 Mc 镆 * [289]	116 Lv 𫟷 * 293.22	117 Ts 鿬 * [294]	118 Og 鿫 * [294]	Q P O N M L K

原子序数 → 19 K ← 元素符号
元素名称（注：*的为人造元素）
原子量 → 39.0983(1)

镧系	57 La 镧 138.90547(7)	58 Ce 铈 140.116(1)	59 Pr 镨 140.90765(2)	60 Nd 钕 144.242(3)	61 Pm 钷 * 144.91	62 Sm 钐 150.36(2)	63 Eu 铕 151.964(1)	64 Gd 钆 157.25(3)	65 Tb 铽 158.92535(2)	66 Dy 镝 162.500(1)	67 Ho 钬 164.93032(2)	68 Er 铒 167.259(3)	69 Tm 铥 168.93421(2)	70 Yb 镱 173.054(5)	71 Lu 镥 174.9668(1)
锕系	89 Ac 锕 * 227.03	90 Th 钍 232.03806(2)	91 Pa 镤 231.03588(2)	92 U 铀 238.02891(3)	93 Np 镎 * 237.05	94 Pu 钚 * 244.06	95 Am 镅 * 243.06	96 Cm 锔 * 247.07	97 Bk 锫 * 247.07	98 Cf 锎 * 251.08	99 Es 锿 * 252.08	100 Fm 镄 * 257.10	101 Md 钔 * 258.10	102 No 锘 * 259.10	103 Lr 铹 * 262.11

附录 10 常见化合物的摩尔质量

化合物	摩尔质量 /g·mol^{-1}	化合物	摩尔质量 /g·mol^{-1}	化合物	摩尔质量 /g·mol^{-1}
Ag_3AsO_4	462.52	$CoCl_2 \cdot 6H_2O$	237.93	CH_3COOH	60.05
$AgBr$	187.77	$Co(NO_3)_2$	182.94	H_2CO_3	62.02
$AgCl$	143.32	$Co(NO_3)_2 \cdot 6H_2O$	291.03	$H_2C_2O_4$	90.04
$AgCN$	133.89	CoS	90.99	$H_2C_2O_4 \cdot 2H_2O$	126.07
$AgSCN$	165.95	$CoSO_4$	154.99	HCl	36.46
Ag_2CrO_4	331.73	$CoSO_4 \cdot 7H_2O$	281.10	HF	20.01
AgI	234.77	$Co(NH_2)_2$	60.06	HI	127.91
$AgNO_3$	169.87	$CrCl_3$	158.35	HIO_3	175.91
$AlCl_3$	133.34	$CrCl_3 \cdot 6H_2O$	266.45	HNO_3	63.01
$AlCl_3 \cdot 6H_2O$	241.43	$Cr(NO_3)_3$	238.01	HNO_2	47.01
$Al(NO_3)_3$	213.00	Cr_2O_3	151.99	H_2O	18.02
$Al(NO_3)_3 \cdot 9H_2O$	375.13	$CuCl$	99.00	H_2O_2	34.02
Al_2O_3	101.96	$CuCl_2$	134.45	H_3PO_4	98.00
$Al(OH)_3$	78.00	$CuCl_2 \cdot 2H_2O$	170.48	H_2S	34.08
$Al_2(SO_4)_3$	342.14	$CuSCN$	121.62	H_2SO_3	82.07
$Al_2(SO_4)_3 \cdot 18H_2O$	666.41	CuI	190.45	H_2SO_4	98.07
As_2O_3	197.84	$Cu(NO_3)_2$	187.56	$Hg(CN)_2$	252.63
As_2O_5	229.84	$Cu(NO_3)_2 \cdot 3H_2O$	241.60	$HgCl_2$	271.50
As_2S_3	246.02	CuO	79.545	Hg_2Cl_2	472.09
		Cu_2O	143.09	HgI_2	454.40
$BaCO_3$	197.34	CuS	95.61	$Hg_2(NO_3)_2$	525.19
BaC_2O_4	225.35	$CuSO_4$	159.60		
$BaCl_2$	208.24	$CuSO_4 \cdot 5H_2O$	249.68	$Hg_2(NO_3)_2 \cdot 2H_2O$	561.22
$BaCl_2 \cdot 2H_2O$	244.27			$Hg(NO_3)_2$	324.60
$BaCrO_4$	253.32	$FeCl_2$	126.76	HgO	216.59
BaO	153.33	$FeCl_2 \cdot 4H_2O$	198.81	HgS	232.65
$Ba(OH)_2$	171.34	$FeCl_3$	162.21	$HgSO_4$	296.65
$BaSO_4$	233.39	$FeCl_3 \cdot 6H_2O$	270.30	Hg_2SO_4	497.24
$BiCl_3$	315.34	$FeNH_4(SO_4)_2 \cdot 12H_2O$	482.18	K_2CO_3	138.21
$BiOCl$	260.43	$Fe(NO_3)_3$	241.86	K_2CrO_4	194.19
		$Fe(NO_3)_3 \cdot 9H_2O$	404.00	$K_2Cr_2O_7$	294.18
CO_2	44.01	FeO	71.85	$K_3Fe(CN)_6$	329.25
CaO	56.08	Fe_2O_3	159.69	$K_4Fe(CN)_6$	368.35
$CaCO_3$	100.09	Fe_3O_4	231.54	$KFe(SO_4)_2 \cdot 12H_2O$	503.24
CaC_2O_4	128.10	$Fe(OH)_3$	106.87	$KHC_2O_4 \cdot H_2O$	146.14
$CaCl_2$	110.99	FeS	87.91	$KHC_2O_4 \cdot H_2C_2O_4 \cdot 2H_2O$	254.19
$CaCl_2 \cdot 6H_2O$	219.08	Fe_2S_3	207.87	$KHC_4H_4O_6$	188.18
$Ca(NO_3)_2 \cdot 4H_2O$	236.15	$FeSO_4$	151.90	$KHC_8H_4O_4$	204.22
$Ca(OH)_2$	74.09	$FeSO_4 \cdot 7H_2O$	278.01	$KHSO_4$	136.16
$Ca_3(PO_4)_2$	310.18	$FeSO_4 \cdot (NH_4)_2SO_4 \cdot 6H_2O$	392.14	KI	166.00
$CaSO_4$	136.14			KIO_3	214.00
$CdCO_3$	172.42	H_3AsO_3	125.94	$KIO_3 \cdot HIO_3$	389.91
$CdCl_2$	183.32	H_3AsO_4	141.94	$KMnO_4$	158.03
CdS	144.47	H_3BO_3	61.83	$KNaC_4H_4O_6 \cdot 4H_2O$	282.22
$Ce(SO_4)_2$	332.24	HBr	80.91	KNO_3	101.10
$Ce(SO_4)_2 \cdot 4H_2O$	404.30	HCN	27.03	KNO_2	85.10
$CoCl_2$	129.84	$HCOOH$	46.03	K_2O	94.20
				KOH	56.11
				$KSCN$	97.18

化合物	摩尔质量 /g·mol^{-1}	化合物	摩尔质量 /g·mol^{-1}	化合物	摩尔质量 /g·mol^{-1}
KBr	119.00	CH_3COONH_4	77.08	$Pb(NO_3)_2$	331.20
$KBrO_3$	167.00	NH_4Cl	53.49	PbO	223.20
KCl	74.55	$(NH_4)_2CO_3$	96.09	PbO_2	239.20
$KClO_3$	122.55	$NaHCO_3$	84.01	$Pb_3(PO_4)_2$	811.54
$KClO_4$	138.55	$Na_2HPO_4·12H_2O$	358.14	PbS	239.30
KCN	65.12	$Na_2H_2Y·2H_2O$	372.24	$PbSO_4$	303.00
K_2SO_4	174.25	$NaNO_2$	69.00		
		$NaNO_3$	85.00	SO_3	80.06
$MgCl_2$	95.21	Na_2O	61.98	SO_2	64.06
$MgCl_2·6H_2O$	203.30	Na_2O_2	77.98	$SbCl_3$	228.11
$MgCO_3$	84.31	NaOH	40.00	$SbCl_5$	299.02
MgC_2O_4	112.33	Na_3PO_4	163.94	Sb_2O_3	291.50
$Mg(NO_3)_2·6H_2O$	256.41	Na_2S	78.04	Sb_2S_3	339.68
$MgNH_4PO_4$	137.32	$Na_2S·9H_2O$	240.18		
MgO	40.30	Na_2SO_3	126.04	SiF_4	104.08
$Mg(OH)_2$	58.32	Na_2SO_4	142.04	SiO_2	60.08
MgP_2O_7	222.55	$Na_2S_2O_3$	158.10	$SnCl_2$	189.60
$MgSO_4·7H_2O$	246.47	$Na_2S_2O_3·5H_2O$	248.17	$SnCl_2·2H_2O$	225.63
$MnCO_3$	114.95	$NiCl_2·6H_2O$	237.69	$SnCl_4$	260.50
$MnCl_2·4H_2O$	197.91	NiO	74.69	$SnCl_4·5H_2O$	350.60
$Mn(NO_3)_2·6H_2O$	287.04	$Ni(NO_3)_2·6H_2O$	290.79	SnO_2	150.69
MnO	70.94	NiS	90.75	SnS	150.78
MnO_2	86.94	$NiSO_4·7H_2O$	280.85	$SrCO_3$	147.63
MnS	87.00	$(NH_4)_2C_2O_4$	124.10	SrC_2O_4	175.64
$MnSO_4$	151.00	$(NH_4)_2C_2O_4·H_2O$	142.11	$SrCrO_4$	203.61
$MnSO_4·4H_2O$	223.06	NH_4SCN	76.12	$Sr(NO_3)_2$	211.63
		NH_4HCO_3	79.06	$Sr(NO_3)_2·4H_2O$	283.69
Na_3AsO_3	191.89	$(NH_4)_2MoO_4$	196.01	$SrSO_4$	183.68
$Na_2B_4O_7$	201.22	NH_4NO_3	80.04		
$NaB_4O_7·10H_2O$	381.37	$(NH_4)_2HPO_4$	132.06	$UO_2(CH_3COO)_2·2H_2O$	424.15
$NaBiO_3$	279.97	$(NH_4)_2S$	68.14		
NaCl	58.44	$(NH_4)_2SO_4$	132.13	$ZnCO_3$	125.39
NaClO	74.44	NH_4VO_3	116.98	ZnC_2O_4	153.40
NaCN	49.01			$ZnCl_2$	136.29
NaSCN	81.07	P_2O_5	141.94	$Zn(CH_3COO)_2$	183.47
Na_2CO_3	105.99	$PbCO_3$	267.20	$Zn(CH_3COO)_2·2H_2O$	219.50
$Na_2CO_3·10H_2O$	286.14	PbC_2O_4	295.22	$Zn(NO_3)_2$	189.39
$Na_2C_2O_4$	134.00	$PbCl_2$	278.10	$Zn(NO_3)_2·6H_2O$	297.48
CH_3COONa	82.03	$PbCrO_4$	323.20	ZnO	81.38
$CH_3COONa·3H_2O$	136.08	$Pb(CH_3COO)_2$	325.30	ZnS	97.44
NO	30.01	$Pb(CH_3COO)_2·3H_2O$	379.30	$ZnSO_4$	161.44
NO_2	46.01			$ZnSO_4·7H_2O$	287.54
NH_3	17.03	PbI_2	461.00		

附录11　分析化学实验报告模板

实验 3-4　NaOH 标准溶液的配制与标定

实验 3-6　食醋总酸度的测定

学院/专业/班级： _____　　**姓名：** _____

实验台号： _____　　**教师评定：** _____

【实验目的】
1. 学习和掌握滴定分析常用玻璃器皿的洗涤方法；
2. 练习和掌握滴定分析基本操作和滴定终点的判断；
3. 学习并掌握 NaOH 标准溶液的配制和标定方法；
4. 学习并掌握食醋中总酸度的测定方法。

【实验原理】
NaOH 易吸收空气中的 H_2O 和 CO_2，其标准溶液只能采用间接法配制位。为避免引入 CO_3^{2-}，通常是取一定量饱和的 NaOH 上清液，用不含 CO_2 的水稀释至所需的近似浓度，再用基准物质邻苯二甲酸氢钾等标定。化学计量点时 pH≈9.1，可用酚酞作指示剂，溶液由无色变至微红即为终点。

食醋酸味强度的高低主要由其所含醋酸量（HAc，含量约为 $3.5 \sim 9.0 g \cdot 100 mL^{-1}$）的大小决定。用 NaOH 标准溶液测定时，食醋中离解常数 $K_a \geq 10^{-7}$ 的弱酸都可被滴定，因此测的是总酸度，分析结果用含量最多的 HAc 表示。NaOH 测定醋酸总酸度时的化学计量点的 pH≈8.7，也可用酚酞作指示剂。

【仪器与试剂】
仪器：常用滴定分析仪器一套，电子分析天平（0.1g），5mL 量筒。
试剂：$KHC_8H_4O_4$（基准试剂，105℃烘至恒重后装入称量瓶，置于干燥器内保存），饱和 NaOH 溶液（约 $20 mol \cdot L^{-1}$，20℃），酚酞指示剂：$2g \cdot L^{-1}$（乙醇溶液），待测食醋。

【实验内容】
1. NaOH 标准溶液（$0.1 mol \cdot L^{-1}$）的配制与标定

（1）用 5mL 量筒量取饱和 NaOH 溶液 2.5mL，快速倾入 500mL 的聚乙烯试剂瓶中，用水荡洗量筒数次，洗液并入上述试剂瓶中，用水稀释至 500mL，盖好瓶塞，摇匀后备用。

（2）用减量法称取 0.4~0.6g（精确至 0.1mg）$KHC_8H_4O_4$ 三份，分别置于三个编好号的锥形瓶中，用量筒分别加入 25mL 水，小心摇动使其溶解，然后各加入 2~3 滴酚酞指示剂，用所配 NaOH 溶液滴定至刚呈现微红色且 30s 内不褪色即为终点。记录所消耗 NaOH 的体积，计算所配 NaOH 溶液的准确浓度，要求三次标定浓度的相对平均偏差≤0.2%。

2. 食醋总酸度的测定

（1）移取 25.00mL 待测食醋至 250mL 容量瓶中，用水定容后摇匀。

（2）移取 25.00mL 上述稀释液至 250mL 锥形瓶中，加入 25mL 水和 2~3 滴酚酞指示剂，用 $0.1 mol \cdot L^{-1}$ NaOH 标准溶液滴定至溶液呈微红色并在 30 秒内不褪色即为终点，记下所消耗 NaOH 标准溶液的体积。平行测定三次,要求消耗 NaOH 溶液体积的极差≤0.05mL。根据相关数据及稀释倍数,计算待测食醋的总酸度 ρ_{HAc}(单位为 g·100mL^{-1})。

【数据记录与处理】

表 1 NaOH 溶液的标定

数据记录与计算 \ 锥瓶编号	I	II	III
$m_{KHC_8H_4O_4}/g$	$m_I=0.4901$	$m_{II}=0.5013$	$m_{III}=0.5405$
V_{NaOH}/mL	$V_{终I}=23.16$	$V_{终II}=23.75$	$V_{终III}=23.16$
	$V_{初I}=0.00$	$V_{初II}=0.00$	$V_{初III}=23.75$
	$V_I=23.16$	$V_{II}=23.75$	$V_{III}=26.62$
$c_{NaOH}/mol·L^{-1}$	0.1036	0.1034	0.1033
$\bar{c}_{NaOH}/mol·L^{-1}$		0.1034	
相对偏差 $d_r/\%$	0.19	0	−0.10
相对平均偏差 $\bar{d}_r/\%$		0.10	

$$c_{NaOH} = \frac{1000 m_{KHC_8H_4O_4}}{M_{KHC_8H_4O_4} V_{NaOH}} \qquad (M_{KHC_8H_4O_4}=204.2)$$

表 2 食醋总酸度的测定

数据记录与计算 \ 滴定次数	I	II	III
$V_{食醋稀释液}/mL$			
V_{NaOH}/mL	$V_{终I}=25.46$	$V_{终II}=25.42$	$V_{终III}=25.43$
	$V_{初I}=0.00$	$V_{初II}=0.00$	$V_{初III}=0.00$
	$V_I=25.46$	$V_{II}=25.42$	$V_{III}=25.43$
$c_{NaOH}/mol·L^{-1}$		0.1034	
$\rho_{HAc}/g·100mL^{-1}$	6.323	6.313	6.316
$\bar{\rho}_{HAc}/g·100mL^{-1}$		6.317	
相对偏差 $d_r/\%$	0.09	−0.06	−0.02
相对平均偏差 $\bar{d}_r/\%$		0.06	

$$\rho_{HAc} = \frac{c_{NaOH} V_{NaOH}}{V_{食醋稀释液}} \times \frac{250}{25} \times M_{HAc} \times \frac{100}{1000} \qquad (M_{HAc}=60.05)$$

【思考与讨论】

略。

主要参考文献

[1] 蔡明招,刘建宇,吕玄文,许琳. 分析化学实验. 第2版. 北京:化学工业出版社,2010.
[2] 北京大学化学与分子工程学院分析化学教学组. 基础分析化学实验. 第3版. 北京:北京大学出版社,2010.
[3] 武汉大学. 分析化学实验(上). 第5版. 北京:高等教育出版社,2011.
[4] 庄京,林金明. 基础分析化学实验. 北京:高等教育出版社,2007.
[5] 应敏. 分析化学实验. 杭州:浙江大学出版社,2015.
[6] 李克安. 分析化学教程. 北京:北京大学出版社,2005.
[7] 武汉大学. 分析化学(上). 第5版. 北京:高等教育出版社,2006.
[8] 武汉大学. 分析化学(下). 第5版. 北京:高等教育出版社,2007.
[9] 蔡明招. 分析化学. 北京:化学工业出版社,2009.